医院医疗器械规范化管理工作指南

主　审：彭明辰
主　编：陈宏文　成　斌

中南大学出版社
www.csupress.com.cn

医院医疗器械规范化管理工作指南
编委会

序

依临床医学的需求，含有当代高新科技的医疗器械不断引进医院，且广泛应用与临床，它所提供的诊断与治疗的技术（功能）与医术相融合，实现了对疾病的精确诊断与精准治疗，同时促进了现代临床医学技术的创新与发展。医疗器械关系到人类的生命与健康，因此世界卫生组织（WHO）将医疗器械与药品、试剂等定义为卫生技术/医疗技术。

如何合理使用医疗器械与科学管理，保障使用质量、风险、效果是政府主管部门与医疗机构关注的焦点和热点。临床使用中的医疗器械管理可分为两个领域：一是"行政管理"，如法规、方针、政策，指出了管理的方向、要求和目的；二是"技术管理"，依知识、技术、方法和措施，实践"行政管理"的要求与目的。医疗器械的技术管理目前可从三个维度认知与实践：（1）卫生技术管理：世界卫生组织（WHO）医疗器械技术序列。①依据法规监督管理：产品的安全及有效性。②医疗技术管理：需求评估优化决策、采购流程指导监督、新知识技能培训、使用安全与效果。③医疗器械卫生技术评估：成本与效果。（2）经济（学）：①国有资产与固定资产管理。②卫生经济学：成本与效益。（3）工程技术：①生物医学工程：针对产品，如风险管理在医疗器械中的应用。②临床工程：针对在诊断或治疗中使用医疗器械的问题，如医疗器械可用性测试，即人、机、环境下的风险管理。③医疗系统工程：针对一个医疗技术系统（如放射治疗系统）安全、效率管理。

《医院医疗器械规范化管理工作指南》一书的特点及可贵之处：是以产品为对象、服务于医科过程的医疗器械为主线，论述了在该过程中每个阶段的"技术管理"与"操作规程"。全书共分为四章，共96节。依据需求：应当做什么？怎样做？即章一"医院使用中医疗设备技术管理系列规范化流程"、章二"医院医疗器械管理及应急预案"、章三"常见医疗器械的临床使用操作流程"、章四"医用耗材规范化管理"，进行了较为详细的介绍，构建规范化的医疗器械管理与操作规程，一定程度上帮助医务人员规范使用和管理医疗器械。本书理论与实践并重、脉络清晰、文字简明扼要，具有系统性、可操作性和实用性。较好地满足了医院与临床管理的要求。

参与本书编写的专家团队都是长期从事医疗器械管理及技术保障的专业技术人员，他们对服务于医疗过程的医疗器械的管理，以及规范操作具有丰富的经验，在实践的基础上总结提炼完成了本书的编纂工作。

本书可供医疗器械管理和相关技术人员阅读与参考，同时本书的出版将对医院中医疗器械的规范化管理与医疗器械的合理使用起到积极的促进作用。仅此对参与本书编著的专家和有关人员的辛勤劳动致以忠心的感谢。

彭明辰

2018 年 6 月

前　言

　　医疗器械不仅是衡量医院医疗水平的标志，更是不断提高医学技术水平的基本条件。随着医学技术的不断发展以及先进的医疗器械不断进入医院，医院医疗器械在极大地满足了患者医疗需求的同时，也对医疗器械技术管理系列提出了更高的要求和标准。现代医疗器械的管理正走向精细化、科学化及规范化的管理模式，并已成为医院现代化管理中所面临的一项重要课题和挑战。针对医院医疗器械的故障或事故制定科学合理的应急预案，能在短时间内对医疗器械故障或事故进行高质、有效的处理，为医院的持续稳定运行提供了有力的保障。制定各类医疗器械的标准操作规程，一方面能协助相关医务初学者快速地对医疗器械进行初步的了解及操作指引，还能规范相关医务人员对医疗器械的不良操作，具有较强的辅助临床诊疗指导意义。此外，医用耗材是医疗行为作用于患者的直接载体，是影响医疗质量的重要因素。医用耗材管理作为临床工程学科研究中的重要分支，已成为现代医院管理的重要组成部分。其全流程规范化管理的内容主要涉及医用耗材的准入、采购、存储、使用、评价以及安全性检测等方面。

　　在这种背景下，我们结合医疗器械管理理论、国家政策法规以及南方医科大学南方医院自1980年建立设备器材科（临床工程部）以来积累的丰富管理实践经验，竭尽全力编写了《医院医疗器械规范化管理工作指南》一书。该书分为四大部分。第一部分对医院使用中医疗设备技术管理系列规范化流程进行了较为详细的介绍；第二部分对医院各类较为常见的医疗器械故障或事故构建了合理的应急预案；第三部分对医院各类医疗器械建立了简易的规范化操作流程，以便指引相关医务人员进行规范的操作，具有一定的辅助诊疗指引意义；最后一部分对医用耗材规范化管理进行了较为详细的阐述，以便能及时准确地找到解决医用耗材管理方面遇到问题的答案和对策。

　　本书内容上力求全面系统，语言上力求简明扼要，将理论基础与医院实践相结合，力求为各级各类医院医疗器械的管理以及临床工程部门的建设提供一些指导和建议。本书编者均为长期从事医疗器械管理和技术保障的专业技术人员，对医疗器械的管理、操作以及耗材的管理等方面具有较为深入的理论基础和丰富的实践经验，各章各节都力图从理论和实践相结合的角度进行介绍，具有良好的实用性和时代性。希望本书能够作为相关工程管理及技术人员的自学参考书，并希望本书能为医疗器械的科学规范管理、医疗水平的提高，以及保障器械设备安全起到积极的推动作用。

　　医院医疗设备规范化的管理、医疗器械故障或事故应急预案、医疗器械的规范化操作的制定以及医用耗材的管理等内容涉及专业广泛，由于编者自身专业水平及能力的局限以及时间有限等约束因素，书中难免会存在错误或不足之处，恳请广大读者予以批评和指正。此外，书中若存在与现时政策不符之处，当以国家颁布的最新管理政策、法规、案例为准。最后，向所有为此书撰写默默付出的所有编者们致以感谢。

2018 年 5 月

目　录

第三章　常见医疗器械的临床使用标准操作流程

第四章　医用耗材规范化管理

附　录

第一章

医院使用中医疗设备技术管理系列规范化流程

第一节 医疗设备采购流程

名称：医疗设备采购流程	编号：CE-REG-0001	类别：管理流程	总页数：2
拟稿人：×××	审核人：×××		批准人：×××
发布部门：设备器材科	版本号：V1.0		生效日期：××××-××-××

1. 目的

为明确医疗设备采购流程，规范采购管理标准，特制定本管理流程。

2. 范围

经设备器材科审核及采购的所有用于医疗、教学、科研和办公等的仪器设备。

3. 定义

无。

4. 职责

设备器材科负责工程师对申购项目挂网招商，分管责任工程师要对供应商及设备进行审核。

5. 作业内容

5.1 单价万元以下（批量 3 万以下）设备。

5.1.1 使用科室提交"医疗设备（单件万元或批量 3 万元以下）购置审批表"，内容包括设备名称、数量、生产厂家、型号、价格、供应商、联系人、电话等信息。

5.1.2 设备器材科责任工程师联系供应商，要求提供厂家、供应商、设备相关等证件并进行审核。

5.1.3 1 万元以下设备不签订采购合同。凭"万元以下仪器设备购置审批表"、"仪器设备验收请领报销凭证"付款。

5.2 单价万元以上设备。

5.2.1 使用科室提交"××医院医教研设备申购书"，内容包括设备名称、数量、产地、预算、主要功能及应用范围等信息。

5.2.2 设备器材科负责工程师根据申购书信息，制作招商公告，在中国采购与招标网及医院官网公告招商。

5.2.3 将报名的供应商信息登记，提交"医疗设备谈判（询价）准备工作流程"，内容包括科室、设备、数量、预算及各供应商的公司、生产厂家、型号、报价、联系人、电话等信息。医务处、审计处、纪委审核有关资料。审计处进一步了解市场价格。

5.2.4 医务处根据"医疗设备谈判（询价）准备工作流程"，组织谈判工作。谈判程序如下：

➤ 谈判小组签到。

➤ 供应商签到、签订采购供销廉洁协议书并提交投标文件。

➤ 供应商抽签确定谈判顺序。

➤ 纪委宣布谈判纪律。

➤ 审核投标文件。

➤ 谈判小组第一次讨论(供应商资质、投标文件是否符合要求、各供应商对招标谈判文件中所列技术要求及配置响应情况、使用科室需求等)。

➤ 按抽签顺序进行谈判并由供应商填写提交"设备报价表及承诺书"。

➤ 谈判小组第二次讨论,并确定供应商。

➤ 所有参加谈判人员在"仪器设备谈判记录表"上签名。"仪器设备谈判记录表"一式三份,一份交设备器材科备案,一份存入设备档案,一份作为财务报销凭证。

➤ 在谈判过程中,原则上不得更改谈判文件中确定的设备参数与配置,如因特殊原因更改,必须在"仪器设备谈判记录表"上注明。

5.2.5 经过询价,设备价格为 20 万元以下,且技术参数及配置完全满足使用科室要求的,由医院直接签订合同采购,但所确定的供应商必须补充完整的投标文件,并经使用科室和设备器材科签字确认后,由医务处补填"仪器设备谈判记录表",参加询价的所有人员签名,一式三份,一份交设备器材科备案,一份存入设备档案,一份作为财务报销凭证。

5.2.6 经过询价,设备价格为 20 万元以上,需进行委托招标。委托招标流程如下:

➤ 使用科室提交"拟购设备论证表",包括设备参数及配置。

➤ 设备器材科审核用户需求书及有关资质材料。

➤ 设备器材科提交"拟购设备论证表"和设备参数及配置。

➤ 医务处组织有关人员询价。

➤ 供应商提交"设备报价表及承诺书"。

➤ 设备器材科与使用科室再次确认用户需求书并签字。

➤ 设备器材科向委托招标公司提交用户需求书。招标公司制定招标文件。其间如招标公司根据国家有关法规要求,需要修改用户需求书的,由设备器材科与使用科室沟通确认。

➤ 设备器材科提交由设备器材科与使用科室双方签字确认的用户需求书。

➤ 招标公司向医务处提交招标文件。

➤ 医务处再次审核招标文件并报主管院领导审批,向招标公司发出招标文件确认函。

➤ 委托招标。由医务处、设备器材科和使用科室共同参加开标评标会。大型设备院领导参加。

➤ 医务处提交"拟购设备论证表""设备报价表及承诺书""仪器设备谈判记录表"或"中标通知书"和设备采购合同,报院长签订。

6. 相关文件

无。

7. 使用表单

无。

8. 流程图

无。

9. 修订记录

无。

第二节　医疗设备验收及出入库管理流程

名称：医疗设备验收及出入库管理流程		编号：CE - REG - 0002	类别：管理流程	总页数：3
拟稿人：×××		审核人：×××	批准人：×××	
发布部门：设备器材科		版本号：V1.0	生效日期：×××× - ×× - ××	

1. 目的

为明确医疗设备验收及出入库流程，规范验收及设备档案管理标准，特制定本管理流程。

2. 范围

经设备器材科采购及验收入库的所有用于医疗、教学、科研和办公等的仪器设备。

3. 定义

设备档案是指外购设备所形成的各类文字、投标的文件材料与电子记录等。

4. 职责

设备器材科设备分管责任工程师和资产管理员对新设备开箱验收核实是否符合要求，资产管理员负责对全院医疗设备进行出入库手续办理及建档和档案管理工作。

5. 作业内容

5.1 设备开箱点验。

5.1.1 仪器设备开箱验收应有医务处、审计处、设备器材科、使用科室和厂商多方共同到场。

5.1.2 资产管理员将验收情况详细记录在案，准确记录设备机身标明的出厂编号（SN号）、日期、型号等主要信息，由参与验收的有关人员现场签章认可。

5.1.3 验收人员认真核对货物是否与合同一致，货物外包装是否破损、标识是否清楚，如外包装有明显受潮或破损时，防撞或防倾斜标记受损时，严禁开箱，应尽快取得货运单位的有关证明文件，以便设备受损时索赔。

5.1.4 开箱后验收人员共同检查设备品牌型号、配置清单是否与采购合同、装箱单内容一致。

5.1.5 清点主件、配件的数量，仔细查看设备外观有无破损、变形、锈蚀、油漆脱落、表面严重划痕或受污染等。如发现出厂商标、型号、规格、配置、技术性能、质量要求等与招标文件、合同不符，设备疑似样机或维修机，出厂日期与到货日期间隔超过两年，设备科即责令供货方限期办理退换货手续。如意见不统一或对某项内容把握不准时，为稳妥起见，暂缓签收。

5.2 设备安装调试。

5.2.1 供应商负责协调厂家工程师对合同设备进行安装、调试，正常运行后，由使用科室设备管理员及负责人、设备科工程师对设备达到的技术要求做核对，确认设备符合要求后由厂家出具安装报告,使用科室验收人签字,经医务处盖章留设备科资产管理办公室备案。

5.2.2 在试运行中,若出现性能不稳定、技术指标有差异等异常情况时,不得随意拆机检修,必须待厂商派员处理,直至运行正常方可验收。若出现数量短缺、质量低劣、破损等问题,属国内产品的应及时要求厂商补货、退货或赔偿,属进口产品的需办理商检和索赔。

5.3 设备培训考核。

5.3.1 设备正常运行后由厂家工程师对使用科室人员进行详细的使用操作及日常维护培训(培训内容包括但不限于设备的基本工作原理、设备的亮点、设备的软硬件临床操作培训、日常操作校准及注意事项等)。

5.3.2 由厂家工程师对设备科工程师进行设备维修维护保养培训(培训内容除包括设备的基本工作原理、亮点、软硬件临床操作培训、日常维护保养外,还需对各个具体电路介绍分析及常见故障处理、设备质量控制管理等培训)。

5.3.3 培训完成后填写"××医院医疗设备培训登记表",由参与培训的使用科室人员及设备科工程师相应签名,单价5万以上的设备还需组织培训考核,培训考核试卷合格后方可通过。

5.4 设备验收建档。

5.4.1 培训考核通过的设备,由设备供应商参照《验收资料存档目录表》提交相关的验收资料,并完成"××医院设备验收报告"的填写和各部门相关负责人签名,经设备器材科主任复核签名后方可建档入库。

5.4.2 所有仪器设备均应在××医院数字化医院信息管理系统中建立基本信息档案,包括但不限于设备名称、品牌规格型号、数量、单价、合同号、设备配置附件记录、验收日期、质保期、出厂日期、出厂编号、启用时间、存放地点、使用科室、生产厂家、供应商及联系方式、售后服务单位及联系方式等。

5.4.3 每台设备设立一个唯一的设备档案编号,记录设备全生命周期内的从验收入库、设备折旧、维修维护、计量保修、配件采购到设备报废的整个相关信息。使用科室设备管理员获取权限后可以在系统中查阅本科室设备资产清单及折旧详情。

5.4.4 设备文本档案的主要内容:

➤ 采购资料:计划、论证书、招投标文件、合同文本、装箱单、进口报关单、结算单据等。

➤ 验收资料:点收清单、安装报告、验收报告、培训登记表、验收资料存档目录表、设备合格证明等。

➤ 技术资料:使用说明书、维修说明书、线路图、售后服务登记表、售后服务补充协议等。

➤ 使用过程资料:设备履历本、调查评价结果、借用单、调剂单、维修记录、淘汰报废批表等。

5.5 设备出入库手续办理。

5.5.1 档案管理员必须在验收合格、前期手续完备、核对发票、合同与厂商相符、相关资料交缴齐全的前提下,方可办理出入库手续,为供应商出具《请领设备验收请领报销单》。

5.5.2 不管经费来源如何,报销凭证必须有档案管理员、使用科室主任、设备器材科主任和医务处及院领导签字。并按规定在省财政厅行政事业资产管理信息系统中登记固定资产卡片信息。

5.6 设备档案管理。

5.6.1 根据《档案法》规定，按医疗设备的管理等级，确定建立医疗设备档案管理的范围。设备科档案管理员对档案资料按科室分类进行管理，便于查阅，任何部门任何人借阅资料时需填写《档案资料借阅登记簿》。

5.6.2 档案资料要按规定的项目内容认真填写，做到字迹端正、完整清晰并分类编号登记。资料收集应真实、完整，并及时做好动态档案信息的补充更新工作。

5.6.3 技术档案要按规定的保存时间保管，销毁档案、资料要经过逐级批准。

5.6.4 档案管理人员工作变动时，要按程序办理档案移交手续，并由各方签名确认。

6. 相关文件

《档案法》。

7. 使用表单

《设备验收及出入库办理流程》；

《仪器设备履历本》；

"××医院设备验收报告"；

"××医院医疗设备培训登记表"；

"××医院仪器设备售后服务登记表"；

《验收资料存档目录表》；

《档案资料借阅登记簿》。

8. 流程图

无。

9. 修订记录

无。

第三节　医疗设备临床使用管理流程

名称：医疗设备临床使用管理流程		编号：CE－REG－0003	类别：管理流程	总页数：3
拟稿人：×××		审核人：×××		批准人：×××
发布部门：设备器材科		版本号：V1.0		生效日期：××××－××－××

1. 目的

为保证医疗设备在较长的期限内可正常运转，充分发挥其诊治功能，最大限度地产生社会及经济效益，特制定本管理流程。

2. 范围

各临床科室设备管理人员、操作使用人员及设备器材科临床工程技术人员。

3. 定义

临床使用阶段是医疗设备实现其使用价值最重要的阶段。实行科学的临床使用管理，可规范设备操作流程，可使设备的管理系统化、规范化，使医疗设备得到安全有效可靠的利用。

4. 职责

4.1 设备器材科负责拟定医疗设备操作规程。

4.2 操作人员经培训、考核合格后方可使用医疗设备，操作方法须规范正确并进行相应记录。

5. 作业内容

5.1 医疗设备临床使用科室须建立医疗设备临床使用管理制度，制订本科室医疗设备购置需求计划。

5.2 医疗设备在使用前必须制定操作规程，操作规程由设备器材科制定。

5.3 临床使用科室在使用医疗设备时必须按操作规程操作，不熟悉医疗设备性能和没有掌握操作规程者不得开机。

5.4 医疗设备临床使用科室应建立操作使用登记本和维护保养登记本，对开机情况、使用情况、出现的问题进行详细登记。

5.5 价值 10 万元以上的医疗设备，应由专人保管、专人使用、无关人员不能上机。大型医疗设备须取得卫计委规定的《大型医用设备应用质量合格证》方能投入使用，并建立大型医疗设备使用、保养记录。

5.6 医疗设备使用人员必须经使用操作培训后才可操作设备并建立培训考核记录。大型医疗设备的操作人员必须经使用科室指定，经过培训，考核合格后方能上机操作，按国家相关规定持证上岗。使用科室应建立使用人员再培训机制，不断掌握新技术新知识。

5.7 医疗设备临床使用科室，应指定专职人员负责医疗设备的管理，包括科室医疗设备台账、各台医疗设备的配件附件管理、医疗设备的日常维护检查。如管理人员工作调动，应办理交接手续。

5.8 操作人员应做好日常的使用保养工作，保持医疗设备的清洁。使用完毕后，应将各种附件妥善放置，不能遗失，若发生遗失，按照医院规定对责任人作相应处理。掌握售后服务联系电话。

5.9 使用人员在下班前应按规定顺序关机，并切断电源、水源，以免发生意外事故。需连续工作的医疗设备，应做好交接班工作。

5.10 医疗设备临床使用科室应配合设备器材科及其他职能部门做好医疗设备安装、调试、验收、维护、计量检测、资产管理、建档等工作。

5.11 医疗设备临床使用科室应配合设备器材科进行质控、应用分析等工作；按要求收集所属 50 万元以上设备的应用数据(开机时数、诊疗人次、收费等)，上报设备器材科进行设备效益分析。

5.12 医疗设备临床使用科室与人员要精心爱护医疗设备，不得违章操作。如违章操作造成医疗设备人为责任性损坏，要立即报告科室领导及设备器材科，并按规定对责任人作相应的处理。

5.13 医疗设备临床使用科室应建立高风险类(生命支持类、植入介入类、灭菌类、辐射类和大型医用设备)医疗设备使用应急预案，当出现使用仪器设备所致意外事故危及人身安全事件时，有明确处置流程，能确保人员及财产的安全。

5.14 建立不良事件/安全事件监测报告制度，对疑似医疗器械不良事件应按相关要求上报设备器材科及相关职能部门。

5.15 医疗设备一般故障处理流程:

5.15.1 操作人员在医疗设备使用过程中不应离开工作岗位,如发生故障后应立即停机,切断电源,并停止使用。

5.15.2 挂上"仪器故障,暂停使用"标记牌,以防他人误用。

5.15.3 通过设备管理系统或设备器材科值班电话报修,报修时应向临床工程技术人员详细介绍设备故障情况。

5.15.4 检修由临床工程技术人员负责。操作人员须积极配合,不得擅自拆卸或者检修。

5.15.5 医疗设备须在故障排除后,临床工程技术人员和使用科室操作人员确认后方能继续使用。

5.16 医疗设备临床使用科室在使用过程中发现医疗设备存在安全隐患,应及时停止使用并向设备器材科报告。

5.17 进入临床使用科室的试用医疗设备,做如下规定:

5.17.1 试用医疗设备必须向设备器材科提出申请,申请进入医院临床试用的医疗设备及供应商应具备齐全有效资质、质量证明。

5.17.2 设备试用期一般不应超过3个月。对于试用的医疗设备,医院不做任何购买和维修许诺。原则上试用期间出现故障和损坏由供货商或厂家承担维修责任。如因仪器质量问题引起医疗纠纷,由供应商和厂家承担一切责任。试用期满之后即由供应商收回设备。试用期满后,使用科室认为需要购买该医疗设备的,按医院购置医疗设备的程序进行,并应将设备试用情况包括试用期间的效益、设备性能、质量、维修服务、价格等情况详细报告设备器材科。有关科室不得隐瞒设备不良运行情况,以免造成医院的经济损失,否则将追究当事人及科室的责任。

5.17.3 试用医疗设备所需的消耗材料,原则上应由厂家免费供应。

5.17.4 试用未获批上市的医疗设备以及需进行新技术及疗效研究的医疗设备,需由临床科室提出申请,经相关职能管理部门审批后,由设备器材科负责审核相关证照后转设备和药物临床研究伦理委员审核。

5.17.5 如有问题及时和工程技术人员沟通。

6. 相关文件

《医疗器械监督管理条例》;

《医疗器械使用质量监督管理办法》;

《医疗器械临床使用安全管理规范(试行)》。

7. 使用表单

无。

8. 流程图

无。

9. 修订记录

无。

第四节 医疗设备维护保养流程

名称：医疗设备维护保养流程	编号：CE-REG-0004	类别：管理流程	总页数：2
拟稿人：×××	审核人：×××	批准人：×××	
发布部门：设备器材科	版本号：V1.0	生效日期：××××-××-××	

1. 目的

通过日常维护保养及时发现设备故障隐患，降低维修率，延长设备的使用寿命，确保设备安全稳定运行。

2. 范围

设备器材科临床工程技术人员、各临床科室设备管理员及操作使用人员。

3. 定义

维护保养是指设备未出现故障时，临床工程技术人员对其采取不同的预防性维护方案与程序、技术与方法以及其他一些特殊的手段与措施对设备进行维护保养。

4. 职责

进行医疗设备风险评估，制定计划、实施方案以及相关的技术规范，对易损部件进行更换，对容易发生故障的重点部位进行拆卸检查，通过更换、调试、加油、自检以及安全防护等，使之符合标准或设备出厂时规定的技术参数及性能指标。

5. 作业内容

5.1 单台设备维修保养。

5.1.1 每台设备安装验收后，熟悉设备工作原理和操作流程，参考说明书和维护保养手册，结合国家的标准和技术规范，制定该设备的三级维护保养规程。

5.1.2 培训使用科室操作人员做好一、二级维护，由使用科室设备管理员监督执行，设备器材科工程技术人员抽查执行情况。

5.1.3 工程技术人员负责该设备的第三级维护保养，由设备器材科业务组长监督执行，设备使用安全监督小组抽查执行情况。

5.2 工程技术人员分管设备维护保养。

5.2.1 分管工程技术人员根据分管设备清单，结合使用科室年度维护计划，制定相关的年度、季度和月度维护保养计划。

5.2.2 按使用科室或者按类别实施计划。

5.2.3 维护记录按月汇总提交业务组长审核，业务组长按季度提交设备使用安全监督小组备案。

5.3 重点监控设备维护保养。

5.3.1 设备器材科制定年度重点监控设备性能检测计划，分发到业务组长，由其分配到相关工程技术人员。

5.3.2 质量控制人员根据计划提前与设备使用科室联系，准备好待检测设备，尽量减少对使用科室的影响。

5.4 维护时机。

5.4.1 原则上按计划进行定期维护，每次维护时对存在问题及时解决，不能现场解决的反馈至科室和业务组长。

5.4.2 特殊情况可以在设备维修时，同时完成维护保养。

5.4.3 设备完成大修后应当进行检测，合格后才能投入使用。

5.5 数据记录、分析和归档。

5.5.1 每年对同类设备维护结果进行统计，形成设备运行维护年度报告。所有设备维护记录输入设备运行管理系统。

6. 相关文件

《医疗器械监督管理条例》；

《医疗器械使用质量监督管理办法》；

《医疗器械临床使用安全管理规范（试行）》。

7. 使用表单

无。

8. 流程图

无。

9. 修订记录

无。

第五节 医疗设备维修流程

名称：医疗设备维修流程		编号：CE－REG－0005	类别：管理流程	总页数：2
拟稿人：×××		审核人：×××	批准人：×××	
发布部门：设备器材科		版本号：V1.0	生效日期：××××－××－××	

1. 目的

为明确医疗设备维修报修、任务指派、故障处理和费用处理等规范，提高医疗设备维修效率，特制定本管理流程。

2. 范围

设备器材科临床工程技术人员。

3. 定义

设备维修流程是指设备出现故障后，从使用科室报修，临床工程技术人员到现场检查确定维修方案和报批，修复后设备性能检测验收，出具维修报告和费用处理等一系列过程。

4. 职责

接受医疗设备维修任务、对设备故障检修。对自身无法维修情况，向上级提出解决方案，对维修后的设备进行性能测试，确保符合标准或设备出厂规定的性能指标。维修后进行分析、总结和技术资料整理。

5.作业内容

5.1 报修。

当医疗设备发生故障时，使用科室必须及时通过设备管理系统或设备器材科值班电话报修，做好记录并生成任务单，通知相关工程师维修。报修人员尽量描述清楚设备所在位置，故障现象，紧急程度，是否需要调配设备等。

5.1.1 对可搬运设备，工程师到现场后发现无法现场维修时，打电话请配送中心将设备送至设备器材科进行维修。

5.1.2 当设备不可移动时，工程师接到维修申请单应尽快到现场检修。

5.1.3 当使用科室设备需要紧急维修时，填写设备管理系统报修后应加拨电话通知设备工程师尽快到场维修。

5.2 维修。

5.2.1 维修期间，工程师应将"设备故障，暂停使用"标志放置在设备的显著位置，并停止使用设备。

5.2.2 对于尚处在保修期内的医疗设备，立即通知厂家工程师维修，未经厂商许可不得拆机检修。

5.2.3 外修设备时，工程师应对取走设备人员及维修公司进行资质鉴定，并填写设备外修单，设备送还后，使用科室操作人员与工程师共同进行验收，工程师在每次维修后索取并保存相关记录。

5.2.4 自行对医疗设备进行维修的，按维修说明书指南进行，维修结束后与使用科室进行性能及功能验收和确认。

5.2.5 经检修仍不能达到使用安全标准的，不得继续使用，并按照《医疗设备退役流程》进行处置。

5.2.6 设备的维修记录报告由责任工程师从系统录入，必要时打印并存档。

5.3 配件和维修费用审批。

5.3.1 维修配件的领取和更换实行"统一管理，以旧换新"原则。配件必须由设备器材科采购，严禁私自购买维修配件。维修费用按不同级别报批，纳入成本核算。

5.3.2 对维修库存以外的配件，分管工程师询价后，报设备器材科和使用科室领导同意后方可购买。1000 元以下配件由工程师洽谈，1000～5000 元由组长洽谈，5000～10000 元由科室主任洽谈，1 万元以上的配件需通过 OA 系统报院领导审批，10 万元以上的配件需由医院组织进行价格谈判。

对于发票，由使用科室主任或护士长与工程师在背面签字确认。

5.3.3 设备使用科室不得随意联系其他外部人员维修设备，任何外来维修人员必须经设备器材科同意方可对设备进行维修，否则由此造成的后果由设备使用科室负责，费用不予支付。

5.3.4 配件及维修费用报账流程参照《医疗设备配件管理流程》进行。

5.4 维修时间超过两天的，应及时与使用科室说明原因，反馈维修进展，必要时协助调配设备。

6. 相关文件

《医疗器械监督管理条例》;

《医疗器械使用质量监督管理办法》;

《医疗器械临床使用安全管理规范(试行)》。

7. 使用表单

无。

8. 流程图(如图 1 – 1 所示)

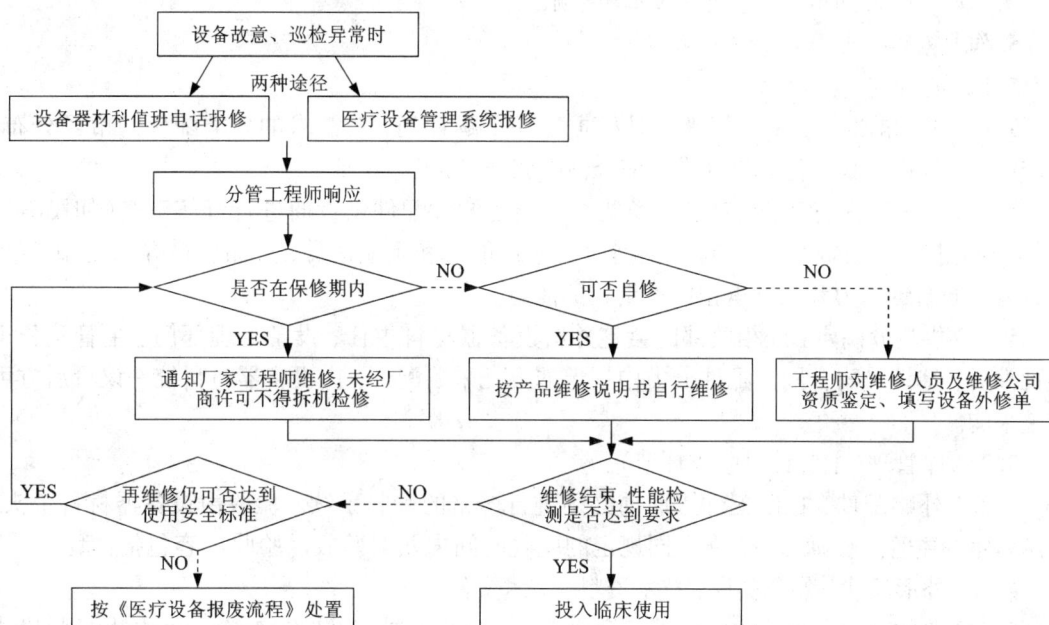

图 1 – 1　医疗设备维修流程

9. 修订记录

无。

第六节　医疗设备配件管理流程

名称:医疗设备配件管理流程		编号:CE – REG – 0006	类别:管理流程	总页数:2
拟稿人:×××		审核人:×××	批准人:×××	
发布部门:设备器材科		版本号:V1.0	生效日期:×××× – ×× – ××	

1. 目的

为进一步规范医院医疗设备维修配件管理,保障设备安全、高效地稳定运行,结合设备维修配件采购及管理实际情况，特制定本管理流程。

2. 范围

临床工程技术人员、财务人员。

3. 定义

配件管理是指设备出现故障时，临床工程技术人员需要更换相应配件以及配件的相关报销工作。

4. 职责

医疗设备配件的申请、审批、入库和报账。

5. 作业内容

5.1 采购管理。

5.1.1 采购前准备：采购管理人员根据配件采购计划，对需求的各类配件的市场分布、生产厂家、价格及其变化趋势等进行综合性的调查、分析、论证。

5.1.2 供货商资信审查：对经市场调查后选定的各配件供货商进行资信审查（如民事资格、经营范围、注册资本、生产和技术水平、履约能力和企业信誉、产品质量等），以确定是否具有合同履约能力和独立承担民事责任的能力。

5.1.3 供货商确定：经相关部门会签并给设备器材科主任、设备管理部门、主管院长审核批准后，签订采购合同。配件分类中规定的委托采购配件，由设备器材科统一议价后方可实施采购。

5.2 入库管理（主要针对验收环节）。

5.2.1 外购配件、自制配件入库前必须进行严格的验收手续。验收由设备器材科牵头，使用科室的主管工程师参与，在合同规定的验收时间内及时验收。验收内容包括：型号、规格、数量、外形尺寸、外观质量、技术资料、技术文件等。

5.2.2 验收时如发现验收内容不符合要求时，验收人员应及时通知合同经办人员与供货单位联系并处理，统购配件部分要及时反馈给相关单位。

5.2.3 配件验收合格后，合同经办人应及时办理入库手续。仓库保管员要及时根据合同或有关凭证清点数量，签录入库单。

5.2.4 对验收不合格或名称、规格、数量不符的配件，在处理前另行堆放，并及时通知有关部门和人员，在一周内处理完毕；对实物已到库，必要的验收凭证未到的配件，应进行预登记，配件妥善保管，待凭证送达后补办手续。

5.2.5 验收时限要求：少量配件当场验收并登记入库，大批量或大件配件验收不得超过两天。

5.3 报账管理。

5.3.1 配件、维修费报账流程，详见流程图（图1–2）。

5.3.2 万元以上的配件、维修费，需要先走 OA 呈批件审批流程。

5.3.3 超过5万元的配件、维修费，在 OA 上，领导批复需要报"医院党政联席会议"的意见的呈批件，在结束流程后，需要告知科秘书，在 OA 上进行医院党政联席会议议题申请。

5.4 信息管理。

5.4.1 配件信息系统的数据录入、查询、复制、修改，报表的接收、发送和传递，使用统一的配件编码，做到全系统内各类配件的统一描述。严禁越权操作，以防信息的丢失与泄密。

5.4.2 对录入数据要适时、真实，不得虚报、迟报、瞒报，以保证数据库内容的翔实、可靠。

5.4.3 根据采购工作性质和业务流程特点，配件信息系统设计应包括：采购计划、统计报表、仓储管理、档案管理、综合查询、系统维护等模块。综合查询模块需具备合同责任查询系统，内容包括合同签订人、责任人、审批人、执行过程、价格比较、到货结算情况等，其他功能如库存配件、客户档案查询等；仓储管理模块中应具备库存预警系统。

5.4.5 配件信息系统中各项数据、信息均系企业商业机密，应做到定期存盘备份，不得丢失或随意删除。

6. 相关文件

无。

7. 使用表单

无。

8. 流程图（如图 1 - 2 所示）

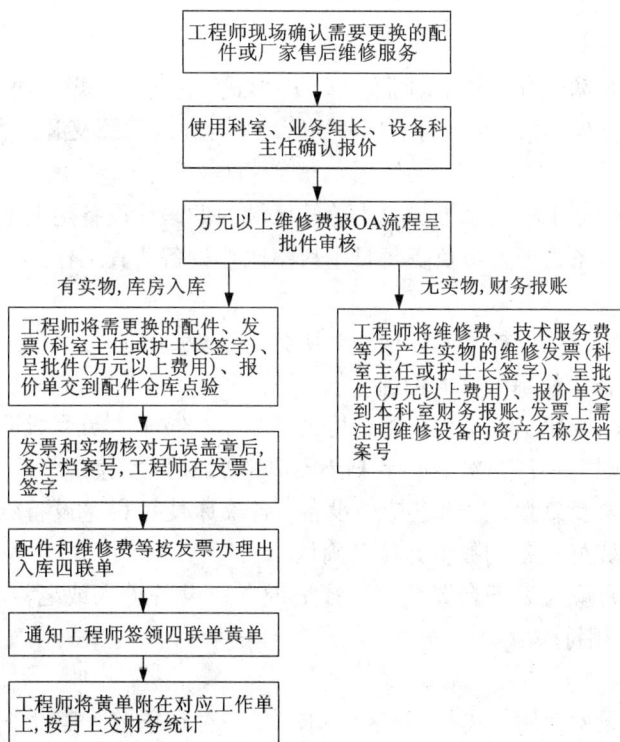

图 1 - 2 配件、维修费报账流程

9. 修订记录

无。

第七节　医疗设备巡检流程

名称：医疗设备巡检流程	编号：CE – REG – 0007	类别：管理流程	总页数：2
拟稿人：×××	审核人：×××		批准人：×××
发布部门：设备器材科	版本号：V1.0		生效日期：×××× – ×× – ××

1. 目的

为保证医疗设备的安全使用，及时发现潜在故障或安全隐患，特制定本管理流程，以明确医疗设备巡检流程，规范巡检管理标准。

2. 范围

设备器材科临床工程技术人员，各临床科室设备管理人员。

3. 定义

巡检为医疗设备预防性维护和主动维修的一种形式，它周期较短。通过巡检，可及时了解医疗设备的运行状态及保养情况，及时发现使用管理中存在的问题及潜在故障和安全隐患。

4. 职责

4.1 设备器材科临床工程技术人员负责分管区域内的医疗设备定期巡检工作。

4.2 各临床科室设备管理人员负责每日本科室医疗设备清查工作。

5. 作业内容

5.1 设备器材科临床工程技术人员定期对所分管区域的医疗设备进行巡检，巡检时注意工作方式，加强与各临床使用科室的沟通。

5.2 各医疗设备临床使用科室积极配合协助临床工程技术人员完成巡检工作。

5.3 巡检周期原则上一月一次，遇特殊情况按需增加巡检次数。

5.4 对于大型设备及急救、生命支持类设备，各临床使用科室设备管理人员应每天清查设备是否完好，记录完好设备的数量并签名确认。

5.5 巡检目录每月应与设备台账核对，看是否有新设备进入或老设备报损，及时处理，保持巡检目录和实物相符。

5.6 巡检内容：

5.6.1 检查医疗设备使用环境是否符合要求，是否存在危及医疗设备安全的潜在因素。

5.6.2 检查医疗设备功能是否正常，配件是否齐全，配件状态是否符合安全要求。

5.6.3 必要的大型设备及急救、生命支持类设备，检查使用科室的使用记录，并在使用记录上签名。

5.6.4 检查临床使用科室计量设备的检定合格标签，确保医疗设备在计量有效期内使用。

5.7 使用科室在医疗设备的使用或保管上有不符合规范的情况，巡检工程师必须提出意见，提供指导，并做记录。

5.8 巡检时，可以对医疗设备的使用做出评估，听取使用科室的建议与要求，并做记录。

5.9 填写巡检记录。

5.10 巡检结束后巡检记录需要请使用科室签字认可。

5.11 巡检中的问题与建议应记录在案，紧急情况应立即解决或向领导汇报。

5.12 每月最后一个工作日前，设备器材科各巡检工程技术人员将当月巡检记录集中由分管组长审核后存档保存。

5.13 巡检反馈：设备器材科主任或各组长应对各分管区域的巡检落实情况做反馈调查，至少半年一次，并做好相应的记录。

5.14 临床使用科室应积极配合临床工程技术人员巡检工作，对在日常使用中碰到的问题及时和工程技术人员沟通。

6. 相关文件

无。

7. 使用表单

"医疗设备巡检记录表"。

8. 流程图

无。

9. 修订记录

无。

医疗设备巡检记录表

临床使用科室：　　　　　　　　　　　　　　　　　巡检日期：

设备名称	规格型号	数量	设备投入使用时间	设备状况						设备状态评估
				在用	待修	在修	闲置	待废	异常	

临床使用科室确认签名：　　　　　　　　　　巡检临床工程人员确认签名：

第八节　医学计量器具管理流程

名称：医学计量器具管理流程		编号：CE-REG-0008	类别：管理流程	总页数：3
拟稿人：×××	审核人：×××		批准人：×××	
发布部门：设备器材科	版本号：V1.0		生效日期：××××-××-××	

1. 目的

为实现医学领域计量单位的统一和对人体各种测量参数的准确一致，便于对患者进行准确的诊断与治疗，特制定本管理流程。

2. 范围

设备器材科计量员，各临床科室计量器具管理人员。

3. 定义

计量器具是指能用以直接或间接测出被测对象量值的装置、仪器仪表、量具和用于统一量值的标准物质，包括计量基准、计量标准、工作计量器具。

医学器具管理工作是依据计量法律、法规和其他有关规定对医学计量器具进行检定、校准，保证其量值的准确可靠和计量单位的统一。做好医学计量管理工作对于保障医学诊疗水平、提高医院医疗质量具有重要的意义。

4. 职责

4.1 设备器材科计量员负责全院医学计量器具管理工作。

4.2 临床科室管理人员负责本科室医学计量器具管理工作。

5. 作业内容

5.1 设备器材科应设立专人（计量员）负责全院医疗计量仪器设备管理，建立计量设备台账。

5.2 制定计量器具的周期检定计划，接受临床使用科室检定申请，报主管领导批准后，向计量行政部门指定的计量检定机构提出申请，按时组织使用科室对计量设备约检送检。对精密、贵重或不便移动的器具，预约上门检定，检定合格的设备需粘贴合格标签。

5.3 医院购进计量器具时，应要求供应商提供该器具的"计量合格证"，方可验收入库。

5.4 所采购计量器具的有关资料除按照有关规定归档，还必须交由计量员建卡、存档。

5.5 设备器材科负责监管考核临床科室计量器具管理情况，针对存在问题提出整改要求，跟进问题整改情况，确保计量设备全部经过计量检测。

5.6 临床科室应指定专人负责设备计量管理工作。负责计量器具的日常保养、台账建立，记录计量器具使用有效期、下次检定日期等事项，保管本科室计量器具的技术资料和鉴定证书，建立计量档案。

5.7 临床使用科室，必须做好计量器具的使用与保养工作，制订出相应的使用操作规程，由专人负责，并严格按照说明书及操作规程进行操作，减少误差，确保精确度，不得随意改动计量器具的参数和基准。

5.8 所有计量器具都应建立使用记录并定期进行维护和保养；常用计量器具应每次使用后擦净保养，不常用的有源计量器具应定期做通电试验。

5.9 存放计量器具的场所，要求清洁卫生。温度、湿度要符合检定规程的规定，并保持相对稳定。易变形的计量器具，要分类存放，妥善保管。严禁计量器具与酸、碱等腐蚀性物质及磨料混放。

5.10 在用计量器具必须有计量鉴定证书或合格标记，发现合格证书丢失或超期，要及时查找原因，办理补证手续或补检。

5.11 有下列情况之一的计量器具不得使用：

➢ 未经检定或检定不合格。

➤ 超过检定周期。

➤ 无有效合格证书或印鉴。

➤ 计量器具在有效使用期内失准失灵。

➤ 未经政府计量行政部门批准使用的非法定计量单位的计量器具。

➤ 修理后的计量器具未经相关质监部门重新检定者。

5.12 属强检的医用计量器具经过维修后应经省市质量技术监督局鉴定后方可投入临床使用。

5.13 临床科室应定期巡查本科室计量设备的检定合格标签，确保在计量有效期内使用。

5.14 临床科室应积极配合设备器材科约检送检计量器具，必须按规定周期进行检定，不得以任何借口推迟检定或故意漏检。

5.15 对检定不合格的计量器具，安排再次复检，检定合格后方可继续使用。经过校正和维修后复检仍不合格的计量设备，必须降级使用或按有关规定办理退役手续。

5.16 办理退役的器具应按有关规定依次审批，而后销卡销账。

5.17 凡已办理退役的器具，必须撤离计量场所暂时停用，如需教学示教或其他用途，必须设置标志。

5.18 计量文件、技术资料、质量凭证、单据要由计量员保管，借出时履行借用手续，以防丢失和损坏。

5.19 认真填写计量技术档案，做到内容完整，符合国家计量部门的相关规范。

5.20 按规定的保存时间保管好计量文件和技术档案资料。

6. 相关文件

《中华人民共和国计量法》；

《×××省实施〈中华人民共和国计量法〉办法》；

《中华人民共和国计量法实施细则》。

7. 使用表单

《医疗卫生领域常见依法管理（强检部分）计量器具列表》如下。

类别	计量器具名称
医用辐射源	CT 机、X 线拍片机、X 线透视机、DR/CR 机、DSA、乳腺 X 线机、C 型臂、X 线机、移动床边 X 线机、牙科 X 线机、全景牙科 X 线机、X 线模拟定位机、碎石 X 线定位机等
医用超声源	B 超机、彩超机、胎儿监护仪、多普勒胎心音仪等
医用激光源	半导体激光机、氦氖激光机、CO_2 激光机、YAG 激光机、氩激光机等
心脑电图仪	心电图仪、数字心电图仪、24 h 动态心电图仪（Holter）、心电采集器、运动平板心电图机、脑电图仪、数字脑电图仪、脑电地形图仪等
监护仪类	多参数监护仪、心电监护仪、病人监护仪、中央监护仪、床边监护仪等
检验化验类	分光光度计（可见分光光度计、紫外分光光度计、红外分光光度计、荧光分光光度计、原子吸收分光光度计）、酸度计等
其他类	血压计、血压表、压力表（压力表、风压表、氧气表）、天平、砝码、戥秤、体温计、声级计、听力计、屈光度计、验光仪、眼光镜片组等

8.流程图

无。

9.修订记录

无。

第九节　在用医疗设备质量检测流程

名称：在用医疗设备质量检测流程		编号：CE – REG – 0009	类别：管理流程	总页数：3
拟稿人：×××		审核人：×××	批准人：×××	
发布部门：设备器材科		版本号：V1.0	生效日期：×××× – ×× – ××	

1.目的

开展质量检测工作是保障在用医疗设备安全、可靠、有效运行的重要手段之一。遵照《医疗器械使用质量监督管理办法》，落实在用医疗设备质量检测工作，特制定本管理流程。

2.范围

设备器材科医疗设备质量专职检测人员和兼职检测人员。

3.定义

在用医疗设备质量检测是指医院工程技术人员在设备使用、维修等领域借助于专门的仪器设备，为了及时获得被测对象的情况而进行实时或非实时的定性检测和测量的过程。

4.职责

4.1 设备器材科医疗设备质量专职人员负责质量检测计划拟定及急救生命支持类医疗设备检测。

4.2 设备器材科医疗设备质量检测兼职检测人员负责分管设备检测工作。

5.作业内容

5.1 纳入质量检测范围的医疗设备选择。

5.1.1 选择原则。

➢ 使用风险高的医疗设备(可采用《Vermont 大学的技术服务方案》进行评估)。

➢ 属于非强检类医疗设备。

➢ 不良事件频发类医疗设备。

5.2 购置相应检测仪器。

5.2.1 参照《医疗设备采购流程》及《医疗设备验收及出入库流程》，购置与本院实际需求相符的检测仪器。

5.3 确定检测设备种类及每类设备检测数量。

5.3.1 数量少，使用科室集中的医疗设备建议全检(例如，高频电刀、婴儿培养箱)。

5.3.2 数量多，使用科室遍布全院的医疗设备建议抽检(例如，多参数监护仪、注射泵)。

➢ 抽检比例：由实际调研情况确定。

➤ 抽检原则：厂家、型号、使用年限随机抽样。

5.4 评估单台设备检测耗时。

5.4.1 确定每类医疗设备测试项目。

5.4.2 评估完成一台设备所有项目检测耗时。

5.4.3 其他时间因素也需纳入考虑范围，比如：

➤ 与科室沟通时间。

➤ 准备被检设备时间。

➤ 检测发现问题时，问题处理时间。

5.5 制定医疗设备检测时间推进计划。

5.5.1 制定周检测工作量，具体到每天检测什么设备、多少台次，建议一周空出一天用于检测问题汇总及数据录入工作。

5.5.2 制定半年度时间计划。依照各科室被检设备的数量，周检测工作量，以院内各大楼为节点划分，制定半年内各大楼检测时间段。

5.6 匹配相应检测人员。

5.6.1 依据被检设备的数量及种类配备一定人数的检测人员。

5.6.2 专职人员：负责数量多，使用科室众多的医疗设备检测工作（例如，急救生命支持类医疗设备）。

5.6.3 兼职人员：由分管工程技术人员担任，负责数量少，使用科室集中的医疗设备检测工作（例如，高频电刀、大型医疗设备等）。

5.7 质量检测实施前准备。

5.7.1 将所制定检测计划与护理部沟通协商，对欠缺之处进行完善。

5.7.2 在医院办公系统（OA）发布相应通知，通知内容包括：

➤ 检测相关说明。

➤ 各类被检设备信息。包括使用科室、设备名称、型号、数量。

➤ 半年度时间推进计划。

5.8 医疗设备质量检测计划实施。

5.8.1 检测人员登记领用检测设备。

5.8.2 依据检测计划在临床科室选取相应设备进行质量检测。除检测设备本身性能参数是否符合要求外，如有需求还需进行设备电气安全测试，并填写检测记录表。

5.8.3 检测完成，若均符合要求则黏贴绿色"合格"质控标签。若有不合格项目则记录相应信息，依据临床使用情况黏贴黄色"注意"标签或红色"停用"标签，向使用科室管理人员说明设备情况，并向分管工程技术人员上报。分管工程技术人员对问题设备依照《医疗设备维修流程》进行相关处理。

5.8.4 检测数据交由质控工作室录入及分析汇总，原始记录客观真实，并及时归档。

5.9 定期开会总结汇报。半年度检测结束，依据实施情况，实际反映问题，调整编制下个半年度计划。

6. 相关文件

《医疗器械使用质量监督管理办法》。

7. 使用表单

无。

8. 流程图

《医疗设备质量检测流程图》(如图 1 - 3 所示)。

9. 修订记录

无。

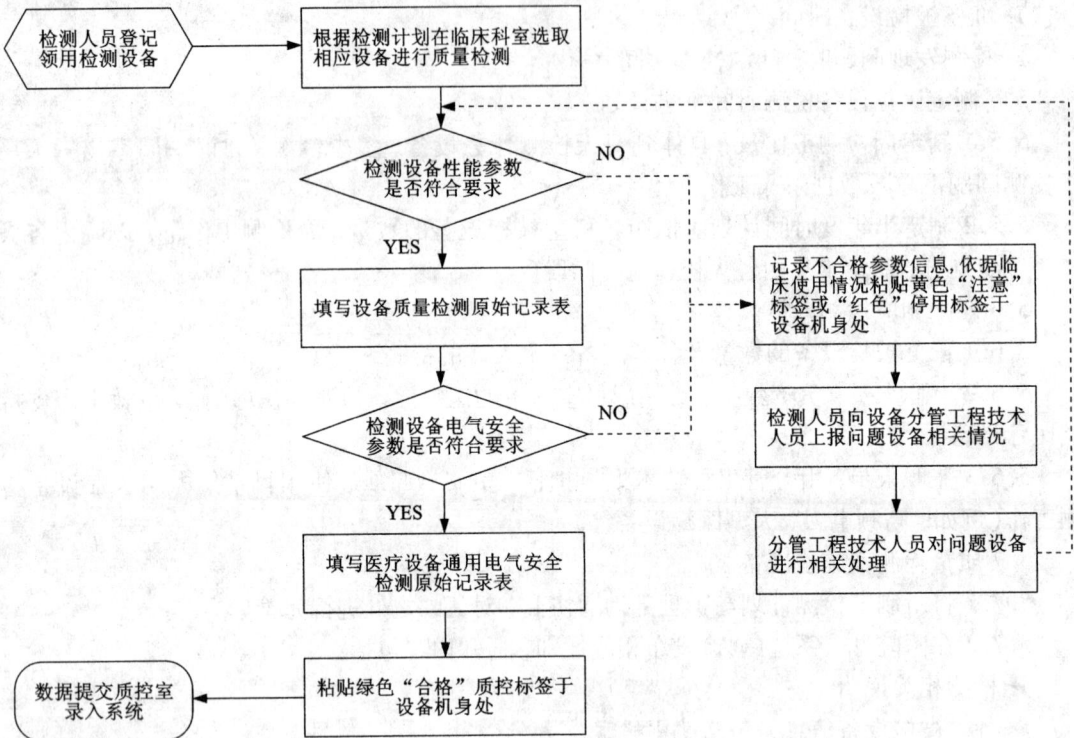

图 1 - 3　医疗设备质量检测流程

第十节　质量检测仪器设备管理流程

名称：质量检测仪器设备管理流程		编号：CE - REG - 0010	类别：管理流程	总页数：2
拟稿人：×××	审核人：×××		批准人：×××	
发布部门：设备器材科	版本号：V1.0		生效日期：×××× - ×× - ××	

1. 目的

为保证质量检测仪器设备正确、合理利用,反映被检设备情况真实、有效,特制定本管理流程。

2. 范围

经设备器材科采购及验收入库的用于医疗设备质量检测的仪器设备。

3. 定义

借助质量检测仪器设备可对医疗设备的各项参数指标进行检测、评估。

4. 职责

设备器材科质控工作室负责质量检测仪器设备的相关管理工作。

5. 作业内容

5.1 质量检测仪器设备严格按照医疗设备采购及验收流程进行购置，详见《医疗设备采购流程》。

5.2 资产管理员严格按照医疗设备验收流程对质量检测仪器进行验收。档案管理员严格按照医疗设备档案管理内容对质量检测仪器建档管理。按规定的保存时间保管相关文件和技术档案资料。在设备使用期限届满后5年或者使用终止后5年，其相关文件及技术档案资料经批准方可销毁。详见《医疗设备验收及出入库管理流程》。

5.3 计量员严格按照医学计量器具管理内容，保管质量检测仪器设备技术资料和鉴定证书，建立计量档案，列入计量台账，做好每年检定工作。详见《医学计量器具管理流程》。

5.4 质量检测设备仪器统一存放于设备器材科质控工作室。存放场所要求清洁卫生，温湿度符合设备仪器要求，并保持相对稳定，设专人保管。

5.5 设备器材科质控工作是负责制定各类质量检测仪器设备的使用操作规程。

5.6 使用人员须经培训，考核合格后方可使用质量检测仪器设备。严格按照说明书及操作规程进行操作，不得随意改动设备仪器的参数和基准，出现问题要及时向质控工作室报告，不得擅自拆除。

5.7 检测人员进行医疗设备质量检测时，从质控工作室申领相应质量检测仪器设备，做好使用登记。使用结束，做好仪器设备清洁后归还签字。

5.8 在用质量检测仪器设备必须有鉴定证书或检定合格标记，若发现证书丢失或超期，及时查找原因，办理补证或补检手续。

5.9 所有质量检测仪器设备均应建立使用记录并定期进行维护和保养；常用质量检测仪器设备每次使用后应清洁保养，不常使用的有源质量检测仪器设备应定期做通电试验。

5.10 质量检测仪器设备发生故障时，应及时报质控工作室处理，各使用部门和个人无权擅自修理质量检测仪器设备；精密贵重设备经医院相关部门批准后，方可送修，并做好记录。

5.11 有下列情况之一的质量检测仪器设备不得使用：

➤ 未经检定或检定不合格；

➤ 超过检定周期；

➤ 无有效合格证书或印鉴；

➤ 在有效使用期内失准失灵；

➤ 未经政府计量行政部门批准使用的非法定计量单位的质量检测仪器设备；

➤ 修理后的检测仪器设备未经相关质监部门重新检定者。

6. 相关文件

《中华人民共和国计量法》；

《××省实施〈中华人民共和国计量法〉办法》；

《中华人民共和国计量法实施细则》。

7. 使用表单

无。

8. 流程图

无。

9. 修订记录

无。

第十一节 大型医疗设备预防性维护流程

名称:大型医疗设备预防性维护流程		编号:CE－REG－0011	类别:管理流程	总页数:2
拟稿人:×××		审核人:×××	批准人:×××	
发布部门:设备器材科		版本号:V1.0	有效日期:××××－××－××	

1. 目的

通过对大型医疗设备预防性维护保养,及时排查设备故障隐患,降低故障率,延长设备的使用寿命,确保设备安全稳定运行。

2. 范围

设备器材科临床工程技术人员、各临床科室设备管理员及操作使用人员。

3. 定义

预防性维护保养是指设备未出现故障时,设备使用人员和临床工程技术人员对其采取不同的方案与程序、技术与方法以及其他一些特殊的手段与措施对设备进行维护保养。

4. 职责

进行医疗设备风险评估,制定计划、实施方案以及相关的技术规范,对易损部件进行更换,对容易发生故障的重点部位进行拆卸检查,通过更换、调试、加油、自检以及安全防护等,使之符合标准或设备出厂时规定的技术参数及性能指标。

5. 作业内容

5.1 预防性维护制度建立。

分析大型医疗设备故障原因,找到降低故障率的预防性措施和维护策略。建立医疗设备的周期巡检和维护保养制度,定期对设备使用人员进行培训,落实设备管理制度;定时更换易损件,定期进行测试,按要求进行计量检定和质量控制,发现问题及时校正。

制定设备的操作流程、安全注意事项和维护保养的详细规章制度。操作人员严格按照制度执行,实现设备维护保养的制度化、常规化、规范化。

5.2 维护保养模式。

5.2.1 日常保养。

日常保养需要临床使用人员积极配合,主要做到:保持设备表面清洁,使用前应检查电源电压或稳压装置是否正常,环境温湿度是否在正常的范围之内。在使用的过程中注意观察仪器的功能、性能是否正常并及时填写使用记录，仪器设备发生故障时，除做好必要的记录外，要及时通知维修人员，不得私自拆卸。

5.2.2 定期保养。

定期保养由工程技术人员完成，每半年完成一次，并做好记录。详细的预防性维护内容包括：

外观检查：外观检查首先检查仪器各按钮、开关、接头插座有无松动及错位，插头插座的接触有无氧化、生锈或接触不良，电源线有无老化，散热排风是否正常，各种接地的连接和管道的连接是否良好。

清洁保养：是对仪器表面与内部电气部分、机械部分进行清洁，包括清洗过滤网及有关管道，对仪器有关插头插座进行清洁，防止接触不良，对必要的机械部分进行加油润滑。

更换易损件：对已达到使用寿命及性能下降，不符合要求的元器件或使用说明书中规定的要求须定期更换的配件要进行及时更换，预防可能发生的故障扩大或造成整机故障。对电池充电不足的情况要督促有关人员进行定期充电，排除设备明显的和潜在的各种故障。

功能检查：开机检查各指示灯、指示器是否正常，通过调节、设置各个开关和按钮，进入各功能设置，以检查设备的基本功能是否正常。通过模拟测试，检查设备各项报警功能是否正常。

性能测试校准：测试各直流电源的稳压值、电路中要测试点电压值或波形并根据说明书的要求进行必要的校准和调整，以保证仪器各项技术指标达到标准，确保仪器在医疗诊断与治疗中的质量。

安全检查：

（1）电气安全检查：检查各种引线、插头、连接器等有无破损，接地线是否牢靠，接地电阻和漏电电流是否在允许限度内。

（2）机械检查：检查机架是否牢固，机械运转是否正常，各连接部件有无松动、脱落或破裂现象。

5.3 设备巡查。

巡查也是预防性维护工作的一项重要的组成部分。巡查是对设备的运行情况、磨损和老化程度进行检查，以便早期发现设备存在的隐患，及时进行修理，避免或减少突发故障，提高设备使用率。如果发现问题应及时告知科室相关负责人。

5.3.1 巡查周期。

工程技术人员应每周1～2次巡查所负责的大型设备，发现问题及时处理。

5.3.2 巡查内容。

设备外观检查，设备开机运行状态（功能、性能、噪声等）检查，设备安全检查，使用人员操作设备情况检查，同时询问设备使用人员有关设备的日常使用与保养的情况，做好相关记录。

5.4 质量控制和质量保证。

对设备的技术参数，每年需进行一次检测校准，对偏离的参数需进行校正。

对于大型影像类设备，每年进行一次图像质量的检测校准。具体参数参照设备的出厂参数或者相应的国家制定的标准。

6. 相关文件

《医疗器械监督管理条例》；

《医疗器械使用质量监督管理办法》；

《医疗器械临床使用安全管理规范(试行)》。

7. 使用表单

无。

8. 流程图

无。

9. 修订记录

无。

第十二节 医用气体系统工程安装流程

名称:医用气体系统工程安装流程		编号:CE－REG－0012	类别:管理流程	总页数:1
拟稿人:×××	审核人:×××		批准人:×××	
发布部门:设备器材科	版本号:V1.0		生效日期:××××－××－××	

1. 目的

为落实《医用气体工程技术规范》和《医院医用气体系统运行管理》等法规,确保医院气体系统工程安装符合规范要求,保证安装质量,特制定本管理流程。

2. 范围

适用本院各种气体工程的安装、改装及大修。

3. 定义

无。

4. 职责

无。

5. 作业内容

5.1 设计技术图纸交底和图纸会审。综合组项目负责人组织设计单位、施工单位和相关参建单位,根据合同要求,认真做好图纸和现场查验工作。

5.1.1 核对施工图平面布局、尺寸和房间功能是否与实际相符,记录不符合部分及原因。

5.1.2 核对气源中心站房、管道走向和位置,管井大小和位置,确定是否符合施工条件和设计标准。

5.1.3 核对其他配套单位给予的水、电等基础条件是否符合施工条件和设计标准。

5.1.4 核对施工图的设备和数量是否与合同、招投标文件相符,了解设备到货时间。

5.2 医用气体施工准备。

5.2.1 要求施工单位编制施工组织设计要求、进行施工技术交底。

5.2.2 组织施工单位勘查现场,进行施工场地准备,做好项目设备和材料需求计划。

5.3 向医院申请安装许可。根据《医用气体系统维修工作许可管理》《医用气体系统动火、用电安全管理制度》向医务处和保卫处申请安装许可证。

5.4 综合组每天派工程师到施工现场，监督各项施工措施和进度按要求进行，做好施工现场督察记录。对每批材料或设备进行验收，并做好验收记录。每周做好施工小结记录。

5.5 做好医用气体系统施工工程的安全管理、进度管理。

5.6 组织医用气体系统工程的验收和整理档案资料。

6. 相关文件

《医用气体系统维修工作许可管理》；

《医用气体系统动火、用电安全管理制度》。

7. 使用表单

无。

8. 流程图

无。

9. 修订记录

无。

第十三节　医疗设备退役流程

名称：医疗设备退役流程	编号：CE－REG－0013	类别：管理流程	总页数：2
拟稿人：×××	审核人：×××	批准人：×××	
发布部门：设备器材科	版本号：V1.0	生效日期：××××－××－××	

1. 目的

为明确医疗设备退役流程，规范退役管理标准。特制定本管理流程。

2. 范围

经设备器材科采购及验收入库的所有用于医疗、教学、科研和办公等的仪器设备。

3. 定义

无。

4. 职责

4.1 设备使用科室设备管理员或护士长负责在办公内网提交本科室设备退役申请，填写"省直行政事业单位国有资产处置申报表"，科室主任提出审批意见。

4.2 设备科负责设备退役审核工作的工程师现场检查测试设备，以确认设备是否满足退役条件并给出意见，包括但不限于故障是否可以修复、修复费用、耗时等。

4.3 设备科资产管理员、财务处固定资产管理员负责核实固定资产折旧情况并给出意见。

4.4 设备科主任、医务处处长、分管副院长逐级审批，待批复同意后，完成院内退役流程，由设备科和财务处固定资产管理员分别办理退役设备的销账手续。

4.5 财务处固定资产管理员将完成院内退役流程的设备清单上报，上报于省卫计委，并定期处理省卫计委批复同意处理的退役设备，完成省财政厅行政事业资产管理信息系统中资产卡片销账。

5. 作业内容

5.1 医疗设备退役范围：

医疗设备固定资产退役需达到或超过规定的折旧年限，符合下列条件之一者，可以申请退役。

➢ 严重损坏，不可维修的仪器或性能低劣，经修理仍不能达到技术指标者。

➢ 设备零配件停产，零配件无法补充筹措困难，无类似替代，因缺零配件不能运转的设备。

➢ 国家有规定到期需淘汰或有关部门明文规定禁止的产品。

➢ 计量检测或应用质量检测不合格者。

➢ 超出生产厂家设计的使用寿命，尚能勉强运转，但完好率较低，无继续使用价值。

➢ 严重污染环境，危害人身安全与健康，继续使用将会引起事故危险，有医疗或环境安全隐患的；严重浪费能源、造成严重危害、因事故或灾害造成严重损坏的仪器或设备。

➢ 严重丧失精度无法修复或维修费用过高的(普通维修超过新机购置费用 1/3 以上，单次大修超过其原值 50% 以上)，继续使用在经济上性价比不高的设备。

➢ 应用技术严重落后，耗能过高(超过国家有关标准 20% 以上)，效率甚低，经济效益差者。

尚能使用，但随着同类设备更新换代，本设备相对技术落后，性能较差，机型过时，影响诊断准确性的，维持运转费用高，属于自然淘汰品。

5.2 医疗设备退役程序：

任何仪器设备的淘汰退役必须按程序审批，由设备器材科协助医务处、纪委、审计处、财务处统一处理，任何单位和个人不得擅自处理。

5.2.1 使用科室设备管理员或护士长提出退役申请，在 OA 办公内网审批流程中填写"省直行政事业单位国有资产处置申报表"，填写拟退役设备的基本信息(包括但不限于资产名称、型号规格、数量、购入日期、账面价值、已折旧额、资产编号等)、退役形式及处置原因等，科室主任提出审批意见。

5.2.2 退役申请审批流程流转到设备科，经设备科资产管理员核对设备信息和状态，设备科工程师技术鉴定审核后，逐级上报设备科主任、医务处处长、分管副院长审批，财务处固定资产管理员核实设备折旧情况给出退役意见。对有争议的大型设备的处理，应提交医院设备管理委员会审议。

5.2.3 万元以上医疗设备的退役，由财务处固定资产管理员按国家国有资产管理局《行政事业单位国有资产处置管理实施办法》的规定程序向省卫计委申报。

5.2.4 经批准退役的医疗设备，由设备科同使用科室、财务科办理销账、卡手续，登记退役设备的基本信息，设备科打印退役申请流程留存于相应设备档案盒或集中妥善放置。

5.2.5 凡经批准退役的医疗设备，使用科室不得自行处理，尤其是实验室设备，必须由实验室先根据产品说明书要求对退役医疗设备进行清洁、消毒灭菌，再由设备科统一回收处理。

5.2.6 凡减免税进口的医疗设备，除以上规定外还应按海关有关规定办理。对于可供家用设备的退役处理，应加强审核，严格控制，公开处理。

5.2.7 待退役医疗设备在未批复前应妥善保管，已批准的退役医疗设备应将其可利用部分拆下，折价入账，入库保管，合理利用。

5.2.8 经批准退役的医疗设备，使用单位和个人不得自行处理，一律交回设备主管部门统一处理。由设备配送中心统一转运至退役仓库存放，经谈判招标选定回购公司，经设备科、医务处、审计处、财务处等共同参与退役品回收变卖。残值所处理的价值，全部上缴上级财政部门，收益应列入医疗设备更新费、改造基金项目专项使用。一般情况下每半年办理一次淘汰退役处理，如有特殊情况，可随时办理，及时回收。

6. 相关文件

《医疗设备固定资产退役原则与折旧年限表》；

《行政事业单位国有资产处置管理实施办法》；

《关于印发××省卫生和计划生育委员会国有资产管理办法的通知》。

7. 使用表单

"省直行政事业单位国有资产处置申报表"。

8. 流程图

无。

9. 修订记录

无。

第十四节　放射设备环境评估管理流程

名称：放射设备环境评估管理流程		编号：CE – REG – 0014	类别：管理流程	总页数：3
拟稿人：×××		审核人：×××	批准人：×××	
发布部门：设备器材科		版本号：V1.0	有效日期：××××－××－××	

1. 目的

为了落实放射诊疗相关规定，规范放射设备环境评价管理，特制定此制度。

2. 范围

辐射安全委员会。

3. 定义

无。

4. 职责

辐射安全委员会办公室负责对全院放射性同位素、加速器和含放射源的射线装置进行环境评价和《辐射安全许可证》许可管理。

5. 作业内容

5.1 立项。

申请立项编制有关环境影响报告表（书）和编制建设项目可行性报告。

5.2 编制有关环境影响报告表。

5.2.1 选择有编制资质的评价单位、审核和签订合同。

5.2.2 和预评价单位共同完成审核下列项目：环境影响历史评价情况、设计图纸资料、辐射装置项目规模、污染源情况、辐射环境现场检测、机房屏蔽防护设计方案、放射工作人员的培训和健康管理、该放射诊疗项目放射工作人员配备情况、核废物处置资料。汇总后编制形成《核技术应用项目环境影响报告表》。预计完成需 60 个工作日。

5.2.3 将《核技术应用项目环境影响报告表》送交××省辐射防护协会审核，签署审核意见。

5.2.4 邀请外单位评审专家在医院现场召开专家审评会，实地考察，审核《核技术应用项目环境影响报告表》，提出整改意见。

5.2.5 落实整改意见。

5.3 ××省环保厅审批。

5.3.1 登录××省网上办事大厅省环境保护厅窗口申请"建设项目环境影响报告书、报告表审批"并提交相关电子材料。

5.3.2 网上申请通过后携带《核技术应用项目环境影响报告表》和其他相关材料到省环保厅办事窗口进行提交，省环保厅接收材料后，即可耐心等待环评批复。受理时限 5 个工作日，审批时限 20 个工作日。

5.4 广州市环保局审批。

纸质版环评相关材料提交省厅审批后 5 个工作日内携带两本《核技术应用项目环境影响报告表》、专家意见、专家名单、送审函和授权委任书到广州市环保局进行提交即可。

5.5 《辐射安全许可证》射线装置变更。

拿到省环保厅的环评批复后，即可向广州市环保局申请对《辐射安全许可证》射线装置变更的初审。

5.5.1 填写变更《辐射安全许可证》的申请。

5.5.2 市局初审，并附初审意见。如果不提出补充材料，可 30 个工作日办结。

拿到市局初审意见后，向省环保厅递交市局初审意见，完成《辐射安全许可证》射线装置变更。受理时限 5 个工作日，审批时限 20 个工作日。

5.6 安装运行。

根据《核技术应用项目环境影响报告表》意见修建机房、放射防护施工、安装调试机器、试运行。

5.7 竣工验收监测。

向××省环境辐射监测中心申请环保验收监测。

5.7.1 审核、签订合同：院内走流程，呈批件请示、审核合同、签订反腐合同、会签合同。

5.7.2 安排环保验收监测。

5.7.3 编制《验收报告》。

实地检测后 40 个工作日内出报告。

5.8 竣工验收批复。

将编制好的《验收报告》提交市环保局和省环保厅备案，等待竣工验收批复。

5.9 安全检测报告。

每年年度请××省环境辐射监测中心进行放射诊疗设备辐射安全检测，并形成报告。

6. 相关文件

[1]《中华人民共和国环境保护法》，中华人民共和国主席令第 22 号；

[2]《中华人民共和国环境影响评价法》，中华人民共和国主席令第 77 号；

[3]《中华人民共和国放射性污染防治法》，中华人民共和国主席令第 6 号；

[4]《建设项目环境保护管理条例》，国务院令第 253 号；《建设项目环境影响评价分类管理名录》，环境保护部 2 号；

[5]《放射性同位素与射线装置安全和防护条例》，国务院第 449 号；

[6]《放射性同位素与射线装置安全许可管理办法》，国家环保部 3 号令，2008 年 11 月 21 日修正；

[7]《关于发布放射源分类办法的公告》，国家环境保护总局公告 2005 年第 62 号；

[8]《关于发布射线装置分类办法的公告》，国家环保总局第 26 号公告；

[9]《××省未成年人保护条例》，××省人民代表大会常务委员会，2009 年 1 月；

[10]《放射性同位素与射线装置安全和防护管理办法》，国家环保部第 18 号令。

7. 使用表

《核技术利用项目环境影响报告表》。

8. 流程图

具体如 1−4 所示。

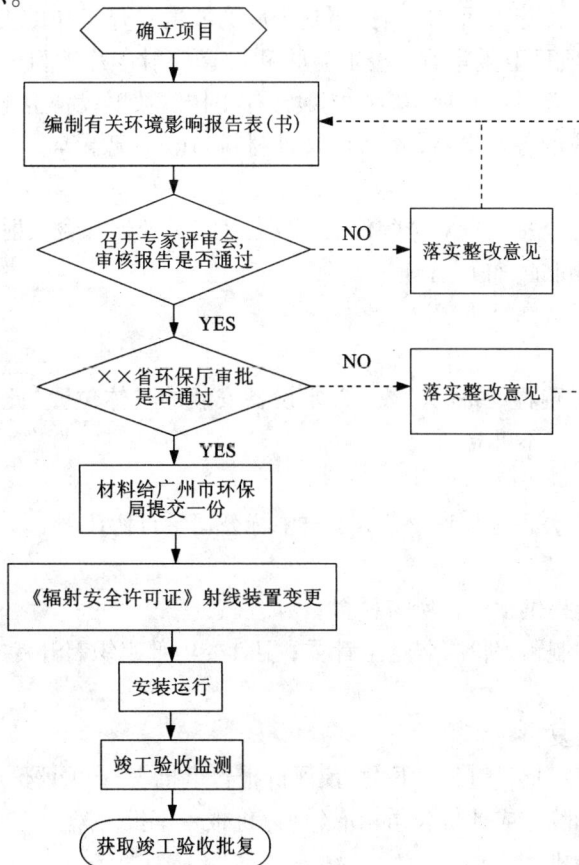

图 1−4 环评项目流程

9. 修订记录

无。

第十五节 放射设备卫生评估管理流程

名称：放射设备卫生评估管理流程		编号：CE - REG - 0015	类别：管理流程		总页数：3
拟稿人：×××		审核人：×××		批准人：×××	
发布部门：设备器材科		版本号：V1.0		有效日期：××××-××-××	

1. 目的

为了落实放射诊疗相关规定，规范放射设备卫生评价管理，特制定此制度。

2. 范围

辐射安全委员会。

3. 定义

医疗机构设置放射诊疗项目，应当按照其开展的放射诊疗工作的类别，分别向相应的卫生行政部门提出建设项目卫生审查、竣工验收和设置放射诊疗项目的申请，医疗机构取得《放射诊疗许可证》后，才可以开展相应的放射诊疗工作。放射设备卫生评价管理制度是在评价和审批过程中所形成的各类文字、图表的文件材料与电子记录等。

4. 职责

辐射安全委员会办公室负责对全院放射性同位素、加速器和含放射源的射线装置进行卫生评价和《放射诊疗许可证》许可管理。

5. 作业内容

5.1 立项。

立项条件包括确定购置设备的参数、确定设备安装的具体位置（此两项作为辐射防护施工设计方案的依据，缺一不可立项）。

5.2 与评价单位签订协议。

选择有资质的评价公司参加竞争谈判，与中标公司签订协议。

5.3 预评价。

5.3.1 医院方负责提供预评价所需材料。

5.3.2 评价公司编制预评价报告送卫计委，卫计委内部组织召开专家会审批预评价项目。此会院方不参与。

5.4 取得预评价批复。

5.4.1 卫计委专家审批通过后，下发《预评价报告审批表》，预评价通过。

5.4.2 卫计委通知院方或评价公司领取《预评价报告审批表》。

5.5 机房施工和装机。

5.5.1 预评价通过后，机房才能施工，并安装机器。

5.5.2 装机完毕三个月内，向卫计委门提出竣工验收申请。

5.6 控制效果评价。

5.6.1 委托评价公司做机房的防护检测和设备验收检测。

5.6.2 院方提供医院相关证照、人员、设备、机房相关资料并盖章给评价公司。

5.6.3 评价公司结合前两项，编制出控制效果评价送审稿。并送卫计委办证大厅递交控评暨竣工验收申请。

5.7 竣工验收现场会。

5.7.1 卫计委审核通过后，会通知评价单位召开控评暨竣工验收专家现场评审会的日期。

5.7.2 三方（院方、专家组、评价公司）根据日期参加项目现场评审会（卫计委要求比较重大项目相关院领导要出席），会后会有《竣工验收现场审查意见》，该意见结果分三种：

①建议通过该项目竣工验收。此结果即为通过竣工验收，可以进入下一步。

②建议整改后通过该项目竣工验收。此结果需要根据专家意见整改后，联系评价公司再赴现场查看并记录后，修改送审稿，编制成报批稿送给卫计委门，待卫计委门认可后获得通过。

③建议不通过该项目竣工验收。此结果原因较多，需具体分析。

5.8 申请办理《放射诊疗许可证》的增项。

5.8.1 竣工验收通过后，卫计委会通知医院联系人领取竣工验收合格证明文件。

5.8.2 网上申报放射诊疗许可增项。网址为：http://wsbs.gdwst.gov.cn/，需用医院申请的账号和密码登录。

5.9 办理增项并领取新证。

网上申请审批通过后，携带申请资料和医院原放射诊疗许可证，前往卫计委办证大厅领取新证。

6. 相关文件

［1］《中华人民共和国职业病防治法》，中华人民共和国主席令第 60 号，2002 年 5 月 1 日施行，2011 年 12 月 31 日（国家主席令第 52 号）修订；

［2］《中华人民共和国放射性污染防治法》，中华人民共和国主席令第 6 号，2003 年 10 月 1 日施行；

［3］《放射性同位素与射线装置安全和防护条例》，中华人民共和国国务院令第 449 号，2005 年 12 月 1 日施行；

［4］《放射诊疗管理规定》，中华人民共和国卫计委令第 46 号，2006 年 3 月 1 日施行；

［5］《放射工作人员职业健康管理办法》，中华人民共和国卫计委令第 55 号，2007 年 11 月 1 日施行；

［6］《放射诊疗建设项目卫生审查管理规定》，卫监督发〔2012〕25 号，2012 年 4 月 12 日施行；

［7］《卫计委核事故和辐射事故卫生应急预案》，卫应急发〔2009〕101 号，2009 年 10 月 15 日施行；

［8］《大型医用设备配置与使用管理办法》，卫规财发〔2004〕474 号，2005 年 3 月 1 日施行。

7. 使用表格

《职业病危害放射防护预评价报告书》；

《职业病危害控制效果放射防护评价报告书》。

8. 流程图(如图 1 - 5 所示)

附后。

9. 修改记录

无。

```
        ⬡ 确立项目
              │
              ▼
    ┌──────────────────┐
    │  与评价公司签订协议  │
    └──────────────────┘
              │
              ▼
         ◇ 是否通过预评 ◇ ──NO──▶ ┌──────────┐
              │                    │ 落实整改意见 │
            YES                    └──────────┘
              │
              ▼
    ┌──────────────────┐
    │   取得预评价批复    │
    └──────────────────┘
              │
              ▼
    ┌──────────────────┐
    │   机房施工装机     │
    └──────────────────┘
              │
              ▼
    ┌──────────────────┐
    │   控制效果评价     │
    └──────────────────┘
              │
              ▼
      ◇ 竣工验收现场会 ◇ ──NO──▶ ┌──────────┐
              │                    │ 落实整改意见 │
            YES                    └──────────┘
              │
              ▼
    ┌──────────────────┐
    │  申请办理放射诊     │
    │  疗许可证增项      │
    └──────────────────┘
              │
              ▼
    ⬡ 办理增项并领取新证
```

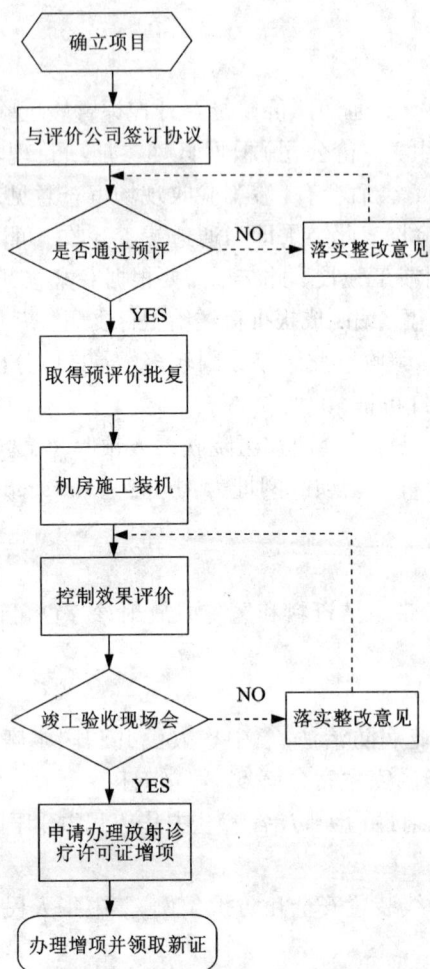

图 1 - 5　卫评项目流程

第十六节　医疗器械不良事件监测与管理流程

名称:医疗器械不良事件监测与管理流程		编号:CE - REG - 0016	类别:管理流程	总页数:3
拟稿人:×××	审核人:×××		批准人:×××	
发布部门:设备器材科	版本号:V1.0		生效日期:××××-××-××	

1. 目的

建立医疗器械不良事件监测与管理流程是为通过对医疗器械使用过程中出现的可疑不良事件进行收集、报告、分析和评价，发现和识别上市后的医疗器械存在的不合理风险，对存在安全隐患的医疗器械采取有效的控制措施，提高产品的安全性，防止伤害事件的重复发生和蔓延，从而保障公众用械安全。

2. 范围

全院临床科室，全体医护人员。

3. 定义

3.1 医疗器械不良事件，是指获准上市的质量合格的医疗器械在正常使用情况下发生的，导致或者可能导致人体伤害的各种有害事件。

3.2 应报告的医疗器械不良事件，是指涉及其使用的医疗器械所发生的导致或者可能导致严重伤害或死亡的医疗器械不良事件。

3.2.1 严重伤害，是指有下列情况之一者：

➤ 危及生命。

➤ 导致机体功能的永久性伤害或者机体结构的永久性损伤。

➤ 必须采取医疗措施才能避免上述永久性伤害或者损伤。

3.2.2 "可能导致严重伤害事件" 就是 "濒临事件"，濒临事件是医疗器械不良事件所特有的用语，指所发生的事件没有造成严重伤害或死亡，但是根据医护人员的经验，再次发生时很可能造成严重伤害或死亡。

3.3 医疗器械不良事件监测，是指对医疗器械不良事件的发现、报告、评价和控制的过程。

4. 职责

4.1 医疗机构是医疗器械不良事件的报告主体之一。

4.2 建立并履行本使用单位医疗器械不良事件监测管理制度，主动发现、收集、分析、报告和控制所使用的医疗器械发生的所有不良事件，并主动告知医疗器械生产企业、经营企业。

4.3 指定机构并配备专（兼）职人员负责本使用单位医疗器械不良事件监测工作，并向临床医师反馈信息。

4.4 在单位内积极组织宣贯培训医疗器械不良事件监测相关法规和技术指南。

4.5 按时报告所用的医疗器械发生的导致或者可能导致严重伤害或死亡的不良事件，积极主动配合监管部门、医疗器械生产企业、经营企业对干预 "事件" 的处理。

4.6 建立并保存医疗器械不良事件监测记录，并形成档案。

4.7 对使用的高风险医疗器械建立并履行可追溯制度。

4.8 其他相关职责。

5. 作业内容

5.1 指定机构及人员配备要求。

5.1.1 各使用单位对医疗器械不良事件监测工作应当给予高度重视，必须指定机构（如医务部门），设置专职监测处（室）（如设备器材科），配备相对稳定的专（兼）职监测员开展日常监测工作，同时应在各医疗器械使用科室确定 1 名医疗器械不良事件监测联络员。

5.1.2 单位分管领导、监测部门负责人应充分认识开展医疗器械不良事件监测工作的意义和目的，认真落实《医疗器械不良事件监测和再评价管理办法(试行)》中的有关要求，主动布置、开展本单位的医疗器械不良事件监测工作。

5.1.3 监测员应当具有较强的责任心和使命感，熟悉医疗器械不良事件监测相关法规，具有医疗器械相关专业背景，熟悉产品的相关信息，具有较强的沟通和协调能力。

5.1.4 联络员应当具有医疗器械不良事件监测相关知识和监测意识，熟悉本科室常用医疗器械的性能和使用常识，能及时收集本科室所发生的可疑医疗器械不良事件，并及时与监测人员联系。

5.2 主要监测制度和程序。

5.2.1 本单位医疗器械不良事件监测工作职责，包括部门、监测员、涉械科室联络员工作职责。

5.2.2 本单位医疗器械不良事件监测工作年度考核工作制度和程序。

5.2.3 医疗器械不良事件监测法规宣贯、培训制度。

5.2.4 可疑医疗器械不良事件的发现、收集、调查、分析、评价、报告和控制工作程序。

5.2.5 突发、群发医疗器械不良事件的应急处理程序或预案。

5.2.6 医疗器械不良事件监测记录、档案保存管理制度。

5.2.7 便于产品追溯的管理制度。

5.2.8 其他相关制度。

5.3 主要工作步骤要求。

5.3.1 医疗器械不良事件的发现与收集。

➤ 使用单位医护等相关人员接受过本单位和(或)其他相关单位组织的医疗器械不良事件监测法规的相关培训，具有医疗器械不良事件监测意识，了解医疗器械产品的使用常识，发现或者知悉医疗器械不良事件能够完整地予以记录、分析、控制，并及时告知本科室监测联络员。

➤ 科室监测联络员获知发生的医疗器械不良事件后应按有关要求向单位监测部门报告，单位监测部门的监测员负责对本单位内发生的所有医疗器械不良事件进行收集汇总，并按规定记录有关情况，填写有关表格(如"可疑医疗器械不良事件报告表")。

5.3.2. 医疗器械不良事件的分析与确认。

➤ 单位监测部门的监测员应按有关工作程序组织核实"事件"发生的过程，了解器械使用状况、病人相关信息等，如患者情况(原患疾病、相关体征及各种检查数据、治疗情况、不良事件后果、出现不良事件的时间、救治措施情况等)、使用情况(目的、使用依据、是否合并用药(械)、使用人员的操作过程、相同或同批次产品的其他用户的情况、安装储存环境、维护和保养情况、使用期限)等。必要时与医护人员或器械使用人员及科室监测联络员共同研究分析"事件"发生的原因。如需要还应向监管部门报告后组织单位内或单位外有关专家进行分析讨论。

➤ 对能够基本确认为医疗事故的应报单位有关部门按相关规定处理；对能够基本确认为产品质量问题的应按质量事故报属地食品药品监管部门按相关规定处理；对属医疗器械不良事件的应按《医疗器械不良事件监测和再评价管理办法(试行)》有关规定处理。

5.3.3 医疗器械不良事件的报告。

使用单位应注册为全国医疗器械不良事件监测系统用户，保证该系统正常运行，并遵循可疑即报的原则，通过该系统上报医疗器械不良事件相关报告。

➤ 个案报告（可疑医疗器械不良事件报告）：

导致死亡的事件，使用单位应于发现或者知悉之日起 5 个工作日内，填写"可疑医疗器械不良事件报告表"，向所在地的省（区、市）医疗器械不良事件监测技术机构报告。

导致严重伤害、可能导致严重伤害或死亡的事件，使用单位应于发现或者知悉之日起 15 个工作日内，填写"可疑医疗器械不良事件报告表"，向所在地的省（区、市）医疗器械不良事件监测技术机构报告。

使用单位在完成以上报告的同时，应当告知相关医疗器械生产企业。

使用单位认为必要时，可以越级报告，但是应当及时告知被越过的所在地省（区、市）医疗器械不良事件监测技术机构。

➤ 突发、群发医疗器械不良事件报告：

发现或知悉突发、群发医疗器械不良事件后，医疗器械使用单位应立即向所在地省级食品药品监督管理部门、卫生行政部门和监测技术机构报告，并在 24 小时内填写并报送"可疑医疗器械不良事件报告表"。

使用单位应积极配合各级监管部门对"事件"的调查、处理，并按照各级食品药品监督管理部门发布的应急预案及时响应。

使用单位应主动配合医疗器械生产企业收集有关医疗器械突发、群发不良事件信息，并提供相关资料。

医疗器械使用单位认为必要时，可以越级报告，但是应当及时告知被越过的所在地省（区、市）食品药品监督管理部门、卫生行政部门和医疗器械不良事件监测技术机构。

➤ 年度监测工作总结：

医疗器械使用单位应当在每年 1 月底之前对上一年度的医疗器械不良事件监测工作进行总结，并保存备查。

5.4 医疗器械不良事件监测档案管理。

使用单位应建立监测档案，保存医疗器械不良事件监测记录。记录应当保存至医疗器械标明的使用期后 2 年，但是记录保存期限应当不少于 5 年。记录包括："可疑医疗器械不良事件报告表"，医疗器械不良事件发现、收集、报告和控制过程中的有关文件记录等。

6. 相关文件

《医疗器械不良事件监测和再评价管理办法（试行）》；

《医疗器械监督管理条例》。

7. 使用表单

"可疑医疗器械不良事件报告表"。

8. 流程图

无。

9. 修订记录

无。

可疑医疗器械不良事件报告表

报告日期： 年 月 日 编　码：□□□□□□□□□□

报告来源：□生产企业 □经营企业 □使用单位 单位名称：

联系地址： 邮　编 联系电话：

A.患者资料		
1.姓名：	2.年龄：	3.性别：□男 □女
4.预期治疗疾病或作用：		

B.不良事件情况
5.事件主要表现：
6.事件发生日期： 年 月 日 7.发现或者知悉时间： 年 月 日
8.医疗器械实际使用场所： □医疗机构 □家庭 □其他(请注明)：
9.事件后果 □死亡； （时间）； □危及生命； □机体功能结构永久性损伤； □可能导致机体功能机构永久性损伤； □需要内、外科治疗避免上述永久损伤； □其他(在事件陈述中说明)。
10.事件陈述(至少包括器械使用时间、使用目的、使用依据、使用情况、出现的不良事件情况、对受害者影响、采取的治疗措施、器械联合使用情况)：

C.医疗器械情况
11.产品名称：
12.商品名称：
13.注册证号：
14.生产企业名称： 生产企业地址： 企业联系电话：

15. 型号规格： 产品编号： 产品批号：	

16. 操作人：□专业人员 □非专业人员 □患者 □其他(请注明)：

17. 有效期至：　　　　　年　　月　　日
18. 生产日期：　　　　　年　　月　　日

19. 停用日期：　　　　　年　　月　　日

20. 植入日期(若植入)：　　　年　　月　　日

21. 事件发生初步原因分析：

22. 事件初步处理情况：

23. 事件报告状态：
□　已通知使用单位　　□　已通知生产企业
□　已通知经营企业　　□　已通知药监部门

D. 关联性评价

(1)使用医疗器械与已发生/可能发生的伤害事件之间是否具有合理的先后时间顺序？

　　　　　　　　　　　　　　　　　　　　　　　　　　　　是□　否□

(2)已发生/可能发生的伤害事件是否属于所使用医疗器械可能导致的伤害类型？

　　　　　　　　　　　　　　　　　　　　　　　　是□　否□　不清楚□

(3)已发生/可能发生的伤害事件是否可用合并用药和/或器械的作用、患者病情或其他非医疗器械因素来解释？

　　　　　　　　　　　　　　　　　　　　　　　　是□　否□　不清楚□

评价结论：很可能□ 可能有关□ 可能无关□ 无法确定□

E. 不良事件评价

24. 省级监测技术机构评价意见(可另附页)：

25. 国家监测技术机构评价意见(可另附页)：

　　报告人：医师□　　技师□　　护士□　　其他□

　　报告人签名：国家食品药品监督管理总局制

第二章

医院医疗器械管理及应急预案

第一节　医疗器械不良事件应急预案

名称：医疗器械不良事件应急预案	编号：EM－PL－0001	类别：应急预案	总页数：2
拟稿人：×××	审核人：×××		批准人：×××
发布部门：设备器材科	版本号：V1.0		有效日期：××××－××－××

1. 目的

为有效预防、及时控制和减少医疗器械不良事件的危害，保障公众身体健康与生命安全，最大限度减少医疗器械不良事件对社会的危害，采取有关的控制措施，确保应急处理工作快速有效，特制定本预案。

2. 范围

全院医疗器械。

3. 定义

3.1 医疗器械不良事件，是指获准上市的质量合格的医疗器械在正常使用情况下发生的，导致或者可能导致人体伤害的各种有害事件。

3.2 应报告的医疗器械不良事件，是指涉及使用的医疗器械所发生的导致或者可能导致严重伤害或死亡的医疗器械不良事件。

3.3 医疗器械不良事件监测，是指对医疗器械不良事件的发现、报告、评价和控制的过程。

4. 职责

医院成立医疗器械不良事件监测领导小组，与设备器材科和使用科室构成应急预案的部门体系，其职责分别是：

4.1 领导小组贯彻依靠科学技术防范医疗器械群体不良事件发生的方针，实施科学监管，负责管理医院的医疗器械不良反应事件监测，对医疗器械突发性群体不良事件提供指导，提高快速反应和应急处理能力。

4.2 设备器材科具体负责各科室的医疗器械不良事件监测工作并对领导小组负责，临床各科室负责本科室医疗器械不良反应事件的防范、监测和报告工作，尤其是严重的、群发的医疗器械不良反应事件必须及时报告。

4.3 加强日常监督、监测，关注医疗器械在使用过程中的相互作用及相关危险因素，合理使用医疗器械，对确认发生严重不良反应的医疗器械采取相应的紧急控制措施。

4.4 设备器材科负责对医疗器械不良事件信息收集、核实及其有关上报工作，在事件处理中应同各有关临床科室密切配合，既做到分工明确，又使各方充分协作，并对发生的医疗器械不良反应事件进行详细记录，对严重的、群发的医疗器械不良反应事件及时报告领导小组后，启动本预案，同时向××市医疗器械不良事件监测中心报告。

5. 作业内容

5.1 分级响应。

5.1.1 一般病例和新的或严重的医疗器械不良反应。

5.1.2 突发性群体不良反应。依照医疗器械不良反应的不同情况和严重程度，将医疗器械不良反应突发性群体不良反应划分为两个等级：一级事件，出现医疗器械不良反应群体不良反应的人数超过 50 人，且有特别严重不良事件(威胁生命，并有可能造成永久性伤残和对器官功能产生永久损伤)发生，或伴有滥用行为；出现 3 例以上死亡病例；国家食品药品监督管理总局认定的其他医疗器械突发性群体不良事件。二级事件，医疗器械不良反应群体不良反应发生率高于已知发生率 2 倍以上；发生人数超过 30 人，且有严重不良事件(威胁生命，并有可能造成永久性伤残和对器官功能产生永久损伤)发生，或伴有滥用行为；出现死亡病例；省级以上食品药品监督管理部门认定的其他严重医疗器械不良反应突发性群体不良反应。

5.2 响应程序。

5.2.1 一般病例应逐级、定期报告，医院各科室发现医疗器械不良反应事件后应立即报告设备器材科，接报科室进行初步分析评价后，认真如实填写"可疑医疗器械不良事件报告表"及时将报表向广州市医疗器械不良事件监测中心报告。

5.2.2 对新的或严重的医疗设备不良反应，接报科室应进行调查、核实，并报医院医疗器械不良反应监测领导小组进行评价，于发现之日起 15 日内上报广州市医疗器械不良事件监测中心，死亡病例须及时报告。

5.2.3 医疗器械群体不良反应响应，临床各科室发现群发性器械设备不良事件应立即报告设备器材科和医务处，以及医院医疗器械不良事件监测领导小组，在领导小组的统一领导和组织下，组建应急医疗救治队伍立即开展医疗救治工作，并立刻停止使用该医疗器械并统一封存。同时接报科室应立即向××市医疗器械不良事件监测中心报告，在 24 小时内填写"可疑医疗器械不良事件报告表"，并向××市医疗器械不良事件监测中心报送。

6. 相关文件

《医疗器械监督管理条例》；

《药品和医疗器械突发性群体不良事件应急预案》。

7. 使用表格

无。

8. 流程图

无。

9. 修改记录

无。

第二节 医疗设备故障应急预案

名称：医疗设备故障应急预案	编号：EM－PL－0002	类别：应急预案	总页数：1
拟稿人：×××	审核人：×××		批准人：×××
发布部门：设备器材科	版本号：V1.0		有效日期：××××－××－××

1. 目的

协助医疗设备使用人员和维修人员明确设备故障时的处理流程，规范使用人员报修和应急处理流程、指导工程技术人员检修和协助调配设备。

2. 范围

全院医疗设备。

3. 定义

无。

4. 职责

使用人员发现设备故障，及时采取正确措施保护患者，尽快报修。工程师尽快到现场检修，必要时协助调配设备。

5. 作业内容

5.1 使用人员发现故障处理原则。

5.1.1 设备使用人员发现医疗设备发生故障时，尽快切断电源，停止诊疗，确保患者安全。

5.1.2 及时粘贴"设备故障，暂停使用"标志，以防误用。

5.1.3 尽快通过设备管理系统或设备器材科值班电话报修。尽量描述清楚设备所在位置、故障现象、紧急程度、是否需要调配设备等。

5.2 技术人员处理原则。

5.2.1 工程师接到报修后，根据紧急情况尽快到现场检修，责任工程师不能到现场的应联系其他工程师协助前往处理。若确实不能安排工程师及时到现场检修时，应及时与使用科室沟通，说明原因和后续处理计划。

5.2.2 工程师到现场后按《医疗设备维修流程》处理。

5.2.3 如果使用科室需要调配设备，请告知联系配送中心配送，或告知其他科室同类设备情况，由双方科室协调借用。

6. 相关文件

《医疗器械使用质量监督管理办法》；

《医疗器械临床使用安全管理规范（试行）》。

7. 使用表单

无。

8. 流程图

无。

9. 修订记录

无。

第三节 医疗设备停电应急预案

名称：医疗设备停电应急预案		编号：EM－PL－0003	类别：应急预案	总页数：3
拟稿人：×××		审核人：×××	批准人：×××	
发布部门：设备器材科		版本号：V1.0	有效日期：××××－××－××	

1.目的

为了在突然停电期间更好地保障医疗设备，针对停电的具体情况，制定此应急预案。

2.范围

医疗设备使用科室、设备器材科、供电中心。

3.定义

医疗设备指有源医疗器械。

4.职责

使用科室操作人员、设备器材科工程技术人员和供电中心工作人员共同完成医疗设备停电应急工作。

5.作业内容

5.1 计划性停电。

5.1.1 接到电力管理部门的停电通知后，供电中心详细了解停电的原因、日期、开始时间和恢复时间，及时以多种形式通知各临床科室，并负责电力恢复后的通知工作。

5.1.2 使用科室提前检查带有蓄电池的医疗设备，确保电池的蓄电量充足，保证急救、治疗工作的顺利开展。

5.1.3 在停电通知约定的时间之前，未配备电池的医疗设备必须要提前关机，处于停机状态。设备电源插头脱离电源接口，避免在开机状态下突然来电，造成瞬间的冲击电流过大而损坏设备。

5.1.4 自备发电设施应优先保障手术室、ICU、急诊科、透析中心等特殊部门，在停电10分钟内应完成自备发电设施的切换和启动。

5.1.5 各使用科室应储备好应急灯、手电等应急物品，保证其处于备用状态并置随手可及处。

5.2 临时停电。

5.2.1 临时停电发生后，使用科室应及时联系供电中心，了解停电原因，联系总务处维修队排除院内供电线路问题，联系设备器材科排除因设备自身原因引发的停电。

5.2.2 如果是外部供电原因引起的停电，供电中心应在停电后10分钟内完成电力切换或启动自备发电设施。

5.2.3 如果遇到因设备自身情况引发的停电，应及时关闭电源，设备电源插头脱离电源接口。启动设备故障应急预案，查找、分析故障原因，并做好全程记录。

5.2.4 临时停电发生后，各重点科室设备使用人员应检查配备有UPS或蓄电池的医疗设备是否正常运转。关闭未配备UPS或蓄电池设备的电源开关，设备电源插头脱离电源接口，避免在开机状态下突然来电，造成瞬间的冲击电流过大而损坏设备。

5.2.5 正常供电恢复后使用人员应操作医疗设备进行自检并确认无问题，可正常使用后，方可离开。如遇设备故障,启动设备故障紧急预案,确保设备尽快投入使用。

5.3 预防性工作

5.3.1 设备器材科工程师定期检查医疗设备的蓄电池功能,及时更换故障电池。

5.3.2 使用科室对配有蓄电池的医疗设备定期充电,并做记录。

5.3.3 精密医疗设备应按技术要求配备 UPS 电源,设备器材科人员应定期检查 UPS 工作状态,确保在紧急情况下运行正常。

6. 相关文件

无。

7. 使用表单

无。

8. 流程图

(1)计划性停电如图 2 - 1 所示。

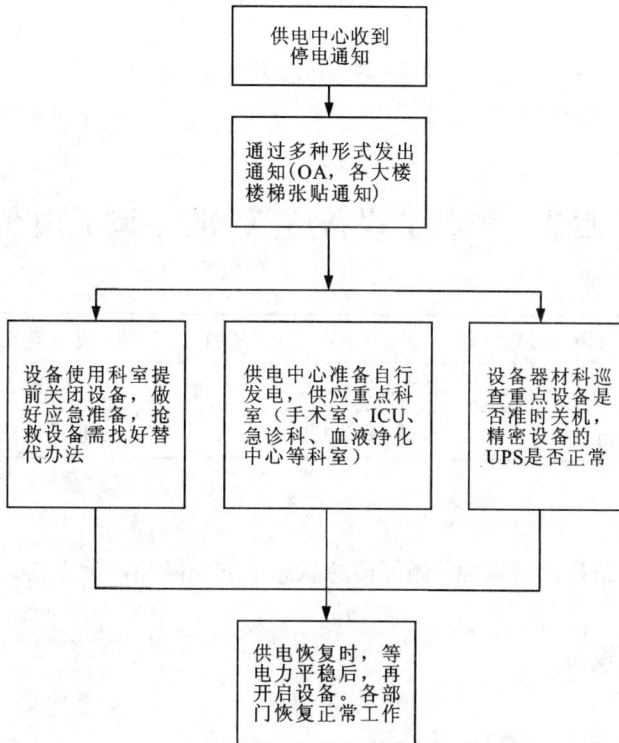

图 2 - 1 计划性停电

(2)临时紧急停电如图 2 - 2 所示。

9. 修改记录

无。

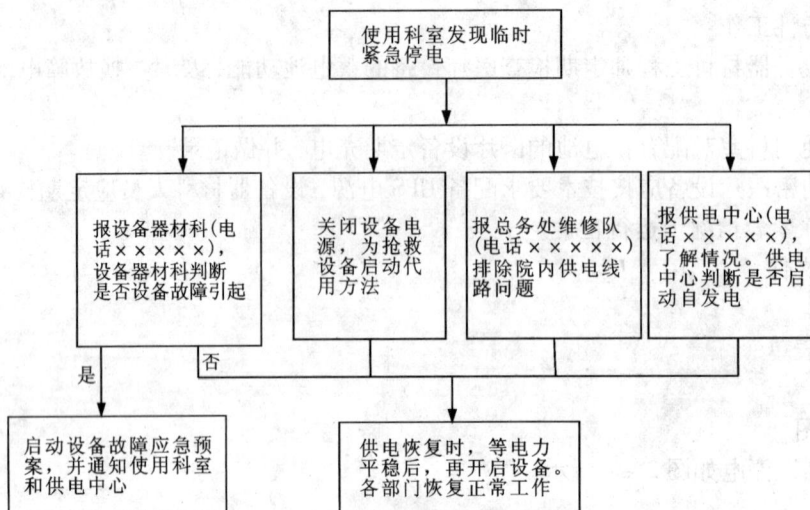

图 2 - 2 临时紧急停电

第四节 急救类设备应急保障、调配预案

名称：急救类设备应急保障、调配预案		编号：EM - PL - 0004	类别：应急预案	总页数：2
拟稿人：×× ×	审核人：×× ×		批准人：×× ×	
发布部门：设备器材科	版本号：V1.0		有效日期：×× ×× - × × - × ×	

1. 目的

整合全院急救类医疗设备资源，做好应急状态下的保障和调配工作，特制定此预案。

2. 范围

全院急救类医疗设备。

3. 定义

应急预案涉及的主要急救设备有：

3.1 吸氧设备(中心供氧或氧气瓶供氧)，吸引设备(中心负压吸引或电动吸引器)，附属接口套件。

3.2 呼吸机和简易呼吸机(皮囊)。

3.3 除颤器。

3.4 床边心电图机、心电监护仪。

3.5 洗胃机。

3.6 辅助急救检查医疗设备：床边 X 光机、B 超、检验设备(主要是血球计数仪、生化分析仪、尿液分析仪、血液分析仪等)。

4. 职责

使用科室负责急救类医疗设备的巡查登记；设备器材科技术人员负责急救类医疗设备技术保障；设备器材配送中心负责急救类医疗设备的应急调配。

5. 作业内容

5.1 医疗设备应急保障。

5.1.1 设备器材科配送中心保持每天 24 小时电话畅通。

5.1.2 使用科室每天巡查急救、生命支持类医疗设备，并进行登记，发现故障及时粘贴"设备故障，暂停使用"标记，并进行报修。

5.1.3 在应急状态下设备器材科有权调配使用全院急救类设备，各科室不准以任何借口推诿。

5.2 发生重大疫情。

5.2.1 当医院收到上级机关发出重大疫情通知后，医院办公室应根据疫情状况及时通知设备器材科，设备器材科在最短的时间内做好应急医疗设备准备，并随时根据情况变化调拨相关抢救设备。

5.2.2 在整个疫情期间，设备器材科技术人员保持 24 小时电话畅通，并保证接到通知后在最短的时间内到达现场。对设备进行技术保障。

5.3 急救类设备调配。

5.3.1 接到使用科室借用急救设备的电话，配送中心负责设备调配。

5.3.2 通过 PDA 机扫描设备的二维码，选择申请科室，科室电话，借出管理人，科室领用人，借出设备状态完整性，附件是否齐全、更新，提交、打印"××医院配送中心仪器租用登记表"。

5.3.3 设备由配送中心工作人员负责配送到租用科室，租用表的租用人由租用科室负责填写签名确认。

5.3.4 当使用结束时，由租用科室电话通知配送中心归还设备，配送中心的工作人员负责取回租用设备，并在租用设备表上的返还人员及返还日期确认签名，设备归还到配送中心，再通过 PDA 机扫描设备二维码进行归还确认。

6. 相关文件

无。

7. 使用表格

无。

8. 流程图

无。

9. 修改记录

无。

第五节　医用中心供气系统事故应急预案

名称：医用中心供气系统事故应急预案		编号：EM－PL－0005	类别：应急预案	总页数：3
拟稿人：×××	审核人：×××		批准人：×××	
发布部门：设备器材科	版本号：V1.0		有效日期：××××－××－××	

1. 目的

依据《特种设备安全法》《特种设备安全监察条例》《医疗器械监督管理条例》、《突发公共卫生事件应急条例》《医院医用气体系统运行管理》和《医用气体工程技术规范》等法规和技术规范的要求，以及保障医院氧气正常使用所制定的各项规定，特制定本预案。

2. 范围

本预案适用于医院内由于氧气站事故，氧气的气源、总管路或阀门损坏，造成的氧气中断事件。

3. 定义

无。

4. 职责

各个小组职责于作业内容中阐述。

5. 作业内容

5.1 组织机构。

5.1.1 应急工作领导小组。

成立应急工作领导小组，由主管院领导、相关处室领导（包括医务处、保卫处、总务处、护理部、宣传处、设备器材科、药剂科）主任、医用气体使用重点科室护士长、医用气体运行管理人员组成。

职责：领导小组监督工作制度落实，检查医用气体供应管理和安全工作，防止医用气体供应事故的发生。当发生医用气体供应意外事件时，领导小组负责现场救援进行指挥，组织和协调抢修工作，负责督促相关部门向上级行政主管部门报告。应急工作领导小组下设医护救治组、现场处置组。

5.1.2 医护救治组。

主管医疗的副院长为组长，医务处处长、护理部主任、药剂科主任、临床科室护士长为成员。

职责：负责医院医用气体供应系统突发故障后安排救助事故受伤人员、受影响的危重患者、伤员的抢救，组织对重症患者转运至安全区域，保障医院的诊疗秩序和日常工作。

5.1.3 现场处置组。

主管安全的副院长为组长，院办室主任、保卫处处长、总务处处长、宣传处处长、设备器材科主任和医用气体管理与保障人员为成员。

职责：负责医用供气系统故障的抢修和氧气供应；负责抢险人员、资金、物资、车辆等事宜的组织与协调，以及急救人员的后勤保障与技术支援和突发事件新闻管理。

5.2 应急启动。

5.2.1 应急报警。

当医用气体供应故障事件发生时，第一发现人（如病房护士、氧气站工作人员）应立即向设备器材科医用气体值班人员和医疗值班人员报告，内容为事件发生的时间、地点、涉及范围、损害程度、人员受伤害情况。设备器材科医用气体值班人员立即报组长和科主任，由科主任上报应急工作领导小组。医务处迅速组织统计受事件影响的在院危重患者人数，组织进行现场救援。

5.2.2 启动应急系统。

设备器材科医用气体值班人员接到现场事件报告后，立即到现场勘探原因、判定故障影响范围，报应急工作领导小组组长决定启动应急预案。各工作组迅速进入现场，开展医用气体供应系统抢修、现场救护、重症患者救治等工作。

5.2.3 报告上级。

根据现场状况，由应急工作领导小组汇总事故发生的时间、地点、涉及范围、损害程度、人员伤亡、在院危重患者人数等信息，按规定报告卫生主管部门及公安消防部门等相关部门。

5.3 救援措施。

5.3.1 现场救援措施。

现场处置组接到医用气体供应事件或故障报告后立即赶赴现场，视事件情况采取关闭氧气站供气阀门或氧气瓶开关、切断电源等措施，将损失降到最低。发生医用气体供应管路故障时应该立即维修，不能马上修复的故障，直接与医用气体供应设备安装公司联系，请求技术支援。

5.3.2 临床科室救援方法。

（由医务处和护理部另行制定。）

5.3.3 应急预案解除。

医用气体供应系统事故排除并恢复正常供应，在排除隐患、正常运行 2 小时后，由应急工作领导小组宣布解除应急状态。氧气站要做好抢险、维修记录，存入管理档案。

5.3.4 查找原因，总结经验。

在救援过程中氧气站要配合有关部门对现场进行勘查、技术鉴定、仔细核实、分析原因，将调查处理结果及时报告应急领导小组。应急救援结束后应及时总结经验教训，认真分析突发事件（故障）的原因，修订防范规章和应急预案，加强安全教育与管理，严格落实应急保障措施，避免类似事故再次发生。

5.4 应急保障措施。

5.4.1 加强医用气体系统值班和巡查。

明确氧气站在岗值班负责人和主管部门的联系电话。规定值班人员对设备巡视时间间隔，遇到用量增大时增加巡视次数。值班人员要留有医用气体供应系统设备安装公司或售后服务联系人的联系方式。

5.4.2 医用气体相关器械配备。

氧气站储备氧气瓶的数量以满足应急周期为宜，在确保供氧需要和安全容许的前提下可适量增减。氧气瓶始终要保持洁净，无锈蚀、无油污，瓶内压力充足。氧气瓶放置在不易碰撞、易于取放的安全位置，远离易燃易爆品和电器火源。配套器具妥善保管，急用时不影响取用。各临床科室要配备有氧气袋，重症监护室和手术室需安装应急氧气汇流排，配备一定数量的氧气瓶及配套的装置。

5.4.3 应对医用气体供应故障的培训。

护理部负责定期组织护士进行应急状况下的吸氧方法、技能的培训与考核。培训内容包括：氧气袋的正确使用、更换氧气减压阀、用氧气瓶连接呼吸机等技术。

5.5 现场处理技术。

气源故障分为三种：液氧罐真空泄漏、管道损坏、阀门泄漏。处理方法如下：

液氧罐真空泄漏，打开泄压阀，对于泄漏的液氧，用水稀释，保证 30 m 内不得有明火，保安设置警戒范围，疏通交通和人员。防止液氧流到下水道，防止人员冻伤和跌入液氧，在上风头进行操作。联系公司将配件迅速到位，待排完液氧后，进行维修。

管道损坏：根据不同管道损坏，进行不同处置。

阀门泄漏：关闭氧气分配箱的相应阀门，并通知相关科室做好应急准备。

6. 相关文件

《特种设备安全法》；

《特种设备安全监察条例》；

《医疗器械监督管理条例》；

《突发公共卫生事件应急条例》；

《医院医用气体系统运行管理》；

《医用气体工程技术规范》。

7. 使用表单

无。

8. 流程图

无。

9. 历史记录

无。

第六节　液氧站事故应急预案

名称：液氧站事故应急预案	编号：EM－PL－0006	类别：应急预案	总页数：2
拟稿人：×××	审核人：×××		批准人：×××
发布部门：设备器材科	版本号：V1.0		有效日期：××××－××－××

1. 目的

根据《医院医用气体系统运行管理》和《医用气体工程技术规范》等法规，指明液氧特性和液氧冻伤的处理方法；明确液氧站使用管理责任；明确液氧站发生重大事故时的应急处理方案；提供紧急情况下的联系方式。

2. 适用范围

液氧站大火、爆炸或两者同时发生；大量深冷液氧泄漏，无法控制。

3. 定义

无。

4. 职责

见 5.2 内容。

5. 作业内容

5.1 液氧站房及其危险特性。

在液氧罐的围墙区域内严禁烟火、油脂和堆放可燃物，严禁敲击带压的管道、容器，并设置消防器材。

一旦发生意外，应马上关闭与之连接的管道阀门，立即报告。如发生火警，应立即拨打119 报警和本医院保卫处电话，并按事故报告程序进行报告，组织周围人员撤离危险区域。灭火器材可用水或二氧化碳灭火剂。

凡进入此区域的装卸液体的罐车必须熄火，防止火花与溢漏液氧产生燃烧爆炸。充装人员必须正确穿戴好劳保用品，防止液氧接触皮肤引起严重冻伤。一旦冻伤，急救处理方法是：轻轻将冻伤面浸泡在冷水中解冻，不要擦其表面，以纱布覆盖好，并立即请医生诊治。防护用品与工具应严禁被油脂污染。

5.2 部门和人员构成及职责。

药材科器械库负责液氧站的日常使用、管理。设备器材科负责液氧站的定期维护、检测。保卫处负责液氧站的消防安全管理。

5.3 应急处理方式。

5.3.1 液氧站发生大火、爆炸或两者同时发生。

（1）使用人员或巡逻保安人员发现上述情况，立即用干粉或二氧化碳灭火器灭火，向管理和维护人员报告，向保卫处（电话××××）报告。

（2）将停泊在附近槽车或其他车辆驶离现场，同时隔离事故现场，防止车辆和行人通过。

（3）用消防栓向火场喷水，大量用水冷却该贮罐。

（4）发生液体泄漏时，可用消防水射向液体使其筑成冰堤，防液体扩散和进入下水沟。

（5）特别小心防止任何可燃物或衣服被氧气饱和，造成燃点下降，导致燃烧。

（6）切勿在液体层面走过以防摔倒在液体里。

5.3.2 贮罐发生大量深冷液体泄漏和飞溅时的应急措施。

（1）使用人员发现上述情况，立即把液体来源阀门关闭，向管理和维护人员报告，启动应急预案，并马上向保卫处（电话××××）报告。

（2）特别小心防止任何可燃物或衣服被氧气渗透而起火。

（3）防止蒸发气体积聚，切勿在液体层面走过或摔倒在液体里。

（4）禁止任何火源。

（5）如不能切断液体泄漏源，致使液体飞溅到有关压力容器上，应开动消防栓向压力容器喷水解冻，防止容器爆炸。

（6）如不能切断液体泄漏源，用消防水射向液体使其筑成冰堤，防止液体扩散和进入下水道。

5.4 保障机制。

（1）药材科器械库在日常使用过程中，按标准操作流程进行操作，发现安全隐患应及时报告。

（2）设备器材科定期对液氧站设施进行检修维护，及时送检相关仪表，确保安全有效。

出现故障时及时到现场维修。

（3）保卫处定期检查、补充消防设施，并举行消防演练。

（4）人员责任和联系方式：

设备科综合组负责协调、上报和抢修，电话：××××××××；

设备科急救组负责呼吸机配送，电话：××××××××；

药材科负责气体和药械物资供应，电话：××××××××；

保卫处消防科负责警戒现场，电话，××××××××；

医疗值班人员负责医院危重患者、伤员的抢救，保障医院的诊疗秩序和日常工作的正常开展，电话：××××××××；

行政值班人员负责抢险人员、资金、物资、车辆等事宜的组织与协调，以及急救人员的后勤保障与技术支援，电话：××××××××；

护理值班人员负责用气病人的护理，紧急更换气瓶，采取人工应急措施确保病人安全，电话：×××××；

6. 相关文件

《医院医用气体系统运行管理》；

《医用气体工程技术规范》。

7. 使用表单

无。

8. 流程图

无。

9. 修订记录

无。

第七节　高压氧舱事故应急预案

名称：高压氧舱事故应急预案		编号：EM－PL－0007	类别：应急预案	总页数：2
拟稿人：×××		审核人：×××		批准人：×××
发布部门：设备器材科		版本号：V1.0		有效日期：××××－××－××

1. 目的

为了积极应对可能发生的高压氧舱突发事故，防止事故的蔓延扩大及次生衍生事故发生，最大限度地减少事故造成的人员伤亡和经济损失，使应急救援工作安全、有序、科学、高效地开展。根据《中华人民共和国安全生产法》《中华人民共和国消防法》《特种设备安全监察条例》《医用氧舱安全使用管理规定》等法律、法规及相关规定，制定本预案。

2. 范围

高压氧舱因线路短路、舱内静电、外带火种、氧浓度超标、操作不当等原因引发的火灾。

3. 定义

舱内起火：舱内装饰材料、床椅垫材料阻燃性能不合格，导线触头失效，静电导联装置失效以及患者携入可燃物等，可能造成舱内起火。

4.职责

氧舱事故类型中危害最大影响最大的是舱内起火。地处人口密集的医用氧舱一旦发生火灾，后果不堪设想。因此，在坚持"预防为主"的同时，有必要针对作为重大危险源设备的医用氧舱，尤其是多人舱，建立事故应急救援预案。

成立高压氧舱事故应急救援领导小组。高压氧舱事故应急处置领导小组工作职责：

(1)组织编制《应急救援预案》并组织实施。

(2)组织应急救援队伍，督促并指导演练，做好演练记录工作。

(3)发生重大事故时发布应急救援指令，组织队伍抢险救援疏散。

(4)及时向市政府、安委会、质监局、卫生行政部门报告情况。

(5)组织事故调查，总结经验教训。

5.作业内容

当空气加压舱舱内发生火灾时：

5.1 舱外人员操作步骤。

(1)迅速关闭供氧、供气阀门和总电源开关。

(2)启动水喷淋灭火系统。

(3)迅速打开排气阀和舱外应急泄压阀排气，快速减压。

(4)迅速打开舱门，救出舱内人员，组织抢救。

(5)打开灭火器，将余火熄灭。

(6)保护现场，如实向上级机关报告。

5.2 舱内人员操作步骤。

(1)舱内发现烟火，立即用舱内灭火器把它消灭在萌芽状态，同时向舱外人员报警。

(2)停止吸氧，配合舱外打开舱内泄压阀。

(3)治疗舱和过渡舱同时使用者，迅速关闭两舱的中间门，防止火灾扩大化。

(4)舱内人员冷静处事，切勿挤在舱门口，避免开门时受阻或受伤。

5.3 单人纯氧舱发生火灾时。

(1)立即关闭供氧和总电源开关。

(2)立即打开所有减压阀。

(3)尽快打开舱门。

(4)用备好的消防器材，迅速将火扑灭。

(5)组织医护人员对患者进行急救。

(6)保护现场，及时向上级机关报告。

6.相关文件

《中华人民共和国安全生产法》；

《中华人民共和国消防法》；

《特种设备安全监察条例》；

《医用氧舱安全使用管理规定》；

7.使用表单

"高压氧舱事故应急预案演练登记表"。

8.流程图(如图2-3所示)

9.修改记录

无。

```
                    ┌─────────────────┐
                    │  高压氧舱舱内起火  │
                    └────────┬────────┘
          ┌──────────────────┼──────────────────┐
          ▼                  ▼                  ▼
┌──────────────────┐ ┌──────────────────┐ ┌──────────────────┐
│ 舱外人员切断氧气来源、│ │ 舱内人员停止吸氧、  │ │ 单人纯氧舱火灾,切断 │
│ 关闭总电源、灭火、排 │ │ 灭火、排气减压、    │ │ 氧气来源、关闭总电源、│
│ 气减压            │ │ 防止火灾扩大化      │ │ 灭火、排气减压       │
└────────┬─────────┘ └─────────┬────────┘ └─────────┬────────┘
         └───────────────────┼───────────────────┘
                             ▼
                   ┌──────────────────┐
                   │ 减轻事故伤害、安抚患 │
                   │ 者、迅速撤离        │
                   └─────────┬────────┘
                             ▼
                   ┌──────────────────┐
                   │ 保护现场、及时向上级 │
                   │ 机关报告           │
                   └──────────────────┘
```

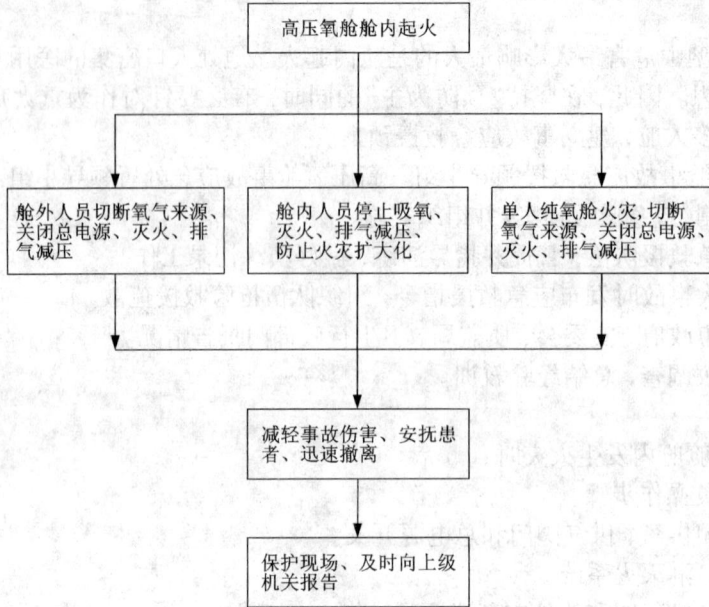

图 2-3 高压氧舱事故应急流程

高压氧舱事故应急预案演练登记表

演练科室		演练指挥	
预案名称		演练时间	
参加人员			
演练类别	□实际演练式　□　提问讨论式　□全部预案　□部分预案		
实际演练科目			
演练过程描述			
存在问题及整改措施			
备注			

负责评审人(签名):　　　　　记录人(签名):　　　　　记录时间:

第八节 辐射事故应急处理预案

名称：辐射事故应急处理预案	编号：EM－PL－0008	类别：应急预案	总页数：4
拟稿人：×××	审核人：×××		批准人：×××
发布部门：设备器材科	版本号：V1.0		有效日期：××××－××－××

1. 目的

为应对医院在医教研活动过程中可能发生的辐射事故，确保能迅速、有序地组织开展事故救援工作，避免事故蔓延和扩大，最大限度地减少事故造成的影响，保护工作人员、患者、公众及环境的安全，维护医院正常工作秩序，特制定本应急预案。

2. 范围

全院各放射诊疗科室。

3. 定义

本预案定义为医院放射源丢失、被盗、失控的事故；或者放射性同位素和射线装置失控导致人员受到异常照射的事故。医疗机构应在应急处理领导小组的指挥下，对于辐射事故做好应急处理的预案。辐射事故应急处理预案是在辐射事故防范过程中所形成的各类文字、图表的文件材料与电子记录等。

4. 职责

辐射事故应急处理领导小组负责对《辐射事故应急处理预案》的修订和实施。

5. 作业内容

5.1 辐射事故应急处理的组织机构。

在医院辐射安全管理委员会领导下，成立辐射事故应急处理领导小组，负责组织和开展辐射事故的应急处理救援工作。领导人员小组组成：组长由辐射安全管理委员会主任担任，成员由医务处处长、总务处处长、设备器材科主任、放射诊疗重点科室主任、辐射安全管理办公室负责人、放射工作人员健康管理科室的负责人，保卫人员和专家顾问组成。

5.2 应急处理领导小组职责。

5.2.1 组织制定医院辐射事故应急处理预案；

5.2.2 启动和解除医院辐射事故应急处理预案；

5.2.3 负责组织、协调辐射事故应急现场处理工作；

5.2.4 负责与上级主管部门、环保、公安、卫生等相关部门的联络、报告应急处理工作；

5.2.5 组织辐射事故调查，总结应急救援经验教训；

5.2.6 组织辐射事故应急人员的培训和演练。

5.3 辐射事故应急联系电话。

医院医务处电话：×××××××；院保卫处电话：×××××××；市环保部门应急电话：××××××；公安部门应急电话：××××××；市卫生行政部门值班电话：××××××；×省环保厅：××××××；省职业病防治院应急办：×××××××。

5.4 辐射事故应急处理程序。

医院辐射事故应急处理领导小组全面负责辐射事故应急处理工作。

5.4.1 辐射事故的报告。

发生或者发现辐射事故的科室和个人，必须立即向应急值班室（或总值班）报告。事故应急处理办公室在接到报告后，立即启动辐射事故应急方案，根据事故等级采取相应的事故应急处理措施。并在2小时内填写"辐射事故初始报告表"，向区、市环境保护部门和公安部门报告，造成或可能造成人员超剂量照射的，还应向市卫生行政部门报告。

5.4.2 辐射事故的处理。

事故处理必须在单位负责人的领导下，在有经验的工作人员和辐射防护人员的参与下进行。未取得防护监测的人员不得允许进入事故区。应急处理领导小组召集专业人员，根据具体情况迅速制定事故处理方案。负责组织控制区内人员的撤离工作，并及时控制事故影响，防止事故的扩大蔓延。在环保、公安和卫计委门未确定达到安全之前，不得解除封锁。

5.4.2.1 事故的处理原则。

发生轻微事故后立即封锁现场，专业人员迅速查明泄露原因，凡能通过切断事故源等处理措施消除事故的，则以自救为主。发生较大以上事故后，迅速安排受照人员接受医学检查，在指定医疗机构救治。组织有关人员携带仪器设备赶赴现场进行检测，核实事故情况，估算受照剂量、污染范围和程度、判定事故类型和级别，提出控制措施和方案。

5.4.2.2 不同类型事故的一般处理措施。

5.4.2.2.1 放射性污染事故的处理措施。

发生工作场所、地面、设备放射性污染事故时，应由辐射防护专业人员确定污染的核素种类、污染范围、污染水平，并尽快采取相应的去污染措施；发生放射性气体、气溶胶或者粉尘污染空气的事故时，应根据监测数据的大小及时采取通风、换气、过滤等净化措施；人员皮肤、伤口污染时，应迅速去除污染，对体内摄入放射性核素者还应根据摄入情况采取相应的医学处理措施。

5.4.2.2.2 放射源被盗或丢失事故的处理措施。

在发现放射源被盗，应立即报告科室领导和应急小组，同时向医院主管领导汇报。并封锁现场，在环保、公安和卫计委门人员到达现场后，要积极协助调查。并在确定丢失原因和地点后，派人积极查找，全力追回。

5.4.2.2.3 放射源或射线装置失控的处理措施。

5.4.3 当事人应立即通知同工作场所的工作人员和其他人员离开，封锁现场，控制事故源。对放射源脱出，要组织专业人员将源迅速转移至容器内。

5.4.4 医疗救治。

迅速安排受照人员就医，将严重伤员转至专业医疗机构救治。

5.4.5 事故原因调查与总结。

各种事故处理以后，必须组织有关人员进行讨论，分析事故发生原因，从中吸取经验教训，采取措施防止类似事故重复发生。发生放射性事故的责任单位和个人，依照有关法规进行处理。

5.5 预防和保障措施。

5.5.1 为避免或减少事故发生，平时应做好应急演练与准备工作，落实岗位责任制和各项制度。科室指定一名辐射安全员负责检查监督本科室各项措施的落实情况。

5.5.2 坚持对人员放射防护知识培训和应急处理方法培训，定期组织学习和训练，提高自救能力。

5.5.3 放射工作场所按要求划分为控制区、监督区和非限制区，并设置警示标志，无关人员一律不允许进入控制区。场所必须按要求安装监控装置、对讲装置和多重联锁装置。

5.5.4 各相关科室派专人负责放射工作场所的值班，医院保卫处应派保安加强有放射源或射线装置科室的巡视。

5.5.5 科室按要求配备剂量监测装置、个人剂量报警仪、放射防护用品。

5.5.6 按国家规定和标准定期对设备进行应用性能检测，做好设备的应用质量保证工作。

5.5.7 将机房门关闭前，执行治疗人员一定要检查并确认治疗机房内无其他人员，方可关门。

5.5.8 按要求持证上岗，严格按诊疗规范操作。

5.5.9 放射事故处理以后，必须分析事故原因，吸取经验教训，采取有效措施防止发生类似事故。

5.6 辐射事故等级和性质划分。

5.6.1 辐射事故等级划分。

根据辐射事故的性质、严重程度、可控性和影响范围等因素，从重到轻将辐射事故分为特别重大辐射事故、重大辐射事故、较大辐射事故和一般辐射事故四个等级。

特别重大辐射事故，是指Ⅰ类、Ⅱ类放射源丢失、被盗、失控造成大范围严重辐射污染后果，或者放射性同位素和射线装置失控导致3人以上(含3人)急性死亡。

重大辐射事故，是指Ⅰ类、Ⅱ类放射源丢失、被盗、失控，或者放射性同位素和射线装置失控导致2人以下(含2人)急性死亡或者10人(含10人)以上急性重度放射病、局部器官残疾。

较大辐射事故，是指Ⅲ类放射源丢失、被盗、失控，或者放射性同位素和射线装置失控导致9人以下(含9人)急性重度放射病、局部器官残疾。

一般辐射事故，是指Ⅳ类、Ⅴ类放射源丢失、被盗、失控，或者放射性同位素和射线装置失控导致人员受到超过年剂量限制的照射。

5.6.2 辐射事故性质划分。

辐射性事故按其性质分为：责任事故、技术事故、其他事故。

责任事故：指由于管理失职或操作失误等人为因素造成的辐射事故。

技术事故：指以设备质量或故障等非人为因素为主要原因的辐射事故。

其他事故：指除责任事故和技术事故之外的辐射事故。

6. 相关文件

[1]《中华人民共和国职业病防治法》，中华人民共和国主席令第60号，2002年5月1日施行，2011年12月31日(国家主席令第52号)修订；

[2]《中华人民共和国放射性污染防治法》，中华人民共和国主席令第6号，2003年10月1日施行；

[3]《放射性同位素与射线装置安全和防护条例》，中华人民共和国国务院令第449号，2005年12月1日施行；

[4]《放射诊疗管理规定》，中华人民共和国卫计委令第46号，2006年3月1日施行；

[5]《放射工作人员职业健康管理办法》，中华人民共和国卫计委令第55号，2007年11

月1日施行；

[6]《放射诊疗建设项目卫生审查管理规定》，卫监督发〔2012〕25号，2012年4月12日施行；

[7]《卫计委核事故和辐射事故卫生应急预案》，卫应急发〔2009〕101号，2009年10月15日施行；

[8]《大型医用设备配置与使用管理办法》，卫规财发〔2004〕474号，2005年3月1日施行

7. 使用表单

"辐射事故初始报告表"。

8. 流程图

无。

9. 修改记录

无。

第九节　救护车医疗设备管理及应急预案

名称：救护车医疗设备管理及应急预案	编号：EM-PL-0009	类别：应急预案	总页数：2
拟稿人：×××	审核人：×××		批准人：×××
发布部门：设备器材科	版本号：V1.0		有效期：××××-××-××

1. 目的

明确医院救护车上医疗设备的配置和日常维护保养职责，保证救护车医疗设备不用于其他用途，确保急救设备处于备用状态，满足救护车随时出车抢救的需要。

2. 范围

全院救护车。

3. 定义

无。

4. 职责

详见5. 作业内容。

5. 作业内容

5.1 救护车医疗设备的配置管理。

每台救护车配置的医疗设备纳入医院医疗设备管理，做好台账，专车专用，摆放位置相对固定，不得挪作其他用途。设备除粘贴设备资产码之外需粘贴统一标识牌，每台设备按照车牌号粘贴。

5.2 救护车医疗设备的安全管理。

5.2.1　救护车司机注意关好车门和车窗，防止车上医疗设备被盗。发现设备被盗或破损，首先通知急诊科，由急诊科通知医务处、保卫处等相关部门进行处理。

5.2.2 救护车处于待命状态时,尽量停在阴凉处,避免车内医疗设备环境温度过高。

5.3 急诊科对救护车医疗设备的日常管理。

5.3.1 对于新采购医疗设备,应对急诊科操作人员培训设备使用操作,使其掌握设备性能操作规程、应急处理方法和日常维护方法,经考核合格后方可使用。

5.3.2 对于首次使用救护车医疗设备的人员,急诊科应对其进行培训,使其能熟练按流程使用。

5.3.3 每班交接时按"救护车设备清单"逐一清点交接,签名确认。

5.3.4 每天交接时按"急救、生命支持类医疗设备巡查登记本"巡查,签名确认。

5.3.5 按急救设备维护要求做好设备的一、二级维护。

5.3.6 发现设备故障,及时悬挂"设备故障"标志,以防误用。

5.3.7 尽快通过设备管理系统或值班电话(电话××××)报修,并调配必要的设备替换使用。

5.4 工程技术人员对救护车设备的管理。

5.4.1 设备器材科制定专门工程技术人员负责救护车医疗设备的维护维修管理。

5.4.2 每周按"急救、生命支持类医疗设备巡查登记本"巡查,签名确认。

5.4.3 按急救设备维护维修要求做好设备的二、三级维护,确保设备处于100%待用状态。

5.4.4 对急诊科报修作优先处理,10分钟响应。不能及时修好的每天向急诊科反馈,使急诊科知晓设备维修进展,并协助提供调配设备使用。

6. 相关文件

无。

7. 使用表单

"救护车设备清单";

"急救、生命支持类医疗设备巡查登记本"。

8. 流程图

无。

9. 修订记录

无。

第三章

常见医疗器械的临床
使用标准操作流程

第一节　硬镜系统操作流程

名称：硬镜系统操作流程	编号：ST－OPE－0001	类别：操作流程	总页数：2
拟稿人：×××	审核人：×××	批准人：×××	
发布部门：设备器材科	版本号：V1.0	生效日期：××××－××－××	

1. 目的

为规范硬镜系统的操作使用，特制定本流程。

2. 范围

全院临床科室硬镜系统操作使用人员、设备器材科硬镜系统维护维修人员。

3. 定义

内窥镜是一种可插入患者体内，提供内部观察或图像以进行检查、诊断和（或）治疗的医用电气设备的应用部分。现代微创手术都是在内窥镜下进行的，它是人类窥视、治疗人体内器官的重要工具之一。硬性内窥镜在操作中不可弯曲，主要用于人体表浅及浅层部位自然腔道和通过穿刺开口腔道的病灶诊断和（或）治疗。硬镜如图 3－1 所示。

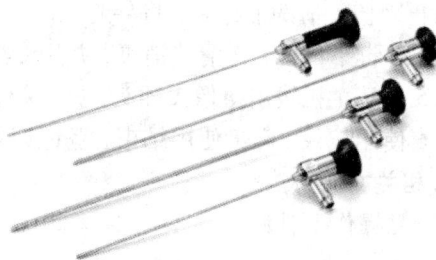

图 3－1　硬镜

4. 职责

硬镜系统操作使用及维护维修人员培训合格后，严格按照本流程使用该设备。

5. 作业内容

5.1 摄像系统操作。

5.1.1 连接电源线。

5.1.2 将摄像头接头插入主机的摄像头插座。

5.1.3 打开主机上电源开关。

5.1.4 压住摄像头镜头卡环，把硬镜头部卡进摄像头，确保其连接稳固。

5.2 光源的操作。

5.2.1 连接电源线。

5.2.2 将导光束插到插口导光束适配器中，要插得尽可能深一些。只能通过接头拔出导光束，而不能拉住导光束往外拔。

5.2.3 转动轧花垫圈四分之一转，将导光束连接到内窥镜上。

5.2.4 导光束适配器可以在必要的时候拧开并更换其他制造厂家的导光束适配器。

5.2.5 按下主电源开关。

5.2.6 可以通过亮度控制旋钮对亮度进行调节。

5.3 白平衡调节。

5.3.1 参阅光源的使用说明书，确认光源打开，并且打开光源的检查灯。

5.3.2 确认图像处理装置前面板上的完成指示灯亮起。如果完成指示灯不亮，进行以下步骤。

5.3.3 确认图像处理装置处于普通光观察模式。

5.3.4 将内镜先端插入白平衡帽，并握稳白平衡帽和摄像头，避免监视器图像反光。

5.3.5 按住白平衡按键，直到监视器显示完成白平衡。

5.4 正常运行检测。

5.4.1 检查主机、摄像头（电子镜）的外观是否有破损。

5.4.2 确认摄像头电缆（电子镜电缆）无破损或扭结。

5.4.3 将摄像头（电子镜）对准一个物体，检查显示器上的显示画面质量。

5.5 检查结束。

5.5.1 关闭光源，关闭主机。

5.5.2 转动轧花垫圈四分之一转，拆下导光束，从光源拔出导光束，注意导光束接头发热，防止烫伤。清洗消毒后，将导光束沿一定弯曲角度盘整，存放于专用盒中。

5.5.3 拆下内镜，送清洗消毒，并用专用盒子存放。

5.5.4 从主机拔出摄像头插头，并对摄像头消毒处理，并存放于专用盒中。

5.6 使用记录：内镜使用结束，登记记录设备使用情况。

6. 相关文件

《产品操作手册》。

7. 使用表单

无。

8. 流程图

无。

9. 修订记录

无。

第二节　奥林巴斯290系列内镜系统操作流程

名称：奥林巴斯290系列内镜系统操作流程	编号：ST－OPE－0002	类别：操作流程	总页数：3
拟稿人：×××	审核人：×××		批准人：×××
发布部门：设备器材科	版本号：V1.0		生效日期：××××－××－××

1. 目的

为规范奥林巴斯290系列内镜系统的操作使用，特制定本流程。

2. 范围

全院临床科室奥林巴斯 290 系列内镜系统操作使用人员、设备器材科奥林巴斯 290 系列内镜系统维护维修人员。

3. 定义

内窥镜是一种可插入患者体内，提供内部观察或图像以进行检查、诊断和(或)治疗的医用电气设备的应用部分。现代微创手术都是在内窥镜下进行的，它是人类窥视、治疗人体内器官的重要工具之一。软性内窥镜的特点是管径细，且操作中可多方位弯曲，以适应人体结构复杂的器官。奥林巴斯 290 内镜系统如图 3－2 所示。

4. 职责

奥林巴斯 290 系列内镜系统操作使用及维护维修人员培训合格后，严格按照本流程使用该设备。

图 3－2　奥林巴斯 290 系列内镜系统

5. 作业内容

5.1 镜子连接。

5.1.1 按照内镜的使用说明书检查内镜。

5.1.2 确认图像处理装置和所有连接的设备已关闭。

5.1.3 将光导接头插入光源前面板上的输出插口，直到发出咔嗒声为止。

5.1.4 按照内镜的使用说明书所述将电子内镜电缆和水瓶连接在内镜上。

5.2 检查电源。

5.2.1 确认光源侧面板上的通风孔没有被灰尘或其他材料堵塞。

5.2.2 确认灯罩安装牢固。

5.2.3 按下光源的电源开关。

5.2.4 确认电源指示灯亮起。

5.2.5 确认控制面板上的应急灯指示灯没有亮起或闪烁。

5.2.6 将手放在背面板和侧面板的通风孔前，确认有空气排出。

5.3 确认检查光。

5.3.1 如果检查灯处于待机模式，按下检查灯按钮，并确认检查灯指示灯"ON"亮起。

5.3.2 确认控制面板上的应急灯指示灯没有亮起或闪烁。

5.3.3 确认内镜先端的检查灯亮起。若"500 h"指示灯没有亮起，或灯光强度变低，请更换新的检查灯。

5.3.4 按住检查灯按钮大约 1 秒：指示灯"STBY"亮起。

5.3.5 确认检查灯没有从内镜先端发出光线。

5.4 光学—数字观察模式(用于 CLV－290SL)。

5.4.1 检查可用的观察模式选择指示灯，确认可用的观察模式。

5.4.2 如果有多个观察模式指示灯亮起，按动观察模式选择按钮，可以切换所需的光学—数字观察模式。选中模式的观察模式选择指示灯亮起。

5.4.3 按下观察模式按钮：观察模式指示灯"ON"亮起，并且观察模式更改为光学—数字观察模式，由观察模式选择指示灯指示。

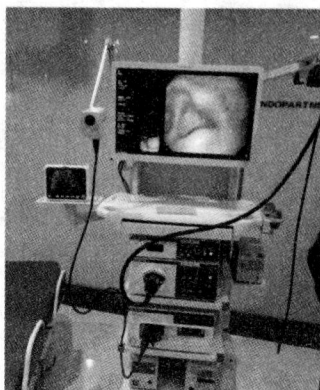

5.4.4 再次按下观察模式按钮：观察模式指示灯"STBY"亮起，并且观察模式切换到普通观察模式。

5.5 打开图像处理装置和周边设备。

5.5.1 打开周边设备。

5.5.2 按下电源开关，打开图像处理装置。电源指示灯亮起。监视器上显示出内镜图像。

5.6 白平衡调节。

5.6.1 参阅光源的使用说明书，确认光源打开，并且打开光源的检查灯。

5.6.2 确认图像处理装置前面板上的完成指示灯亮起。如果完成指示灯不亮，进行以下步骤。

5.6.3 确认画面的右上端没有显示观察模式，并且图像处理装置处于普通观察模式。

5.6.4 将内镜先端插入白平衡帽，并握稳白平衡帽（MH－155）和内镜，避免监视器图像反光。

5.6.5 握稳内镜，避免监视器图像反光。一边监视白色物体，比如一片纱布，但不能接触内镜，一边放大图像到全屏，按下白平衡按钮，直到发出一声短促的嘟声。完成白平衡调节时，前面板上的完成指示灯亮起。

5.6.6 如果成功获得了调节结果，则白平衡调节完成。如果调节失败，则回到第5.6.3步。

5.7 送气和送水。

5.7.1 确认送气指示灯"ON"亮起。如果没亮，请按下送气按钮。送气指示灯"ON"亮起表示气体送入了内镜。

5.7.2 按下送气调节按钮，根据检查技术或患者情况设定送气压力调节。每次按下按钮都会使送气压力调节指示灯在"L"（低）、"M"（中）和"H"（高）之间切换。

5.8 患者数据。

5.8.1 按下键盘上的"添加数据"键，以全屏模式显示患者数据。

5.8.2 按下"检查"键，删除前一次的患者数据。

5.8.3 使用键盘输入数据。

5.9 结束操作。

5.9.1 按下键盘或前面板上的"检查"键，"检查"指示灯关闭。

5.9.2 确认前面板上的存取指示灯或便携式存储器的 LED 不闪烁。

5.9.3 关闭图像处理装置和周边设备。

5.9.4 取出内镜。

5.9.5 清洗内镜。

5.10 使用记录。

内镜使用结束，登记记录设备使用情况。

5.11 内镜清洗消毒。

具体见《消化内镜洗消标准操作流程》。

6. 相关文件

《产品操作手册》。

7. 使用表单

无。

8. 流程图

无。

9. 修订记录

无。

第三节 富士 VP－4450HD 系列内镜系统操作流程

名称：富士 VP－4450HD 系列内镜系统操作流程		编号：ST－OPE－0003	类别：操作流程	总页数：3
拟稿人：×××	审核人：×××		批准人：×××	
发布部门：设备器材科	版本号：V1.0		生效日期：××××－××－××	

1. 目的

为规范富士 VP－4450HD 系列内镜系统的操作使用，特制定本流程。

2. 范围

全院临床科室富士 VP－4450HD 系列内镜系统操作使用人员、设备器材科富士 VP－4450HD 系列内镜系统维护维修人员。

3. 定义

内窥镜是一种可插入患者体内，提供内部观察或图像以进行检查、诊断和（或）治疗的医用电气设备的应用部分。现代微创手术都是在内窥镜下进行的，它是人类窥视、治疗人体内器官的重要工具之一。软性内窥镜的特点是管径细，且操作中可多方位弯曲，以适应人体结构复杂的器官。

4. 职责

富士 VP－4450HD 系列内镜系统操作使用及维护维修人员培训合格后，严格按照本流程使用该设备。

5. 作业内容

5.1 安装内镜和水瓶。

5.1.1 逆时针旋转 LG 连接器的锁定手柄，对齐 LG 连接器上的标记。

5.1.2 用双手握住 LG 连接器，对齐 LG 连接器与光源装置上的标记，然后将 LG 连接器正确插入光源装置，直至定位。

5.1.3 顺时针旋转 LG 连接器的锁定手柄，将其固定到光源装置。

5.1.4 拆下要连接到内镜的连接器插座保护盖，并连接视频连接器。

5.1.5 将装有无菌水的水瓶吊在台车上。

5.1.6 将送水瓶连接器连接到内镜。

5.2 光源装置的操作检查。

5.2.1 打开台车和光源装置的电源，"Power" 按钮灯被点亮。

5.2.2 确保送气显示灯关闭，且送气泵未运行。按 "Pump" 按钮，确保送气泵的操作开关依次为"HI""MID""LOW""OFF"和"HI"。

5.2.3 打开处理器的电源。"Power"按钮点亮。"Scope"按钮的"EXAM"灯以蓝色点亮。监视器中显示观察画。

5.2.4 按下光源装置的"Light"按钮。灯按钮上方的"ON"灯点亮，然后灯点亮。表示亮度级别的图标以绿色点亮。

5.2.5 按下"Pump"按钮将送气泵的运行设为"HI"。将内镜的头端部留在空气中，按送气/送水按钮，确保水从喷嘴中流出。

5.2.6 将内镜头端部浸没在水中，用手指堵住送气/送水按钮当中的孔，确保空气从喷嘴中喷出。然后，拿开手指，确保没有空气从喷嘴中喷出。

5.2.7 用手掌按住内镜头端部，确保在手接近和离开头端部时光源装置指示器级别发生变化。

5.2.8 按"Light"按钮。灯按钮上方的"ON"灯点亮时，确认内镜的头端部发出光。将内镜的头端部接近一张黑色纸，确认是否有反射光。如果看到两点光，表示正常。

5.2.9 关闭光源装置。操作检查结束。

5.3 患者信息

5.3.1 按键盘上的"Patient Entry"键。登记患者信息。

5.3.2 按键盘上的"Patient"键。显示患者列表画面。将光标放在患者信息上，然后按"Enter"键。所选的患者信息会显示在观察画面上。

5.4 使用。

5.4.1 关闭光源装置、处理器和台车的电源。

5.4.2 将配备系统的台车移动到使用地点。锁定台车的脚轮。

5.4.3 台车的电源线插入带有接地保护的插座。

5.4.4 用吸引管将吸引器和内镜的吸引连接器相连接。

5.4.5 依次打开台车、光源装置和处理器电源。打开处理器电源后，"Scope"按钮的"EXAM"灯以蓝色点亮。

5.4.6 调节亮度，若要获得物体的适当亮度，按亮度调节按钮以调节亮度。

5.4.7 切换观察模式，要设定特殊光源观察预设，按住"BLI"按钮2秒钟。显示设置画面。

5.4.8 打开/关闭图像增强，每次按图像增强按钮时，均会打开或关闭图像增强功能。打开电源后或开始检查后，该功能设置为"OFF"。

5.4.9 打开/关闭"FICE"，每次按前面板上的"FICE"按钮或键盘上的"FICE"键时，均会打开或关闭"FICE"。

5.4.10 打开/关闭色调，每次按"TONE"按钮时，均会打开或关闭色调功能。

5.4.11 切换快门速度，每次按"快门速度"按钮时，快门速度切换至"HIGH"（HIGH LED亮起）或"NORM"（标准）（NORM LED亮起）。

5.4.12 切换光圈模式，按"IRIS"按钮，选择"ALC"（自动光控）模式以控制画面的亮度。

5.4.13 调节电子缩放，显示观察画面并按前面板上的⊗/⊙按钮或键盘上↑/↓按键，进行调节。

5.4.14 按下观察模式按钮：观察模式指示灯"ON"亮起，并且观察模式更改为光学—数字观察模式，由观察模式选择指示灯指示。

5.4.15 再次按下观察模式按钮：观察模式指示灯"STBY"亮起，并且观察模式切换到普通观察模式。

5.5 开始检查。

5.5.1 按光源装置上的"Pump"按钮，如有必要，选择"HI""MID"或"LOW"或"OFF"。

5.5.2 将内镜插入患者体内。

5.6 结束检查。

5.6.1 从患者体内取出内镜。

5.6.2 按住"Scope"按钮约2秒钟。"DETACH"指示灯以橙色闪烁。泵指示灯关闭，同时光源装置的灯也关闭。

5.6.3 "Scope"按钮上的"DETACH"指示灯以橙色点亮。取出内镜。

5.6.4 清洗内镜。

5.7 使用记录。

内镜使用结束，登记记录设备使用情况。

5.8 内镜清洗消毒。

具体见《消化内镜洗消标准操作流程》。

6. 相关文件

《产品操作手册》。

7. 使用表单

无。

8. 流程图

无。

9. 修订记录

无。

第四节　消化内镜转运、洗消操作流程

名称：消化内镜转运、洗消操作流程		编号：ST-OPE-0004	类别：操作流程	总页数：3
拟稿人：×××	审核人：×××		批准人：×××	
发布部门：设备器材科	版本号：V1.0		生效日期：××××-××-××	

1. 目的

为规范消化内镜清洗消毒的操作步骤及落实内镜转运标准化工作流程，降低内镜受损率，特制定本规程。

2. 范围

内镜中心洗消室所有人员。

3. 定义

消化内镜的清洗消毒是避免疾病传播及院内交叉感染的有效方法。因内镜材质特殊、精密度高、结构复杂,其洗消操作要求较高。

4.职责

消化内镜洗消人员培训合格后,严格按照本规程处理消化内镜。

5.作业内容

5.1 内镜转运。

5.1.1 用物准备:转运框,转运车,其他附件(先端保护套)。

5.1.2 按标准化取放内镜操作拿起内镜。

5.1.3 握住先端部把先端部卡入先端保护套。

5.1.4 将内镜按转运框规划的盘整轨迹盘放进转运框。

5.1.5 将转运框放入转运车或双手搬动转运框运送内镜。

注意:转运框分为无菌框和污染框,以颜色区分,先端保护套分为无菌和污染,以颜色区分,盘整内镜角度符合要求,轻拿轻放,一框只可放一条内镜。

5.2 内镜洗消。

5.2.1 用物准备:水、气枪、专用流水洗消槽、注射器、清洗刷、消毒液(应按说明书规定进行活化和稀释,保证有效使用浓度和时间,低于有效浓度和超过使用期限者不得使用。应用消毒液测试记录,记录应保存2年以上)。

5.2.2 预处理流程如下:

➢ 内镜从患者体内取出后,在与光源和视频处理器拆离之前,应立即用含有清洗液的湿巾或湿纱布擦去外表面污物,擦拭用品应一次性使用;

➢ 反复送气与送水至少10秒;

➢ 换上专用冲洗按钮;

➢ 将内镜的先端置入装有清洗液的容器中,启动吸引功能,抽吸清洗液直至其流入吸引管;

➢ 盖好内镜防水盖;

➢ 放入运送容器,送至清洗消毒室。

5.2.3 双手取拿内镜,放入水中盖防水帽,轻拿轻放。注意保护先端部,以免发生先端部碰撞。

5.2.4 测漏:测漏参照测漏标准流程。

5.2.5 水洗:

将整条内镜浸入洗涤液中,擦拭所有表面,取下活检入口阀门、吸引按钮和送水送气按钮,检查清洗刷是否完好,随后用手辅助清洗刷进入管道清洗,避免拉伤管道口。清洗时,毛刷45°插入吸引按钮口穿出先端部,90°插入吸引按钮口穿出吸引接头。在流水下抽吸活检管道,用清洁刷刷洗活检管道2~3次,为保证活检管道被充分刷洗,洗刷中必须两头见刷头,水洗时间不得少于3分钟。特殊镜种还需洗刷抬钳器。清洗活检入口阀门、吸引按钮和送水送气按钮并擦干。附件清洗用小刷刷洗钳瓣内面和关节处,擦干。

5.2.6 酶洗:

以加酶洗涤液对全管道冲洗及浸泡,用注射器对所有管道注入酶液,加酶洗涤液须每日更换(8 mL 适酶 +1000 mL 清水)。附件、各类按钮和阀门用酶洗液浸泡,附件需在超声清洗器内清洗5~10分钟。

5.2.7 清洗：

将整条内镜移入清水中，擦拭内镜表面，并对所有管道注入清水，冲洗残余洗涤液。用气枪向各管道冲气，排除管道内的水分，以免稀释消毒液。

5.2.8 浸泡消毒：

将整条内镜浸入消毒液中，用注射器将消毒液注入所有管道，直到没有气泡冒出。附件及清洗工具消毒时应与内镜分离，独立浸泡。按规定时间将内镜浸泡 10 分钟以上，取出内镜，用注射器向管道送气，排空残留消毒液。

5.2.9 再清：

更换手套，将整条内镜移入清水中，擦拭内镜表面，并对所有管道注入清水冲洗残余消毒液，洗毕以消毒纱布擦干镜身。将各孔道的水分抽吸干净，取下清洗时的各种专用管道和按钮，换上诊疗用的各种附件。

5.2.10 吹干：

取出内镜放置操作台，用气枪吹干内镜表面及管道残余液体，放置内镜转运盆。

5.2.11 利用自动清洗机洗消内镜，水洗后，将内镜放置清洗机中，连接吸引及送气送水管口按程序自动清洗消毒。

5.2.12 内镜洗消槽清洗消毒方法：

➤ 清洗/洗涤槽：每日工作结束后用 1000 mg/L 含氯消毒液浸泡消毒 60 分钟；HBsAg 阳性患者检查后应用 2000 mg/L 含氯消毒液浸泡消毒 60 分钟，消毒完毕后刷洗干净备用。

➤ 消毒槽：更换消毒液前须彻底洗刷槽内壁，注意槽内橡皮垫、槽底及槽角处残垢的刷洗，用清水反复冲洗干净后，方可更换新配制的消毒液。

➤ 清洗消毒过程中所有海绵垫也应每日消毒或更换，以防其内隐藏病原微生物。

5.2.13 每日工作结束后，开窗通风并对地面、台面等进行消毒处理，达到《医院消毒卫生标准》中环境Ⅲ3 类标准。每周进行一次彻底的清扫消毒。

注意：严禁用水枪直接正对奥林巴斯 290 系列内镜的通气接头喷水，用气枪在通气接头带水珠情况下正对喷气。

6.相关文件

《内镜清洗消毒技术操作规范》。

7.使用表单

无。

8.流程图

无。

9.修订记录

无。

第五节　内镜测漏操作流程

名称：内镜测漏操作流程		编号：ST－OPE－0005	类别：操作流程	总页数：2
拟稿人：×××		审核人：×××		批准人：×××
发布部门：设备器材科		版本号：V1.0		生效日期：××××－××－××

1. 目的

为规范消化内镜测漏操作流程，减少因漏水造成的内镜损坏情况，特制定本规程。

2. 范围

内镜中心洗消室所有人员。

3. 定义

《内镜清洗消毒技术操作规范》中明确提出内镜在洗消前必须要进行测漏，通过测漏可提前发现内镜问题，避免造成内镜更严重的损害，进而降低内镜大修频率，减少维修成本。

4. 职责

消化内镜洗消人员培训合格后，严格按照本规程处理消化内镜。

5. 作业内容

5.1 干测。

接上测漏器，打气或启动充气，压力到达设定值，观察弯曲部是否有膨胀现象，转动角度按钮，每个角度最大保持5秒，观察压力下降情况，下降2个气压判断为存在漏气现象。

5.2 湿测。

5.2.1 用物准备：注射器、擦镜布、水。

5.2.2 手指顶压测漏器出口检查气压（如果使用冷光源进行供气，气泵设置应为"高"）。

5.2.3 连接测漏器确认弯曲部有膨胀。

5.2.4 内镜盘曲自然，不能弯折半径过小。

5.2.5 内镜全部浸入水中。

5.2.6 检查前需要用注射器向管腔道内打水排气至无气泡冒出。

5.2.7 旋转各角度至最大并保持30秒，仔细观察弯曲部和旋钮处有无漏水。

5.2.8 挤压各遥控按钮观察有无漏水。

5.2.9 反向弯曲插入管及导光软管，仔细观察有无漏水。

5.2.10 用注射器向管腔道内二次注水，流水时仔细观察出水口有无夹杂气泡，如有，应延长时间再次重复流水确认是否有漏。

5.2.11 内镜取出水后，排干管道残留液体，擦干镜子表面。

5.2.12 拔出测漏器前接头，待镜腔内气体排出后再拆下内镜端接头。

注意：如检查有漏水现象，执行5.2.11 – 5.2.12，并记录内镜型号，漏水情况，漏水部位，时间以及上一级诊疗的内容和操作者。

6. 相关文件

《内镜清洗消毒技术操作规范》

7. 使用表单

"消化内镜测漏确认表"。

消化内镜测漏确认表

序号	确认步骤	确认情况
1	测漏前准备(注射器、擦镜布、水)	
2	手指顶压测漏器出口检查气压(如果使用冷光源进行供气,气泵设置应为"高")	
3	连接测漏器确认弯曲部有膨胀	
4	内镜盘曲自然,不能弯折半径过小	
5	内镜全部浸入水中	
6	检查前需要注射器向管腔道内打水排气至无气泡冒出	
7	旋转各角度至最大,仔细观察弯曲部和旋钮处有无漏水	
8	挤压各遥控按钮观察有无漏水	
9	反向弯曲插入管及导光软管,仔细观察有无漏水	
10	用注射器向管腔道内二次注水,流水时仔细观察出水口有无夹杂气泡,如有,应延长时间再次重复流水确认是否有漏	
11	内镜取出水后,排干管道残留液体,擦干镜子表面	
12	拔出测漏器前接头,待镜腔内气体排出后再拆下内镜端接头	

8. 流程图

测漏流程图。

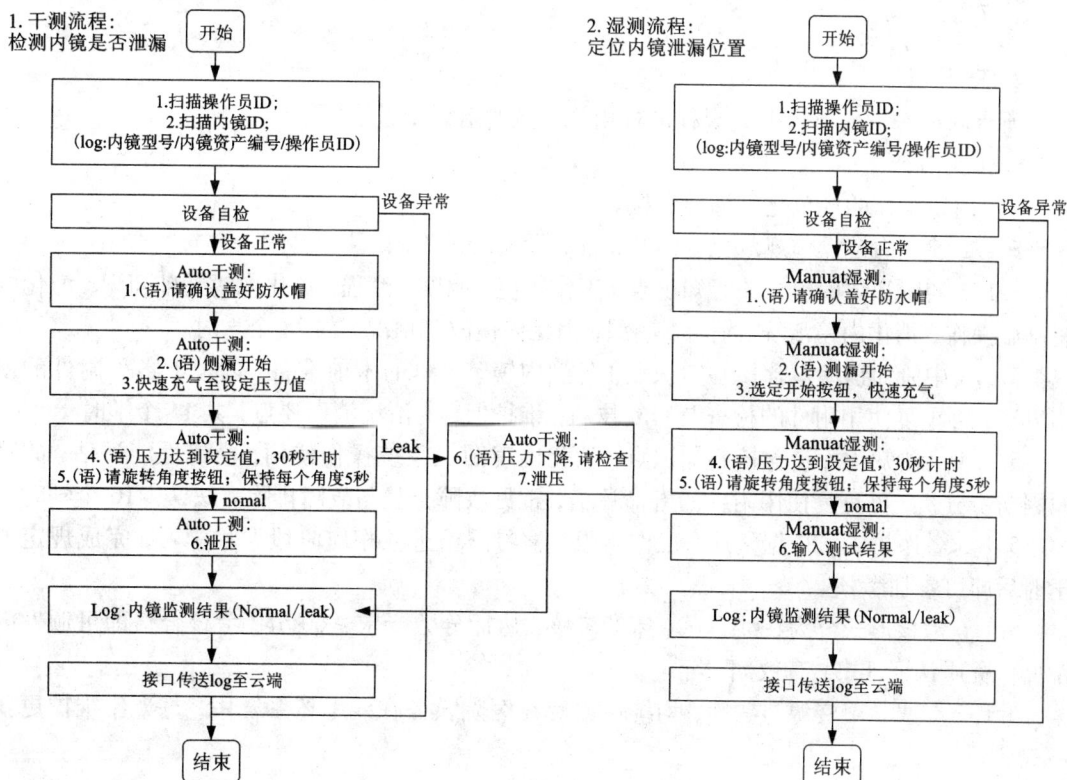

图 3 - 3　内镜测漏流程图

9. 修订记录

无。

第六节 内镜操作培训、考核及带教资格评鉴操作流程

名称：内镜操作培训、考核及带教资格评鉴操作流程	编号：ST-OPE-0006	类别：操作流程	总页数：2
拟稿人：×××	审核人：×××		批准人：×××
发布部门：设备器材科	版本号：V1.0		生效日期：××××-××-××

1. 目的

落实内镜操作规范化培训、考核，提升内镜医护人员的专业知识与技能；落实制定内镜操作规范化培训的带教团队"资质准入评鉴制度与分级授权管理"。

2. 范围

所有内镜医护人员。

3. 定义

无。

4. 职责

所有内镜医护人员依据此规程进行相关人员的培训及考核。

5. 作业内容

5.1 内镜操作的规范化培训及考核。

5.1.1 建立内镜操作规范化培训知识库，设三阶供不同医护人员学习。

5.1.2 初阶知识库包含核心知识点：工作环境、制度、流程，消化内镜基础知识，消化内镜基础操作，消化内镜清洗、消毒、测漏，消化内镜故障情况，共28个学时。

5.1.3 中阶知识库包含核心知识点：各型内镜、主机的术前准备，内镜下各种附件的使用方法，可重复使用附件的检查及修复技巧，维护保养，清洗消毒要点，共14个学时。

5.1.4 高阶知识库包含核心知识点：消化内镜图文系统操作使用，内镜性能评估，故障原因初步分析，可重复使用附件的寿命评估，常见故障查找与故障排除方法，共16个学时。

5.1.5 各医护人员依据资质、工作年限、学习需求进入相应阶段课程学习，完成规定的学时后即可参加考核。

5.1.6 考核形式分为在线考试、床旁考核，达标分数要求≥60分，考核合格即可颁发内镜操作资质认证证书，有效期2年。

5.1.7 在线学习资源与题库，均统一嵌套在医院教务在线考核系统中，每半年维护更新一次。

5.1.8 若考核不合格者，不予上岗，仅允许床旁观摩。

5.2 内镜操作培训带教资质评鉴。

5.2.1 建立内镜操作规范化培训带教团队名单。

5.2.2 带教团队人员资质评定由几个维度组成：培训成绩（笔试考核成绩0.15、实操考核成绩0.15）、个人业务能力（含职称0.1、专科工作时间0.1、月工作量0.1、实际技术能力0.15、科内评价小组评价0.15）、所经手内镜的维修费用（含维修级别0.1）。几个维度分别设置权重为0.3，0.6，0.1。

5.2.3 列出内镜手术级别名目（用于设置权重）。

5.2.4 建立相应的资格许可授权程序及考评标准，对资格许可授权实施动态管理。

5.2.5 有定期带教教师能力评价与再授权的机制。并建立定期业务能力评价与再授权的档案资料。

5.2.6 带教能力评价与资格许可授权考评小组由科室主任，业务副主任（内镜中心主管），护士长共同组成。依照带教能力考评与复评标准，对带教个人进行评价、资格许可与授权。

5.2.7 考评小组同时承担定期复评和带教、取消等级的任务，确保带教个人的带教能力与其资格、能力相符。

5.2.8 公开带教团队名单及相应带教级别信息，并及时更新相关信息。

5.2.9 建立带教资质评价系统，录入相关个人评价档案，评选优秀带教员。

6. 相关文件

无。

7. 使用表单

无。

8. 流程图

无。

9. 修订记录

无。

第七节 内镜操作间操作流程

名称：内镜操作间操作流程	编号：ST-OPE-0007	类别：操作流程	总页数：1
拟稿人：×××	审核人：×××		批准人：×××
发布部门：设备器材科	版本号：V1.0		生效日期：××××-××-××

1. 目的

落实标准化内镜检查间布局，提高内镜使用快捷性，特制定此流程。

2. 范围

内镜使用所有医护人员。

3. 定义

无。

4. 职责

执行此规程进行内镜中心操作间设计布局。

5. 作业内容

5.1 胃镜操作间标准化操作流程。

5.1.1 要有足够的空间，面积应在 $20m^2$ 及以上，平均每日检查超过 20 例的单位应设 2 张检查床轮用为宜。

5.1.2 任何内镜操作至少要 2 人，操作台应在房间的中央，以保证其四边均可进行各自的工作。

5.1.3 室内光线明暗适中，安装可调节的灯光。采光过强者可在窗户上挂窗帘，窗帘选择红黑布制作，也可用百叶窗帘，以保持室内较暗，使内镜图像清晰。

5.1.4 室内要有供水系统和排水系统。

5.1.5 检查室的另一侧应置有器械柜，存放常用内镜附件及常用药品和急救药品。靠近检查床的附近放置一辆治疗车，治疗车上备有基础治疗盘，方便操作时使用。

5.1.6 条件许可，应备一辆急救车，车内备齐各种常用急救药品和器材，一旦需要，可立即展开急救。

5.2 胃肠镜操作间标准化操作流程。

5.2.1 按内镜室房间大小、形状及有关设备等具体情况来安排。

5.2.2 有利于操作和诊治。

5.2.3 有利于保护患者的隐私。

5.2.4 检查床不应太高，80 cm 为宜，若能装备可调节倾斜度的床更为理想，检查中可根据需要调节头低脚高位，便于进镜。

5.2.5 有关仪器设备及器械台、洗镜池等具体布置一般同胃镜室布局。

6. 相关文件

无。

7. 使用表单

无。

8. 流程图

无。

9. 修订记录

无

第八节　内镜日常质检操作流程

名称：内镜日常质检操作流程	编号：ST－OPE－0008	类别：操作流程	总页数：2
拟稿人：×××	审核人：×××		批准人：×××
发布部门：设备器材科	版本号：V1.0		生效日期：××××－××－××

1. 目的

落实内镜标准化质控管理工作，提升内镜临床使用的安全性、有效性、可靠性，特制定此操作规程。

2. 范围

所有内镜医护人员及内镜工程师。

3. 定义

无。

4. 职责

所有内镜医护人员及内镜工程师严格执行此规程，进行消化内镜日常质检工作。

5. 作业内容

5.1 逐条建立内镜质量管理档案并录入设备信息管理系统：内镜基本信息、临床使用信息、日常洗消信息、测漏信息、点检信息、维修信息、感控信息、培训信息、考核信息。

5.2 建立并严格执行内镜标准化洗消流程，记录洗消情况。

5.3 建立并严格执行内镜标准化测漏流程，记录测漏情况。

5.4 建立并严格执行现用品牌型号内镜标准化操作流程，记录使用情况。

5.5 建立并严格执行内镜操作规范化培训与考核标准流程，包括新设备引入、新员工入科及常规培训考核。记录使用人员培训考核情况。

5.6 建立并严格执行内镜维护维修培训与考核标准流程，包括新设备引入、新人员负责及常规培训考核记录内镜工程技术人员培训考核情况。

5.7 内镜定期进行细菌检测，记录检测结果及送检情况。

5.8 内镜工程师每年对在用内镜进行一次质量检测，记录每次检测结果，形成年度检测报告，通过前后期数据对比分析进行经济效益核算。

5.9 维修后的内镜由工程师进行质量检测，检测合格后方可投入临床使用。

5.10 内镜工程师每月跟台一次，监督医护人员日常工作是否符合标准作业流程。

5.11 内镜工程师每周进行一次设备巡查，监督护理日常使用洗消、测漏及记录情况。

5.12 内镜工程师每月进行一次内镜点检，记录相应情况。

5.13 发现内镜故障，应立即停止使用，严格执行内镜维修与报损标准流程，记录相关情况。

6. 相关文件

无。

7. 使用表单

无。

8. 流程图

内镜质检标准化流程图如图 3 - 4 所示。

9. 修订记录

无。

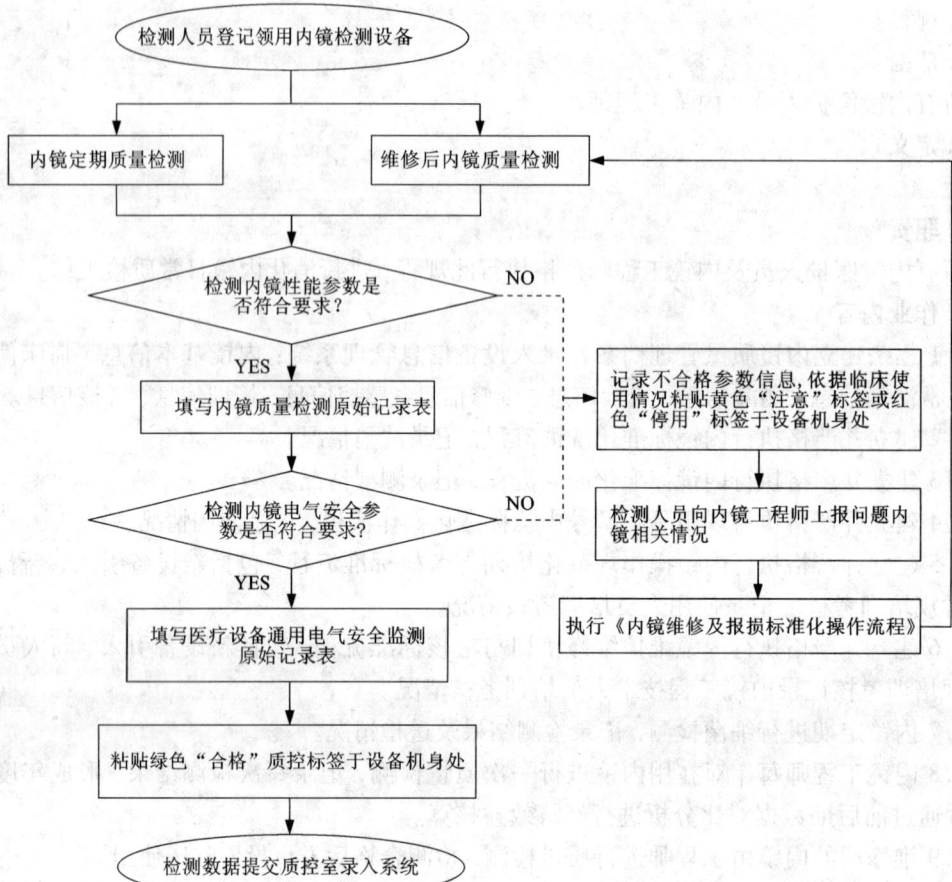

图 3 - 4 内镜质检标准化流程

第九节 内镜维修及报损操作流程

名称：内镜维修及报损操作流程		编号：ST - OPE - 0009	类别：操作流程	总页数：1
拟稿人：×××	审核人：×××		批准人：×××	
发布部门：设备器材科	版本号：V1.0		生效日期：×××× - ×× - ××	

1. 目的

为落实标准化内镜维修和报修流程，降低内镜故障发生率，特制定本规程。

2. 范围

内镜使用所有医护人员及内镜工程师。

3. 定义

无。

4. 职责

所有内镜医护人员及内镜工程师严格执行此规程，进行消化内镜维修及报损相关工作。

5. 作业内容

5.1 当内窥镜发生故障时，停止使用，并送测漏清洗消毒，测漏发生漏水故障时，请保持在充气状态下清洗消毒。

5.2 使用科室必须及时通过设备管理系统或设备器材科值班电话报修，做好记录并生成任务单，通知相关工程师维修。报修人员尽量描述清楚设备所在位置、故障现象、紧急程度等。

5.3 工程师到现场检修，通过现场测试故障现象、紧急程度等。

5.4 通过检测进行分级，根据分级送厂家外修或院内工程师内修。

5.5 外修设备时，工程师应对取走设备人员及维修公司进行资质鉴定，并填写设备外修单，设备送还后，使用科室操作人员与工程师共同进行验收，工程师在每次维修后索取并保存相关记录。

5.6 经检修仍不能达到使用安全标准的，不得继续使用，并按照《医疗设备退役流程》进行处置。

5.7 设备的维修记录及报告由责任工程师从系统录入，必要时打印并存档。

5.8 维修后，遵循每周小查、每月大查的巡检机制。

6. 相关文件

《医疗设备退役流程》。

7. 使用表单

无。

8. 流程图

无。

9. 修订记录

无。

第十节　费森尤斯阿吉注射泵操作流程

名称：费森尤斯阿吉注射泵操作流程	编号：ST－OPE－0010	类别：操作流程	总页数：3
拟稿人：×××	审核人：×××		批准人：×××
发布部门：设备器材科	版本号：V1.0		生效日期：××××－××－××

1. 目的

为规范费森尤斯阿吉注射泵的操作使用，特制定本流程。

2. 范围

全院临床科室费森尤斯阿吉注射泵操作使用人员、设备器材科费森尤斯阿吉注射泵维护维修人员。

3.定义

注射泵通过微处理器对精密步进电机的准确控制，经机械传动装置产生平动推力，推动注射器芯杆进行注射。适用于需要长时间、均匀精确控制注射速度和监控注射过程的临床治疗。费森尤斯阿吉注射泵实物图如图3－5所示。

4.职责

费森尤斯阿吉注射泵操作使用及维护维修人员培训合格后，严格按照本流程使用该设备。

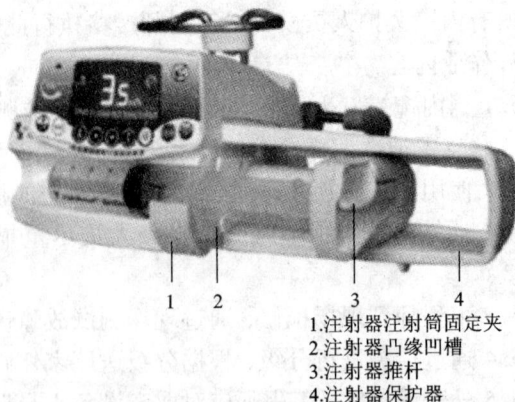

1.注射器注射筒固定夹
2.注射器凸缘凹槽
3.注射器推杆
4.注射器保护器

图3－5 费森尤斯阿吉注射泵

5.作业内容

5.1 开机。

5.1.1 检查费森尤斯阿吉注射泵表面是否有损坏痕迹。

5.1.2 连接电源线，电源线连接指示灯亮起。

5.1.3 按"开机"键(左侧第一个按键)打开注射泵。

(第一次使用注射泵，请仔细阅读完整的操作手册。)

5.2 注射器安装。

5.2.1 将注射器正确安装至注射泵，注射器外套卷边卡入注射泵固定凹槽，手指夹起夹持器，将推动器移至注射器芯杆按手处夹住芯杆，向上扣起注射器外套固定夹。

5.2.2 请确认安装的注射器需要与屏幕上显示的注射器品牌匹配或对应。按"OK"确认安装的注射器，按"C"改变注射器，通过上下键调节选择后确认。

5.3 预充。

5.3.1 连接注射泵延长管路。

5.3.2 确认管路末端没有连接到患者。

5.3.3 按"预充"键(左侧第二个按键)两次开始预充(一次短按＋按住不放)。

5.3.4 松开"预充"键以停止预充。

5.3.5 将管路连接至患者。

5.4 选择流速/开始。

5.4.1 通过上下键(屏幕下方四个蓝色按键)调节选择相应流速。

5.4.2 检查注射参数(注射器品牌、流速等)。

5.4.3 开始：按"确认"键(屏幕下方绿色按键)开始注射。

5.5 一次性快速推注(Bolus)

5.5.1 按"快推"键(同"预充"键)两次开始快推(一次短按＋按住不放)。

5.5.2 停止快推：松开快推键。

5.5.3 调整快推速率：按"快推"键直到速率开始闪烁，通过上下键调整速率(mL/h)并确认。

5.6 暂停。

5.6.1 按"Stop"键(右侧红色按键)：停止注射。

5.6.2 重新开始注射，按"确认"键。

5.6.3 暂停时间设置：按两次"Stop"键，选择暂停时段。

5.6.4 当到达暂停时段后，按"确认"键重新开始注射。

5.7 静音。

5.7.1 按"静音"键（右上方按键）以消除声音报警或提示。

5.7.2 预防静音：若想在没有报警声音的情况下更换注射器，按"Stop"键停止注射，按"静音"键并更换注射器。

5.8 阻塞报警阈值设置。

5.8.1 按"菜单"键（右侧第一个按键）进入功能设置菜单，通过上下键调节至压力设置界面。

5.8.2 按"确认"键，进入设置，通过上下键调节压力值。

5.8.3 再按"确认"键两次，即可完成设置。

5.8.4 按"菜单"键返回输液速率界面。

（按"菜单"键进入功能设置菜单还可查询已注射容量、电池电量、暂停、键盘锁等。关于功能菜单更详细的描述，请查询完整的操作手册。）

5.9 使用记录。

注射泵使用结束，登记记录设备使用情况。

5.10 清洁消毒。

注射泵使用结束，进行清洁消毒，不建议采用高浓度酒精擦拭，会加速设备外壳老化。

6.相关文件

《产品操作手册》。

7.使用表单

无。

8.流程图

无。

9.修订记录

无。

第十一节　贝朗 Perfusor Compact 注射泵操作流程

名称：贝朗 Perfusor Compact 注射泵操作流程	编号：ST－OPE－0011	类别：操作流程	总页数：3
拟稿人：×××	审核人：×××	批准人：×××	
发布部门：设备器材科	版本号：V1.0	生效日期：××××－××－××	

1.目的

为规范贝朗 Perfusor Compact 注射泵的操作使用，特制定本流程。

2. 范围

全院临床科室贝朗 Perfusor Compact 注射泵操作使用人员、设备器材科贝朗 Perfusor Compact 注射泵维护维修人员。

3. 定义

注射泵通过微处理器对精密步进电机的准确控制，经机械传动装置产生平动推力，推动注射器芯杆进行注射。适用于需要长时间、均匀精确控制注射速度和监控注射过程的临床治疗。贝朗 Perfusor Compact 如图 3-6 所示。

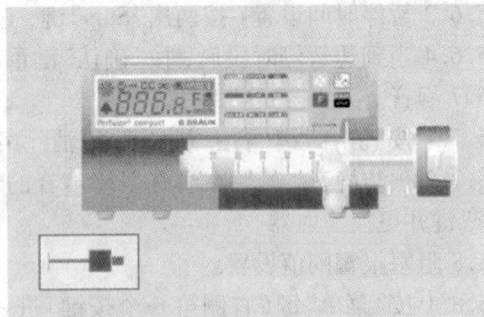

图 3-6　贝朗 Perfusor Compact 注射器

4. 职责

贝朗 Perfusor Compact 注射泵操作使用及维护维修人员培训合格后，严格按照本流程使用该设备。

5. 作业内容

5.1 注射器安装。

5.1.1 向上推动推杆锁，拉出推杆，向外拉出针筒夹，逆时针转动90°。

5.1.2 安装注射器，使推杆锁复位，针筒夹复位。

5.1.3 除贝朗原装 50 mL 注射器(OPS)以外，所有其他类型注射器均需要安装在后端的白色卡槽内。

5.2 开机。

5.2.1 检查贝朗 Perfusor Compact 注射泵表面是否有损坏痕迹。

5.2.2 连接电源线。

5.2.3 按"开机"键 打开注射泵。

5.2.4 自动识别注射器，显示 OPS/－××，按"F"键确认注射器。

(第一次使用注射泵，请仔细阅读完整的操作手册。)

5.3 排气。

5.3.1 连接注射泵延长管路。

5.3.2 确认管路末端没有连接到患者。

5.3.3 按"F"键不放，同时按住"1"键(BOL 键)开始排气。

5.3.4 同时松开以停止排气。

5.3.5 将管路连接至患者。

5.4 暂停。

5.4.1 暂停状态下，同时按"F"键和"8"键(STANDBY 键)，"暂停"设备，进行静脉穿刺。

5.4.2 按"F"键结束"暂停"。

5.5 设置流速/开始。

5.5.1 按"C"键，输入流速。

5.5.2 按"START/STOP"键运行(屏幕上显示风轮状光标转动)。

5.6 输液完成。

输液完成前 3 分钟，泵会自动"预报警"（使用标准贝朗注射器），提示准备好要更换的注射器，彻底完成输液时，会出现"完成报警"。

5.7 运行中修改速率。

运行状态下，按"C"键设置新流速，再按"F"键确认新数值，按新速率继续运行。

5.8 快推功能（Bolus）。

5.8.1 运行状态下，持续按住"F"键＋"1"键，快推运行。

5.8.2 松开"F"键＋"1"键，快推结束。

5.9 阻塞报警阈值设置。

5.9.1 "F"键，再按 ▄▄◀▍▶P 键，按"1"键或"2"键或"3"键将阻塞报警设置为"P1"挡或"P2"挡或"P3"挡。

5.9.2 再按"F"键确认。

5.10 静音。

按"消音"键 ⬜，可消除报警声音两分钟。

5.11 使用记录。

注射泵使用结束，登记记录设备使用情况。

5.12 清洁消毒。

温水或 75％ 酒精擦拭机身及泵门内，备用时置于通风干燥处。

5.13 电池保养。

5.13.1 定期更换干电池，以防电池漏液损坏电路板，电池推荐使用碱－锰干电池，不可使用镍镉可充电电池。

5.13.2 连接交流电情况下，仍需保证设备内装有干电池；电池电量显示剩余 1 格（共 4 格）时，需及时更换。先关机再取下电源，利于设备保养。

6. 相关文件

《产品操作手册》。

7. 使用表单

无。

8. 流程图

无。

9. 修订记录

无。

第十二节　史密斯双通道佳士比 F6 注射泵操作流程

名称：史密斯双通道佳士比 F6 注射泵操作流程		编号：ST－OPE－0012	类别：操作流程	总页数：3
拟稿人：×××		审核人：×××		批准人：×××
发布部门：设备器材科		版本号：V1.0		生效日期：××××－××－××

1. 目的

为规范史密斯双通道佳士比 F6 注射泵的操作使用，特制定本流程。

2. 范围

全院临床科室史密斯双通道佳士比 F6 注射泵操作使用人员、设备器材科史密斯双通道佳士比 F6 注射泵维护维修人员。

3. 定义

注射泵通过微处理器对精密步进电机的准确控制，经机械传动装置产生平动推力，推动注射器芯杆进行注射。适用于需要长时间、均匀精确控制注射速度和监控注射过程的临床治疗。佳士比 F6 注射泵实物图如图 3-7 所示。

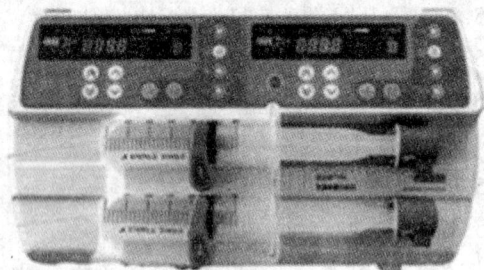

图 3-7　史密斯双通道佳士比 F6 注射泵

4. 职责

史密斯双通道佳士比 F6 注射泵操作使用及维护维修人员培训合格后，严格按照本流程使用该设备。

5. 作业内容

5.1 开机。

5.1.1 检查双通道佳士比 F6 注射泵表面是否有损坏痕迹。

5.1.2 连接电源线，电源线连接指示灯亮起。

5.1.3 按"电源"键（黑色按键）2 秒打开注射泵。

（第一次使用注射泵，请仔细阅读完整的操作手册。）

5.2 注射器安装。

5.2.1 注射器圈边要卡入圈边固定槽中，注射器推片要卡入推头槽中，并将压块压住注射器。安装完成后，设备左侧注射器形状处即会显示装入注射器尺寸（可用注射器尺寸有 10/20/30/50）。

5.2.2 注射器品牌选择："选择"键按三次，按 ∞ 或 ∞ 选择注射器品牌序号（见泵背面对照表），序号选定后按"启动键"（绿色按键）即可确认。

5.3 设置输液速率及预设输液量。

5.3.1 设置输液速率：注射泵开启时，显示屏显示 888.8，按"选择"键一次后，按 ∞ 或 ∞ 选择设置输液速率。

5.3.2 预设输液量：按下"选择"键，显示预设输液量，按 ∞ 或 ∞ 设置该数值。

5.4 排空输液管内空气。

5.4.1 注射器装夹完毕并且已设定好注射泵后，应排空输液管以排出管内所有的残余气体并消除泵装置中的机械间隙，然后才可连接到患者上。

5.4.2 请勿将输液管连接到患者上。

5.4.3 打开患者输液管的止液夹。

5.4.4 按下"快进"键。松开按键，再按住"快进"键。注射泵将输液速率提高到已装夹的注射器的最大速率，并沿着输液管输送液体。

5.4.5 当空气已被排出并且液体开始从输液管末端滴出,松开快进按键。

(排空量并不加入到输液总量中。)

5.5 开始输液。

5.5.1 设定注射泵,确保已排空输液管内的空气。

5.5.2 将输液管连接到患者上,松开输液管的止液夹。

5.5.3 按下"开始"键(绿色按键)。

5.5.4 LED 显示屏快速显示装夹注射器的代码,例如" – 03 – ",然后输液开始进行。

5.6 结束输液。

按"停止"键(橙色按键)停止注射。

5.7 更改输液速率。

5.7.1 输液进行时,LED 显示屏上将显示输液速率,要更改输液速率必须先让注射泵停止。

5.7.2 如果正在输液,请按下"停止"键。

5.7.3 使用⁓⁓或⁓⁓来调节速率,直到 LED 显示指定的输液速率。

5.7.4 按下"开始"键,重新开始以新的速率进行输液。

5.8 输注丸剂量。

5.8.1 可在输液室输注丸剂量,作为丸剂量输液的剂量将加入到输液总量中。

5.8.2 丸剂量速率取决于装夹的注射器:

50 mL 注射器,1200 mL/h

30 mL 注射器,600 mL/h

20 mL 注射器,399.9 mL/h

5.8.3 同时按住快进键和总量键。

5.8.4 LED 将显示总毫升,当正在输液时,将不断累计显示丸剂量。

5.8.5 要结束丸剂量,请松开两个按键。这时将按照之前设定的速率继续输液。

5.8.6 按下总量,即可查看此次输液的总量,包括丸剂量。

5.9 阻塞报警阈值设置。

5.9.1 按"选择"键两次,LED 显示屏上出现"OCCL"。

5.9.2 按⁓⁓或⁓⁓可选高(H)、中(C)、低(L)限压值。

5.9.3 无论按选择键几次,一旦按启动键,最后一次设置的数据被锁定,并进入工作状态。

5.10 静音。

5.10.1 按下"声音暂停"键,报警声音暂停 2 分钟。

5.10.2 按"停止"键,解除报警。

5.10.3 当双通道中有一通道暂不使用,可按"暂停"键永久消除重复遗忘操作报警声。

5.11 使用记录

注射泵使用结束,记录设备使用情况。

5.12 清洁消毒

注射泵使用结束,进行清洁消毒。不建议采用高浓度酒精擦拭,会加速设备外壳老化。

6. 相关文件

《产品操作手册》。

7. 使用表单

无。

8. 流程图

无。

9. 修订记录

无。

第十三节 费森尤斯优普输液泵操作流程

名称：费森尤斯优普输液泵操作流程		编号：ST-OPE-0013	类别：操作流程	总页数：3
拟稿人：×××	审核人：×××		批准人：×××	
发布部门：设备器材科	版本号：V1.0		生效日期：××××-××-××	

1. 目的

为规范费森尤斯优普输液泵的操作使用，特制定本流程。

2. 范围

全院临床科室费森尤斯优普输液泵操作使用人员、设备器材科费森尤斯优普输液泵维护维修人员。

3. 定义

输液泵是一种能够准确控制输液滴数或输液流速，保证药物能够速度均匀、药量准确并且安全地进入病人体内发挥作用的一种仪器。输液泵通常是机械或电子的控制装置，它通过作用于输液导管达到控制输液速度的目的。费森尤斯优普输液泵如图3-8所示。

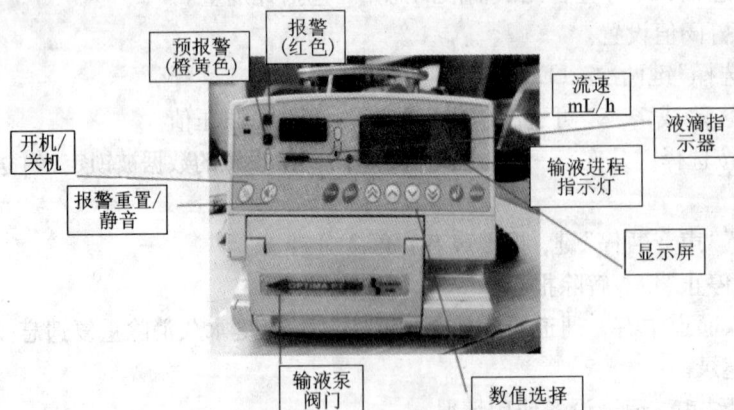

图3-8 费森尤斯优普输液泵

4. 职责

费森尤斯优普输液泵操作使用及维护维修人员培训合格后，严格按照本流程使用该设备。

5. 作业内容

5.1 开机。

5.1.1 检查费森尤斯优普输液泵表面是否有损坏痕迹。

5.1.2 连接电源线，电源线连接指示灯亮起。

5.1.3 按"开机"键⊗打开输液泵。

（第一次使用输液泵，请仔细阅读完整的操作手册。）

5.2 输液管路安装。

5.2.1 打开输液泵泵门。

5.2.2 向上提起输液管路夹，插入输液管路。

5.2.3 将管路插入左侧端口内，并使输液管在泵膜表面绷直。

5.2.4 将管路插入右侧端口内。

5.2.5 将管路弯成环状插入空气气泡探测器（位于输液泵左边侧面）内。

5.2.6 关闭泵门。

5.2.7 按下"确认"键❶，输液泵进入自检程序。

5.3 输液参数设定/开始。

5.3.1 自检结束，输液泵进入输液参数设定界面。

5.3.2 通过"确认"键❶，可选择输液容量/时间/流速。

5.3.3 选择项目后，通过上下键◯◯◯或◯◯◯，进行调解。

5.3.4 检查装置和输液管安装，打开水止检查有无渗漏。

5.3.5 按"START"键启动输液：绿色指示灯代表输液正在进行，当前输液流速在输液泵左侧屏幕显示。

5.4 一次性快速推注（Bolus）。

5.4.1 按"MODE"键进入输液泵功能设置菜单，找到"Bolus"选项（如按"MODE"键一次屏幕上没有显示该选项，则多按"MODE"键几次，直至找到）。通过◯◯◯键选中"Bolus"选项，按下"确认"键❶，进入 Bolus 设置界面。

5.4.2 利用"确认"键❶和上下键◯◯◯或◯◯◯，进行设置。

5.4.3 设置完成后，按"START"键，输液泵以当前设置的参数进行一次性快速推注。输液泵左侧显示当前 Bolus 状态下流速数值，右侧显示 Bolus 设置界面。

5.4.4 Bolus 推注完毕，按下"STOP"键，停止输液。输液泵左侧显示回到 Bolus 设置前的流速，右侧显示回到之前设置的输液参数界面。

5.5 输液停止。

按下"STOP"键，停止输液（2 分钟后报警声响）。

5.6 阻塞报警阈值设置。

5.6.1 按"MODE"键进入输液泵功能设置菜单，找到"Pressure"选项（如按"MODE"键一次屏幕上没有显示该选项，则多按"MODE"键几次，直至找到）。通过◯◯◯键选中"Pressure"选项，按下"确认"键❶，进入 Pressure 设置界面。

5.6.2 按"确认"键❶，选择屏幕右上方压力数值，利用◯◯◯或◯◯◯调解阻塞报警阈值。

5.6.3 设置完成后，按"MODE"键返回。

5.7 静音。

按"静音"键(左侧第二个按键)以消除声音报警或提示。

5.8 使用记录。

注射泵使用结束，记录设备使用情况。

5.9 清洁消毒。

注射泵使用结束，进行清洁消毒。不建议采用高浓度酒精擦拭，会加速设备外壳老化。

6. 相关文件

《产品操作手册》。

7. 使用表单

无。

8. 流程图

无。

9. 修订记录

无。

第十四节　贝朗容积输液泵操作流程

名称：贝朗容积输液泵操作流程		编号：ST－OPE－0014	类别：操作流程	总页数：2
拟稿人：×××	审核人：×××		批准人：×××	
发布部门：设备器材科	版本号：V1.0		生效日期：××××－××－××	

1. 目的

为规范贝朗容积输液泵的操作使用，特制定本流程。

2. 范围

全院临床科室贝朗容积输液泵操作使用人员、设备器材科贝朗容积输液泵维护维修人员。

3. 定义

输液泵是一种能够准确控制输液滴数或输液流速，保证药物能够速度均匀、药量准确并且安全地进入病人体内发挥作用的一种仪器。输液泵通常是机械或电子的控制装置，它通过作用于输液导管达到控制输液速度的目的。贝朗容积输液泵如图3－9所示。

图3－9　贝朗容积输液泵

4. 职责

贝朗容积输液泵操作使用及维护维修人员培训合格后，严格按照本流程使用该设备。

5. 作业内容

5.1 开机。

5.1.1 检查贝朗容积输液泵表面是否有损坏痕迹。

5.1.2 连接电源线，电源线连接指示灯亮起。

5.1.3 按"电源" 🔲 键打开输液泵。

（第一次使用输液泵，请仔细阅读完整的操作手册。）

5.2 输液管路安装。

5.2.1 按下泵门开关，打开输液泵泵门。

5.2.2 按下止流夹释放钮，自上而下将输液管路安装至输液器卡槽、蠕动区及空气感应区。

5.2.3 关闭泵门。

5.3 输液参数设定/开始。

5.3.1 自检结束，按"YES"键确认。

5.3.2 按"VOL"键输入输液总量，按屏幕上显示的向下键确认。

5.3.3 输入输液速率。

5.3.4 检查装置和输液管安装。

5.3.5 按"START"键启动输液：屏幕上显示"→ →"光标。

5.4 快推功能（Bolus）

5.4.1 手动快推：

➢ 运行状态下，按"BOL"键，屏幕出现另外"BOL"键，同时按下两个"BOL"键不放，快推运行。

5.4.2 自动快推：

➢ 运行状态下，按"BOL"键，直接输入预置 Bolus 量，按"YES"键确认，快推运行。如需中断 Bolus，按屏幕上提示的"STOP"键，Bolus 停止。

5.5 运行中修改速率。

➢ 运行中，直接于面板上设置新速率，再按"RATE"键，确认新数值，输液泵按新速率继续运行。

5.6 阻塞报警阈值设置。

5.6.1 反复按屏幕上"SF"下方键，直到屏幕显示"occlusion pressure"。

5.6.2 按压"－"或"＋"下方键，设置为 LOW 挡或 HICH 挡。

5.6.3 按下"END"下方键退出阻塞报警设置界面。

5.7 静音。

按"消音"键 🔲，可消除报警声音 2 分钟。

5.8 使用记录。

注射泵使用结束，记录设备使用情况。

5.9 清洁消毒。

用温水或 75% 酒精擦拭机身及泵门内，备用时置于通风干燥处。

5.10 电池保养。

充电 16 小时以上，每次彻底放电后再为电池充电，可延长电池的使用寿命。

6. 相关文件

《产品操作手册》。

7. 使用表单

无。

8. 流程图

无。

9. 修订记录

无。

第十五节　GE Aespire View 麻醉机操作流程

名称：GE Aespire View 麻醉机操作流程		编号：ST – OPE – 0015	类别：操作流程	总页数：5
拟稿人：×× ×	审核人：×× ×		批准人：×× ×	
发布部门：设备器材科	版本号：V1.0		生效日期：×× ×× – ×× – ××	

1. 目的

为规范 GE Aespire View 麻醉机的操作使用，特制定本流程。

2. 范围

麻醉科 GE Aespire View 麻醉机操作使用人员、设备器材科 GE Aespire View 麻醉机维护维修人员。

3. 定义

麻醉机的主要功能是通过机械回路给患者吸入适量麻醉混合气体，起到全身麻醉或者局部麻醉的效果，同时提供一定比例的氧气保证患者正常呼吸，它是医院各种手术及急救中必不可少的医疗设备。GE Aespire View 麻醉机图示如图 3 – 10 所示。

4. 职责

GE Aespire View 麻醉机操作使用及维护维修人员培训合格后，严格按照本流程使用该设备。

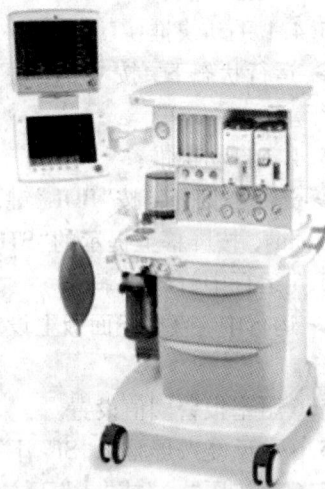

图 3 – 10　GE Aespire View 麻醉机

5. 作业内容

5.1 操作前校验。

5.1.1 每天第一位患者使用之前。

➤ 检测所需急救设备已备妥且状况良好。

➤ 检测设备无损且部件连接正确。

➤ 检查管道气源供给已连接。如装有气瓶，检查是否有充足的余量，且气瓶阀门已关闭。

➤ 检查系统吸引器的连接。

➤ 连接净化系统并确认运转。

➢ 检测蒸发罐的安装：

确认每个蒸发罐的顶部呈水平状态（不弯曲）。

确认每个蒸发罐已经锁好不可取下。

确保报警和指示器可正常正确操作（Tec 6Plus 蒸发罐）。

确认不能同时打开两个或多个蒸发罐。

确认足量填充蒸发罐。

➢ 检查呼吸回路已经正确连接，无损坏，且呼吸系统的吸收罐内有充足的吸收剂。

➢ 将系统开关转到"开"。

➢ 检查系统时钟显示为正确的时间。如有需要，设置为正确的时间。

➢ 检查有足够的储备氧气供给可以使用。

➢ 进行以下各项测试：

管道供给与气瓶供给测试。

流量控制测试。

低压漏气测试。

蒸发罐背压测试。

报警测试。

呼吸系统测试。

监护仪和呼吸机测试。

➢ 关闭系统电路开关，检查系统在电池供电运行时机械通气持续情况。完成检查后，打开系统开关。当连接到交流电电源时，主电源指示器亮起。

➢ 为病例设置恰当的控制参数和报警限制。

5.1.2 每位患者使用之前。

➢ 检测所需急救设备已备妥且状况良好。

➢ 检测蒸发罐的安装：

确认每个蒸发罐的顶部呈水平状态（不弯曲）。

确认每个蒸发罐已经锁好不可取下。

确保报警和指示器可正确操作（Tec 6Plus 蒸发罐）。

确认不能同时打开两个或多个蒸发罐。

确认足量填充蒸发罐。

➢ 检查是否有足够的储备氧气供应。

➢ 检查呼吸回路已经正确连接，无损坏，且呼吸系统的吸收罐内有充足的吸收剂。

➢ 进行呼吸系统测试。

➢ 为病例设置恰当的控制参数和报警限制。

5.2 启动系统。

5.2.1 将电源线插入电源插座。确保系统电路开关开启。

➢ 显示器上的主电源指示灯亮起。

➢ 如电池充电不足，则处于充电状态。

5.2.2 检查呼吸系统是否连接正确。

➢ 切勿在右边（吸气）端口堵塞的情况下打开系统。

5.2.3 将系统开关转到"开"。

➤ 显示屏显示屏幕接通电源。

➤ 系统自动进行一系列自检。

➤ 状态栏上显示进度。

5.2.4 在每个病例前执行操作前校验，参考。

5.3 开始手动通气。

5.3.1 连接手动呼吸回路。

5.3.2 确认可调压力限制(APL)阀设为临床合适的数值。

5.3.3 将"皮囊/呼吸机"开关拨到"皮囊"。

5.4 开始机械通气。

5.4.1 开始通气之前，确认患者呼吸回路正确组装，通气参数设备符合临床要求，预设报警限值适合患者。

5.4.2 将"ACGO"开关拨至循环回路位置。

5.4.3 设置"皮囊/呼吸机"转换开关。

➤ 如果"皮囊/呼吸机"开关在"呼吸机"位置，拨至"皮囊"位置然后拨回"呼吸机"位置，启动机械通气。

➤ 如果"皮囊/呼吸机"开关设为"皮囊"，移到"呼吸机"位置，启动机械通气。

5.4.4 如果需要，按"快速冲氧"键填充风箱。

5.5 结束病例。

5.5.1 将"皮囊/呼吸机"开关拨到"皮囊"。

5.5.2 按"结束病例"键，将该系统置于待机模式。

5.5.3 完全地顺时针转动所有流量控制旋钮到最小流量。

5.6 关闭系统。

5.6.1 进行"结束病例"程序(如适用)。

5.6.2 确认蒸发罐位是在关闭位置。

5.6.3 将系统开关转到"待机"。

5.6.4 将开关拨至(可选择)关闭位置。

5.6.5 断开或关闭所有的清污系统。

5.7 呼吸机设置。

5.7.1 更改呼吸机模式。

➤ 按菜单键。

➤ 从"通气模式"选择"主菜单"。

所有可选的通气模式显示在菜单右侧。

➤ 使用 ComWheel 旋压键点亮所需的通气设置。

➤ 按 ComWheel 旋压键确认设置并激活通气模式。

在通气模式中经常使用的控制参数，可以通过呼吸机快捷键进行调整。

5.7.2 更改呼吸机设置参数。

➤ 按菜单键。

➤ 从"设置/校准"选择"主菜单"。

➢ 选择"更多呼吸机设置"。

➢ 选择所需的呼吸机设置参数。使用 ComWheel 旋压键设置所需的数值。

➢ 按 ComWheel 旋压键确认设置。

➢ 更改所有设置后，选择"转到设置/校准菜单"返回"主菜单"，或按菜单键返回正常屏幕。

5.8 报警设置。

5.8.1 设置 MV/TV 报警。

使用容量报警开/关键，打开及关闭 MV/TV 报警。当报警关闭时，一个 X 覆盖显示的报警限值。当持续关注患者时，使用这个控制键。

5.8.2 设报警限值。

➢ 按菜单键。

➢ 从"报警设置"选择"主菜单"。

使用 ComWheel 旋压键选择所需的报警限值或漏气声音功能。

➢ 如果更改一个报警限值，不是选择下限(左边的值)就是上限(右边的值)。

➢ 通过转动 ComWheel 旋压键改变数值。

➢ 按 ComWheel 旋压键确认设置。

选择"转到主菜单"返回"主菜单"，或按菜单键返回正常屏幕。

5.9 呼吸环。

5.9.1 设备呼吸环类型。

➢ 按菜单键。

➢ 从"肺量计呼吸环"选择"主菜单"。

➢ 选择"呼吸环类型"。

使用 ComWheel 旋压键选择所需的呼吸环类型。

➢ 按 ComWheel 旋压键确认设置。

选择"转到主菜单"或按菜单键返回正常屏幕。

5.9.2 保存、查看及删除肺量计呼吸环。

➢ 按菜单键。

➢ 从"肺量计呼吸环"选择"主菜单"。

使用 ComWheel 旋压键选择所需的动作。

将呼吸环存在内存中，选择"储存呼吸环"。

查看已储存的呼吸环，将"显示参考环"设为储存呼吸环的时间。

要删除已储存的呼吸环，将"删除参考环"设为储存呼吸环的时间。

➢ 按 ComWheel 旋压键确认设置。

确认"显示参考环"后，"肺量计呼吸环"菜单将自动关闭，出现正常屏幕并显示参考呼吸环。

选择"转到主菜单"或按菜单键返回正常屏幕。

5.10 使用记录。

麻醉机使用结束，登记记录设备使用情况。

5.11 流量传感器清洁消毒。

5.11.1 每次手术后将流量传感器从模块上取下。

5.11.2 用 CIDEX 溶液进行浸泡消毒。

5.11.3 再用蒸馏水浸泡，浸泡时请保持连接器的干燥。

5.11.4 浸泡完成后用氧气将残余液体吹干，氧气压力不可过大，流速不可过快。

5.11.5 干燥后将流量传感器装回机器上。

6. 相关文件

《产品操作手册》。

7. 使用表单

无。

8. 流程图

无。

9. 修订记录

无。

第十六节　迈瑞 iPM 系列监护仪操作流程

名称：迈瑞 iPM 系列监护仪操作流程		编号：ST - OPE - 0016	类别：操作流程	总页数：5
拟稿人：×××	审核人：×××		批准人：×××	
发布部门：设备器材科	版本号：V1.0		生效日期：××××-××-××	

1. 目的

为规范迈瑞 iPM 系列监护仪的操作使用，特制定本流程。

2. 范围

全院临床科室迈瑞 iPM 系列监护仪操作使用人员、设备器材科迈瑞 iPM 系列监护仪维护维修人员。

3. 定义

监护仪可实时了解患者的生命状态，并根据病人的危急程度进行及时报警，是危重患者救治所必需的仪器。迈瑞 iPM12 监护仪如图 3 - 11 所示。

4. 职责

迈瑞 iPM 系列监护仪操作使用及维护维修人员培训合格后，严格按照本流程使用该设备。

5. 作业内容

5.1 开机。

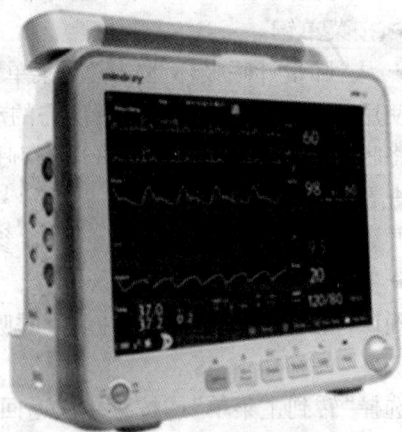

图 3 - 11　迈瑞 iPM12 监护仪

5.1.1 开机之前，检查监护仪和模块等是否有机械损坏，外部电缆和配附件有无损害。

5.1.2 将电源线插入到交流电源插座中。如果使用电池供电，应确保电池中还有足够的电量。

5.1.3 按下左下方电源开关，屏幕显示开机画面，报警灯分别呈黄色点亮，之后报警灯会再由黄色变为红色，在系统发出"嘟"的一声后变灭。

5.1.4 开机画面消失，进入主界面。

5.2 ECG 监测。

5.2.1 皮肤准备：剔除电极安放处体毛，轻轻摩擦电极安放处的皮肤，以去除死去的皮肤细胞，用肥皂水彻底清洗皮肤(不可使用乙醚或纯酒精，这会增加皮肤的阻抗)，安放电极前让皮肤完全干燥。

5.2.2 在电极安放前先安上夹子或按扣。

5.2.3 将电极放到患者身上。

5.2.4 将导联线和心电主电缆连接，然后将主电缆与 ECG 接口连接。

5.2.5 选择导联：

选择 ECG 参数区或波形区，打开【ECG 设置】→【其他设置＞＞】菜单。

根据所采用的导联将【导联类型】设置为【3 导联】【5 导联】【12 导联】或【自动】。

选择【主菜单】→【维护＞＞】→【用户维护＞＞】→输入用户维护密码。

选择【其他设置＞＞】，然后将【ECG 标准】选择为【AHA】或【IEC】。

5.2.6 安装电极(以美国为例)：

➢ 3 导联：

RA：安放在锁骨下，靠近右肩；LA：安放在锁骨下，靠近左肩；RL：安放在右下腹；LL：安放在左下腹。

➢ 5 导联：

RA：安放在锁骨下，靠近右肩；LA：安放在锁骨下，靠近左肩；RL：安放在右下腹；LL：安放在左下腹；V：安放在胸壁上。

5.2.7 检查起搏状态：

【起搏】选择为【是】时在 ECG 波形区显示图标 。系统检测到起搏信号时，会在 ECG 波形基线位置标记"|"符号，符号颜色与波形颜色不同。【起搏】选择为【否】或未进行设置时，则在 ECG 波形区显示图标 。

➢ 对起搏患者，必须将【起搏】选择为【是】。

➢ 选择病人信息区，或选择【主菜单】→【病人管理】→【病人信息】，或选择 ECG 参数区或波形区→【其他设置＞＞】。

➢ 在弹出的菜单中将【起搏】设置为【是】。

➢ 对非起搏患者，应将【起搏】选择为【否】。

5.3 Resp 监测。

5.3.1 打开 Resp 测量：打开【Resp 设置】菜单，选择【打开阻抗呼吸测量】。

5.3.2 选择呼吸导联：在【Resp 设置】菜单中，可将【呼吸导联】设置为【Ⅰ】【Ⅱ】或者【自动】。

5.3.3 设置 RR 来源：在【Resp 设置】菜单中选择【RR 来源】，然后在弹出的列表中选择一个来源或【自动】。

5.3.4 设置报警属性：在【Resp 设置】菜单中选择【报警设置＞＞】，在弹出的【报警设置】菜单中，可以设置该参数的报警属性。

5.3.5 关闭 Resp 测量：打开【Resp 设置】菜单，选择【关闭阻抗呼吸测量】，并在弹出的对话框中选择【是】。这时，Resp 波形区显示直线，参数区没有参数值显示，显示提示信息"测量关闭"。

5.4 SpO_2 监测。

5.4.1 根据模块类型、病人类型和患者体重选择合适的 SpO_2 传感器。

5.4.2 清洁可重复使用传感器的表面。

5.4.3 清洁测量部位，如带色的指甲油。

5.4.4 按照 SpO_2 传感器的使用指南将 SpO_2 传感器安放在患者身上。

5.4.5 根据模块的 SpO_2 接口类型选择延长电缆并将延长电缆与 SpO_2 接口相连。

5.4.6 将 SpO_2 传感器与延长电缆连接。

5.4.7 打开 SpO_2 菜单：选择 SpO_2 参数区或波形区，打开【SpO_2 设置】菜单。

5.4.8 设置低饱和度极限：在【SpO_2 设置】菜单中选择【报警设置＞＞】，在弹出的菜单中，可以设置【Desat】的报警开关、报警低限、记录开关。当 SpO_2 的测量值低于设定的值，并且报警为开时，触发高级生理报警，提示【SpO_2 低饱和度极限】。

5.5 NIBP 监测。

5.5.1 测量准备。

➢ 确认患者类型，若不符合，则进行更改。

➢ 将充气管与监护仪上的血压袖套接口连接。

➢ 选择袖套，确认袖套已经完全放气，然后捆绑在患者上臂或大腿上。

➢ 将袖套与充气管连接，避免挤压导气管，保证充气管的畅通、无缠结。

5.5.2 启动/停止测量。

➢ 可以使用屏幕上的【NIBP 测量】热键，然后在弹出的【NIBP 测量】菜单中快速启动所需的 NIBP 测量。

➢ 可以使用屏幕上的【停止全部】热键来停止所有模式的 NIBP 测量。

➢ 也可以使用监护仪面板上的 █ 按键来启动或停止测量。

5.5.3 自动测量。

➢ 选择 NIBP 参数区，打开【NIBP 设置】菜单。

➢ 将【间隔时间】设置为除【手动】外的其他选项。

➢ 手动启动第一次测量，测量结束后，监护仪将按照设定的时间自动地、重复地启动测量。

或者：

➢ 选择【NIBP 测量】热键 █ 。

➢ 选择一个合适的时间间隔。

➢ 手动启动第一次测量。测量结束后，监护仪将按照设定的时间自动地、重复地启动测量。

5.5.4 连续测量（启动连续测量后，测量的时间将持续 5 分钟）。

➢ 选择 NIBP 参数区，打开【NIBP 设置】菜单。

➢ 选择【连续测量】。

或者：

➢ 选择【NIBP 测量】热键█。

➢ 选择【连续测量】。

5.5.5 序列测量。

设置序列测量：

➢ 选择 NIBP 参数区，打开【NIBP 设置】菜单。

➢ 选择【序列测量设置＞＞】

➢ 设置每个周期里的【测量时间】和【间隔时间】启动序列测量。

➢ 选择 NIBP 参数区，打开【NIBP 设置】菜单。

➢ 设置【间隔时间】为【序列】。

➢ 选择【启动测量】，或在主界面选择【NIBP 测量】热键。

5.6 设置 NIBP。

➢ 设置初始充气压力：打开【NIBP 设置】菜单，在【初始充气压力】中选择适合的袖带压力值。

➢ 设置报警属性：在【NIBP 设置】菜单中选择【报警设置＞＞】，在弹出的【报警设置】菜单中，可以设置该参数的报警属性。

➢ 显示 NIBP 列表：选择【界面布局】热键，在【界面设置】窗口可以设置在需要的位置显示【NIBP 列表】。在该位置就会显示最近的多组测量结果。

5.7 使用记录。

监护仪使用结束，记录设备使用情况。

5.8 清洁消毒。

5.8.1 可供选用的清洁剂有：次氯乙酸（洗涤用漂白粉）、双氧水（3%）、乙醇（70%）、异丙醇（70%）。

5.8.2 关闭电源，并断开电源线及其他连接线，并取下电池。

5.8.3 进行清洁前，先用一块无绒软布蘸取清水将显示屏和监护仪表面擦拭干净。

5.8.4 使用软布吸附适量的清洁剂擦拭显示屏。

5.8.5 使用软布吸附适量的清洁剂擦拭设备的表面。

5.8.6 必要时，使用干布擦去多余的清洁剂。

5.8.7 将设备放置在通风阴凉的环境下风干。

5.8.8 进行清洁时需用软布蘸取清洁剂，不可直接将清洁剂倒在设备上。不要让液体进入设备的外壳。清洁显示屏时一定要小心，注意不要划伤显示屏。清洁插座或参数接口时，仔细清洁连接器周围不要让液体进入连接器。

6. 相关文件

《产品操作手册》。

7. 使用表单

无。

8. 流程图

无。

9. 修订记录

无。

第十七节　医用气体系统人员岗位职责操作流程

名称：医用气体系统人员岗位职责操作流程	编号：ST-OPE-0017	类别：操作流程	总页数：2
拟稿人：×××	审核人：×××		批准人：×××
发布部门：设备器材科	版本号：V1.0		生效日期：××××-××-××

1. 目的

明确医用气体使用过程各类人员的基本要求和岗位职责。

2. 范围

全院。

3. 定义

无。

4. 职责

医用气体系统人员应了解作业内容中相关职责。

5. 作业内容

5.1 基本要求。

5.1.1 医用气体从业人员应经过安全技术、操作和维修等岗位的学习，并根据其职责进行相应的培训和考核，分别取得压力容器安全管理人员证书和压力容器操作人员证书后方能上岗。

5.1.2 医用气体从业人员应经过消防安全的培训，熟练掌握防火和灭火的基本技能。

5.1.3 医用气体从业人员应熟练掌握医用气体设备和系统的工作原理和特点，具有安全意识和紧急处理能力。

5.1.4 医用气体运行操作人员应定期接受医用气体专业应急操作培训，熟练掌握应急方法（特别是应急汇流排或瓶装气体的使用），经考核合格后方可上岗。

5.1.5 医用气体运行操作人员应采用24时值班制度。

5.2 医用气体系统运行操作人员职责。

5.2.1 严格遵守有关的各项规章制度，对本岗位的安全负责。

5.2.2 熟练掌握医用气体设备及系统的工作原理和维护保养流程。

5.2.3 严格执行操作规程，正确维护和操作设备，正确使用维修工具、防护用具和消防器材。

5.2.4 按照巡视流程定期进行巡视检查，发现异常时应按照事故处理流程进行处理，并做好记录。

5.2.5 按计划完成设备维护、保养工作，做好设备维护记录。

5.2.6 按照交接班制度进行交接班，详细填写交接班记录。

5.2.7 发现故障和隐患及时排除，并做好记录。

5.2.8 接受设备维护、保养、使用等安全知识的培训。

5.2.9 着工作装上岗，保持工作环境整洁。

5.3 气瓶运送人员职责。

5.3.1 熟练掌握医用气体安全知识和气体配送工作流程。

5.3.2 按气瓶配送流程运送气体，并做好安全检查。

5.3.3 按照规范要求分类、分区存放各类气瓶，标识明确清晰，并按要求定时巡查。

5.3.4 熟练掌握瓶装气瓶的使用方法，并能指导临床使用人员正确使用及应急处理。

5.3.5 气瓶发生突发故障应立即到达现场进行处理。

5.3.6 着工作装上岗，保持工作环境整洁。

5.3.7 医用气体运送人员应采用 24 时值班制度。

5.4 科室医用气体使用人员职责。

5.4.1 熟练掌握气瓶安全使用知识和本部门的气体使用情况。

5.4.2 正确使用医用气体插头和附件，正确操作瓶装气体。

5.4.3 接受安全和消防知识培训，能正确使用消防器具。

5.4.4 对本部门医用气体进行检查，发现故障和隐患及时通知医用气体管理部门。

5.4.5 发生紧急情况时，应立即采取应急措施，并即刻通知医用气体管理部门。

6. 相关文件

《特种设备安全法》；

《特种设备安全监察条例》；

《医院医用气体系统运行管理》；

《医用气体工程技术规范》。

7. 使用表单

无。

8. 流程图

无。

9. 修订记录

无。

第十八节 高压氧舱操作流程

名称：高压氧舱操作流程		编号：ST－OPE－0018	类别：操作流程		总页数：5
拟稿人：×××		审核人：×××		批准人：×××	
发布部门：设备器材科		版本号：V1.0		生效日期：××××－××－××	

1. 目的

为规范高压氧舱的操作使用，特制定本流程。

2. 范围

临床科室高压氧舱操作使用人员、设备器材科高压氧舱维护维修人员。

3. 定义

高压氧舱内有为各种缺氧症患者提供治疗的设备，舱体密闭圆通，通过管道及控制系统将纯氧或净化压缩空气输入。舱外医生通过观察窗和对讲器可与患者联系。高压氧舱可分为空气加压氧舱和纯氧舱。

4. 职责

高压氧舱操作使用及维护维修人员培训合格后，严格按照本流程使用该设备。

5. 作业内容

5.1 告知患者进舱须知。

5.1.1 发热、感冒、鼻塞、出血倾向等不能进舱。

5.1.2 患者必须经高压氧科室医生检诊同意，确认高压氧治疗适应证并持卡登记后，方可进舱。

5.1.3 进舱前应排空大、小便，更衣换鞋，不得穿着化纤衣物进舱。

5.1.4 严禁带入火种及其他易燃易爆物品。

5.1.5 不得带入钢笔、手表、提包、移动电话等杂物。

5.1.6 首次进舱人员必须由氧舱医生指导其掌握耳咽管调压动作，如捏鼻子鼓气、吞咽、咀嚼等。

5.2 空气加压氧舱操作。

5.2.1 加压前准备

➢ 检查压缩空气贮量。

➢ 检查氧气储量。

➢ 打开电源开关，检查控制台仪器仪表是否完好，各信号指示是否正常。

➢ 检查舱门、递物筒、观察窗玻璃和舱内所有装置。

➢ 检查氧舱空调是否正常，并调节设定舱温。

➢ 检查进舱人员的着装和携带物品等。

➢ 指导进舱人员掌握咽鼓管的启开，介绍面罩、与舱外的联络方式、应急呼叫装置、吸引器、应急泄压阀、舱内灭火器等装置的使用。

➢ 多人舱必须 2 人同时操舱。

5.2.2 加压。

➢ 用对讲机装置通知舱内人员做好加压准备，打开气源，打开进气阀，缓慢加压。

➢ 升压速率在 0.03MPa 以下时宜缓慢加压，以适应舱内人员咽鼓管的调压。

➢ 不断督促舱内人员做耳咽管调压动作。如有耳痛等不适时，应降低升压速度，甚至暂停加压，待感觉好转后方可继续加压。

➢ 注意舱内温度变化，打开通风机，必要时打开舱室制冷系统。

5.2.3 稳压

➢ 关闭进气阀，打开氧气阀，通知舱内病人开始吸氧，同时打开排氧调节阀，按吸氧人数及舱压控制排氧流量。

➢ 保持舱压稳定，如有升高或降低时，应及时排气或补气。

➤ 舱内空气中氧气浓度必须严格控制在 23% 以下，超过规定值时应及时通风换气。

➤ 根据治疗方案，掌握吸氧时间及中间休息时间。当吸氧时间结束后，应及时关闭氧气阀门，并通知病人取下吸氧面罩。

➤ 时刻监听、监视舱内情况，如有特殊情况，及时报告。

5.2.4 减压。

➤ 通知舱内病人做好有关准备，而后开始减压。严格按照规定的减压方案执行。

➤ 注意舱内温度的变化。如舱温低于 18℃ 时，应打开加热装置。

➤ 随时注意舱内病人的感觉，如有不良反应时，应立即停止减压，并报告值班医生。

➤ 认真填写操舱记录。

5.2.5 出舱后的清理。

➤ 检查舱内各种装置是否完好，清理舱内各种物品，打扫舱内卫生，并进行消毒处理。

➤ 关闭压缩空气和氧气气源，排除系统内剩余压力，关闭进气阀和排气阀。

➤ 关闭照明、监测、监控系统电源，关闭控制台总电源开关。

➤ 打开递物筒门和氧舱门，使橡胶密封圈处于松弛状态。

5.2.6 递物筒操作程序。

➤ 舱内向舱外传递物品：

由舱外工作人员确认递物筒外盖及平衡阀均已紧锁关闭。

通知舱内人员打开递物筒内盖上的平衡阀，向递物筒加压。当递物筒内压与舱压平衡后，即可打开递物筒内盖，放入需送出的物品，然后关闭锁紧内盖和内盖上的平衡阀，并通知舱外人员内盖已关闭。

舱外工作人员打开外盖上的平衡阀排气，当递物筒内压与舱外环境压力平衡后，即可打开递物筒外盖，取出物品。

关闭外盖及平衡阀。

➤ 舱外向舱内传递物品：

通知舱内人员关好递物筒内盖及平衡阀，并确认已经锁紧。

舱外人员打开递物筒外盖上的平衡阀排气。当递物筒内压与舱外环境压力达到平衡时，打开递物筒外盖，放入传递物品，然后关闭锁紧外盖及平衡阀，并通知舱内人员外盖已关闭。

舱内人员打开内盖上的平衡阀向递物筒内加压，当压力平衡后，即可打开内盖，取出物品。

关闭内盖及平衡阀。

5.3 纯氧舱操作。

5.3.1 加压前准备。

➤ 检查氧舱设备和电器系统是否处于良好状态，不带故障使用。

➤ 检查氧气气源，应备好足够的氧气贮量。检查氧气减压器和供氧系统应无泄漏，将氧气输出表压调定在 0.4～0.6MPa。如婴儿氧舱，则氧输出表压不得大于 0.2MPa。

➤ 打开外照明开关，应处于正常状态。

➤ 调节对讲机音响于适宜状态。

➤ 检查测氧仪的读数是否正确，记录仪的使用性能应处于良好状态。

➤ 如果室温过高，需采取适当降温措施。

➤ 帮助患者固定好静电接地装置。

➢ 按照进舱须知要求，检查进舱人员的携带物品；衣服需换成纯棉衣裤，带纯棉帽，头发喷湿并塞入帽内；脸部化妆品需全部洗净。

➢ 操舱员协助患者进舱，关闭舱门。

➢ 启动氧舱的加湿装置，增加氧舱内环境的相对湿度。

5.3.2 加压。

➢ 氧气加压舱在加压前习惯使用氧气洗舱，以提高舱内氧的体积分数。但是，洗舱导致舱内着火的可能性也增加了。实际上，国内不少医院的氧气加压舱的使用都不洗舱。理论计算和实践经验均表明：不洗舱，高压下舱内氧的体积分数可以超过 70%，氧压可达 0.22 MPa，完全可以满足高压氧治疗的临床使用要求。所以，在操作过程中删除了洗舱过程。

➢ 通知患者做好准备，开始加压。

➢ 初始阶段应按 0.004 MPa/min 数率缓慢加压，当表压过了 0.03MPa 后可适当增速。这期间要严密观察，并不断与患者联系。

➢ 在加压期间除了要不断询问外，还要注意患者的反应，如有不适，如咽鼓管不畅通，有疼痛感应及时停止加压，必要时可减压。一般舱压高于 0.03MPa 后，咽鼓管就已畅通。

5.3.3 稳压。

➢ 氧气加压舱的治疗与多人舱的治疗不同，患者在单人舱内从加压开始就吸高浓度氧气，其呼出气也混合在舱内，所以除要保持舱内高浓度氧外，还要排除混杂于舱内的有害气体，则用氧气通风一次，一次 3~5 分钟。通风除了排除废气外，也起到降温作用。

➢ 由于通风排出气的氧的体积分数很高，所以在排气口附近要特别注意：严禁烟火与油脂，防止发生火灾！

➢ 稳压期间，特别注意舱内患者的不良反应，出现脸部肌肉抽搐、流涎等，要及时停止治疗，立即减压出舱。

5.3.4 减压。

➢ 高压下停留结束，则开始减压，减压前要通知舱内患者。

➢ 打开排氧阀，按治疗方案中规定的方法排氧减压。

➢ 减压期间，要密切注意患者反应，不断询问"感觉如何"，直至舱压回到常压。

➢ 当舱压回到常压后，待舱内外压力平衡，方可开舱门，患者出舱后仍要询问感觉，并填写好治疗记录。

5.3.5 出舱后的整理。

➢ 整理舱内所有物品。

➢ 舱内如有冷凝水，应放空擦净，进行必要的卫生与消毒。

➢ 关闭控制台所有仪器(如照明、对讲机、测氧仪等)，最后关闭电源。

➢ 关闭氧气瓶阀，排空管道内残气。

➢ 及时排除在使用过程中出现的故障，让其氧舱恢复完好的备用状态。

5.4 空气压缩机安全操作。

5.4.1 开机准备：

➢ 保持油尺中润滑油在标尺范围内，并检查注油器内的油量不应低于刻度线值。油尺及注油器所用润滑油的牌号应符合产品说明书的规定。

➢ 检查各运动部位是否灵活，各连接部位是否紧固，润滑系统是否正常，电机及电器控制设备是否安全可靠。

　　➤ 检查防护装置及安全附件是否完好齐全。

　　➤ 检查排气管路是否畅通。

　　5.4.2 长期停用后首次起动前，必须盘车检查，注意有无撞击、卡住或响声异常等现象。

　　5.4.3 必须在无载荷状态下起动，待空载运转情况正常后，再逐步使空气压缩机进入负荷运转。

　　5.4.4 正常运转后，应经常注意压力表读数，并随时予以调整。

　　5.4.5 工作中还应检查下列情况：

　　➤ 电动机温度是否正常。

　　➤ 各机件运行声音是否正常。

　　➤ 吸气阀盖是否发热，阀的声音是否正常。

　　➤ 各种安全防护设备是否可靠。

　　5.4.6 空气压缩机在运转中发现下列情况时，应立即停机，查明原因，并予以排除。

　　➤ 排气压力突然升高，安全阀失灵。

　　➤ 负荷突然超出正常值。

　　➤ 机械响声异常。

　　➤ 电动机或电器设备等出现异常。

　　5.4.7 正常停机时应先卸去负荷然后关闭电源。

　　5.4.8 如因电源中断停机时，应使电动机恢复启动位置，以防恢复供电，由于启动控制器无动作而造成事故。

　　5.4.9 以电动机为动力的空气压缩机，其电动机部分的操作须遵照电动机的有关规定执行。

　　5.4.10 空气压缩机停机 10 日以上时，应向各摩擦面注以充分的润滑油。停机一个月以上做长期封存时，除放出各处油水，拆除所有进、排气阀并吹干净外，还应擦净气缸镜面、活塞顶面，曲轴表面以及所有非配合表面，并进行油封，油封后用盖盖好，以防潮气、灰尘侵入。

　　5.4.11 空气压缩机所设贮风筒及安全阀、压力表等安全附件必须符合有关压缩空气贮气筒安全技术的要求。

　　5.4.12 空气压缩机的空气滤清器须经常清洗，保持畅通，以减少不必要的动力损失。

6. 相关文件

《产品操作手册》。

7. 使用表单

无。

8. 流程图

无。

9. 修订记录

无。

第十九节　卓尔 R Series 除颤监护仪操作流程

名称：卓尔 R Series 除颤监护仪操作流程	编号：ST－OPE－0019	类别：操作流程	总页数：8
拟稿人：×××	审核人：×××		批准人：×××
发布部门：设备器材科	版本号：V1.0		生效日期：××××－××－××

1. 目的

为规范卓尔 R Series 除颤监护仪的操作使用，特制定本流程。

2. 范围

全院临床科室卓尔 R Series 除颤监护仪操作使用人员、设备器材科卓尔 R Series 除颤监护仪维护维修人员。

3. 定义

除颤监护仪主要功能为除颤，它通过胸壁对心脏施以电脉冲，使心室纤颤或心跳过快的病人恢复正常心律。其次，它附加了许多心电、血氧饱和度、无创血压等人体生命循环方面的监测功能，是重症监护室、手术室、急救室、救护车上常用的重要急救设备。卓尔 R Series 除颤监护仪如图 3－12 所示。

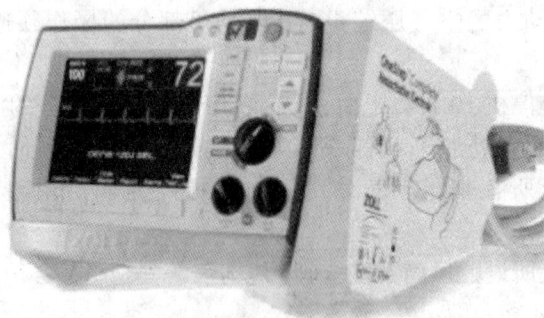

图 3－12　卓尔 R Series 除颤监护仪

4. 职责

卓尔 R Series 除颤监护仪操作使用及维护维修人员培训合格后，严格按照本流程使用该设备。

5. 作业内容

5.1 开机。

5.1.1 开机之前，检查除颤监护仪是否有机械损坏，外部电缆和配、附件有无损害。

5.1.2 将电源线插入到交流电源插座中。如果使用电池供电，应确保电池中还有足够的电量。

5.1.3 旋转模式选择开关进入所需要的工作模式。

5.2 除颤。

5.2.1 使用电极板进行紧急除颤：

➢ 将模式选择器旋转至除颤挡。除颤器会自动选择缺省除颤能量 120 J，或按用户设置的第一次除颤能量。

➢ 能量选择：

观察显示屏，并验证选择适当的能量，将 One Step 电缆线和除颤手柄相连接。

通过使用上下箭头按钮选择不同的能量水平。其中，一组上下箭头按钮位于设备的前面板上；另一组上下箭头按钮位于胸骨除颤板上。

在显示屏上，所选用的能量水平显示为"EDFIB ×××J SEL"（选择除颤能量为×××J）。

对于成人或者默认能量选择：第 1 次电击 120 J、第 2 次 150 J、第 3 次 200 J。

➢ 取出除颤板，在每个除颤板的电极表面使用适量的导电凝胶，然后将两个除颤板的电极表面放在一起摩擦，使导电凝胶均匀分布。

➢ 将除颤板紧紧地贴在患者前胸壁上。将标有胸骨的除颤板放置在患者胸骨的右侧，位于锁骨下方。

➢ 将标有心尖的除颤板沿患者左侧腋前线，放置在患者胸壁左侧乳头下方。

➢ 在患者的皮肤上轻轻摩擦除颤板，增加除颤板与患者的接触。

➢ 按下心尖手柄或前面板上的充电按钮。

➢ 设备充电至选定的能量水平后，心尖除颤板上的充电指示灯亮起。系统发出清晰的充电准备提示音，并且在显示屏显示"EDFIB ×××J READY"（除颤×××焦耳准备）。此时，除颤器可以用于除颤放电。

➢ 警告所有相关人员远离患者。不可接触病床、患者或者其他与患者连接的设备。不使患者暴露的身体部位和其他金属物体相接触。

➢ 执行电击：两拇指同时按下"电击"按钮（位于每个除颤板上），直到能量输送完毕。

➢ 输送能量后，显示器会同时显示"×××J DELIVERED"（输送×××J能量）和"EDFIB ×××J SEL"（选择除颤能量为×××J）。大约 5 秒后，"×××J DELIVERED"（输送×××J能量）信息消失，只保留所选择的能量水平。

➢ 如果设备达到所选定的能量水平后，在 60 秒内没有进行放电操作，设备会自动解除。

5.2.2 使用免手持治疗电极进行紧急除颤。

➢ 患者准备：

去除患者胸部的所有衣物或者覆盖物。必要时使胸部干燥。如果患者带有过多胸毛，应事先进行剃除，以确保电极的正常贴合。

根据电极包装上的使用指导，安装免手持治疗电极。

确认治疗电极和患者的皮肤接触良好，并且没有覆盖心电图电极的任何部分。

如果尚未连接，将免手持电极和 OneStep 电缆线相连接。

如果除颤电极和患者皮肤接触不良，设备屏幕显示"CHECK PADS"（检查电极片）和"POOR PAD CONTACT"（电极片接触不良）信息，并且不能进行能量输送。如果电极片之间出现短路，则系统会显示"DEFIB PADSHORT"（除颤电极片短路）信息。

➢ 将电极片的一端固定在患者身上。

➤ 沿着所使用的一端平稳地向另一端铺平电极片，应该注意在导电凝胶和皮肤之间不存在任何的气泡。

➤ 将模式选择器旋转至除颤挡。除颤器会自动选择缺省除颤能量120J，或按用户设置的第一次除颤能量。

➤ 能量选择：

观察显示屏，并验证选择适当的能量。

通过使用上下箭头按钮选择不同的能量水平。其中，一组上下箭头按钮位于设备的前面板上；另一组上下箭头按钮位于胸骨除颤板上。

对于成人或者默认能量选择：第1次电击120J、第2次150J、第3次200J。

当使用OneStep儿科电极时，默认的能量选择为：第1次电击50J、第2次70J、第3次85J。

➤ 按下心尖手柄或前面板上的充电按钮。

➤ 设备充电至选定的能量水平后，设备前面板电击指示灯亮起。系统发出清晰的充电准备提示音，并且在显示屏显示"DEFIB × × ×J READY"（除颤× × ×J准备）。此时，除颤器可以用于除颤放电。

➤ 警告所有相关人员远离患者。不可接触病床、患者或者其他与患者连接的设备。不使患者暴露的身体部位和其他金属物体相接触。

➤ 执行电击：按下并保持前面板"电击"按钮直到能量输送完毕。

➤ 输送能量后，显示器会同时显示"× × ×J DELIVERED"（输送× × ×J能量）和"EDFIB × × ×J SEL"（选择除颤能量为× × ×J）。大约5秒后，"× × ×J DELIVERED"（输送× × ×J能量）信息消失，只保留所选择的能量水平。

➤ 如果设备达到所选定的能量水平后，在60秒内没有进行放电操作，设备会自动解除。

5.3 同步心脏复律术。

5.3.1 患者准备：

去除患者胸部的所有衣物或者覆盖物。必要时使胸部干燥。如果患者带有过多胸毛，应事先进行剃除，以确保电极的正常贴合。

➤ 放置心电图电极。

➤ 建议使用标准心电图电缆线和心电图电极。也可以使用免手持治疗电极作为心电图来源。

➤ 根据电极包装上的使用指导，安装免手持治疗电极。

➤ 确认治疗电极和患者的皮肤接触良好，并且没有覆盖心电图电极的任何部分。

➤ 如果尚未连接，将免手持电极和OneStep电缆线相连接。

➤ 如果除颤电极和患者皮肤接触不良，设备屏幕显示"CHECK PADS"（检查电极片）和"POOR PAD CONTACT"（电极片接触不良）信息，并且不能进行能量输送。如果电极片之间出现短路，则系统会显示"DEFIB PADSHORT"（除颤电极片短路）信息。

5.3.2 将模式选择器旋转至除颤挡。

5.3.3 使用前面板的上下箭头按钮选择所需的能量。

5.3.4 按下"SYNC ON/OFF"功能键，设备进入同步模式。

（若设备配置支持远程同步心脏复律术，按下"SYNC ON/OFF"功能键，屏幕显示两个功

能键：Rmote SYNC（远程同步）和 SYNC（同步），再按下 SYNC 进入同步模式）

5.3.5 在屏幕上显示所选择的能量水平。

5.3.6 在探测到的 R 波上方小时同步标记，表明放电所发生的位置。

5.3.7 确认屏幕上所显示的标记清晰可见，并且位置正确，在每次心跳中均一致。必要时，可以使用"导联"和"幅度"按钮，进行设置，获得最具一致性的同步标记形式。

5.3.8 在屏幕上显示"SYNC ×××J SEL"（选择×××J 同步能量）。

5.3.9 按下前面板"充电"按钮。

5.3.10 设备充电至选定的能量水平后，设备前面板电击指示灯亮起。系统发出清晰的充电准备提示音，并且在显示屏显示"SYNC ×××J READY"（除颤×××J 准备）。此时，除颤器可以用于除颤放电。

5.3.11 警告所有相关人员远离患者，确认所有人未与患者、监控电缆或者导联、治疗床导轨或者其他可能电流回路相接触。

5.3.12 确认心电图波形稳定，并且每个 R 波上出现同步标记。

5.3.13 执行电击：按下并保持前面板"电击"按钮直到能量输送完毕。除颤器会在下一个探测到 R 波时进行放电。

5.3.14 输送能量后，显示器会同时显示"×××J DELIVERED"（输送×××J 能量）和"EDFIB ×××J SEL"（选择除颤能量为×××J）。大约 5 秒后，"×××J DELIVERED"（输送×××J 能量）信息消失，只保留所选择的能量水平。

5.3.15 如果设备达到所选定的能量水平后，在 60 秒内没有进行放电操作，设备会自动解除。

5.3.16 除非进行其他设置，否则，每次电击后设备自动退出同步模式，如果仍要电击，需重新进入同步模式。

5.4 无创临时起搏（只适用于起搏器型）。

5.4.1 患者准备：去除患者胸部的所有衣物或者覆盖物。必要时使胸部干燥。如果患者带有过多胸毛，应事先进行剃除，以确保电极的正常连接。

5.4.2 将电极片的一端固定在患者身上。

5.4.3 沿着所使用的一端平稳地向另一端铺平电极片，应该注意在导电凝胶和皮肤之间不存在任何的气泡。

5.4.4 确认免手持治疗电极和患者的皮肤接触良好，并且没有覆盖其他心电图电极的任何部分。

5.4.5 如果使用 OneStep 起搏电极或 OneStep 全功能电极，选择心电图导联 P1，P2 或者 P3；否则，选择适当的心电图导联。调节心电图幅度，使其呈现清晰易于分辨的心电图信号。

5.4.6 确认正确的 R 波识别。当设备识别正确的 R 波后，屏幕上会出现闪烁的心形标记。调节心电图幅度，使其呈现清晰易于分辨的心电图信号。

5.4.7 将模式选择器转换为"起搏"。如果设备刚刚打开，则"起搏器输出"自动设置为 0 mA。

5.4.8 设置起搏器频率：

➤ 将"起搏器频率"设置为超过患者自主心律 10～20ppm。如果不存在自主心律，使用 100ppm。

➤ 当使用旋钮进行调解时，在屏幕上显示起搏器频率，增加或减少的幅度为2ppm。

➤ 在显示器或条形图上观察起搏刺激标记，并确认其明确地定位在心脏的舒张期。

5.4.9 设置起搏器输出：

➤ 增加"起搏器输出"直到出现有效刺激（夺获）；屏幕上显示输出毫安数值。当使用旋钮进行调解时，在屏幕上显示起搏器输出，增加或减少的幅度为 2 mA。

➤ 如果设备关闭超过 10 秒，则会恢复起搏器的开机默认设置。

5.4.10 确认夺获：通过出现增宽的 QRS 波群、不明确的固有心律消化以及出现扩展的，有时为增大的 T 波判定夺获的存在。

5.4.11 判定最佳阈值：

➤ 理想的起搏器电流为保持夺获的最低数值——通常高出阈值10%。典型的阈值电流范围从 40 mA 至 80 mA。

➤ 按下并保持4:1 按钮，可以短暂地抑制起搏刺激，可以观察患者的基础心电图心律和形态。

➤ 按下该按钮后，可使设备按照原先设置值的 1/4 输送刺激。

5.5 ECG 监护。

5.5.1 患者准备：去除患者胸部的所有衣物或者覆盖物。必要时使胸部干燥。如果患者带有过多体毛，应事先进行剃除，以确保电极的正确粘贴。

5.5.2 电极放置：

➤ 选择导联：3 导联/5 导联。

➤ 扣上导联线并仔细检查导联线端子与电极片接触是否良好。

➤ 如果使用一套3 导联，将 3 导联的末端连接到 OneStep 起搏电缆上。

➤ 剥去电极片保护层，不能将导电糊黏在不干胶部分。

➤ 将心电图电极紧密地放置在患者的皮肤上，轻轻沿着电极的整个边缘压紧。

➤ 将患者电缆线插头插入设备的心电图输入插口（位于设备的后面板上）。

5.5.3 设置控制器：

➤ 将模式选择器旋转至"监护"挡，然后按下"导联"按钮，直到选择所需设置的导联。随后，选择的导联在屏幕的右上角显示。

➤ 改变所显示心电图的幅度，可以按下"幅度"按钮，直到显示所需的波形大小位置，可选用的选项为正常幅度的0.5，1，1.5，2 和 3 倍。

➤ 需要关闭心率报警器，按"Options"，然后按下"QRS VOL OFF"（关闭 QRS 声音）功能键。如果需要恢复该功能，可以按下"QRS VOL ON"（开启 QRS 声音）功能键。

5.5.4 植入起搏器：该功能可以检测带有起搏器患者的起搏器信号，并且在显示器上标出。当设备探测到起搏器脉搏时，在心电图波形上显示5 mm 的垂直线段。

➤ 启用起搏器刺激探测功能：

按下 Param 功能键；按下 ECG；按下 Enable Pacer Detect （启用起搏器探测）。

➤ 取消起搏器探测功能：

按下 Param 功能键；按下 ECG；按下 Disable Pacer Detect （取消起搏器探测）。

5.5.5 设置警报极限值：

➤ 按下"报警"功能键，显示警报设置界面和功能键。

➤ 按下"Next Param"(下一参数)或者"Prev Param"(上一参数)功能键。该操作使光标在不同的生命指征中滚动浏览,可更改高亮度选择的生命指征。

按下"Change Value"(修改数值)功能键。

按下"Inc"(增加)或者"Dec"(减小)功能键修改数值。

按下"Enter"功能键。

可以设置为三个不同值,"可用""禁用"和"自动"。

"可用":可以在激活前面板上"警报"功能键时,启用警报功能。

"禁用":永久性关闭所选定生理参数的警报功能。

"自动":设备将上下限极限值分别设置为当前患者心律的120%和80%。

➤ 按下"Next Field"(下一区域)功能键,将光标移动至生命指征 Low 或者 High 区域,修改上下限数值。

➤ 按下"Return"(返回)功能键设置所有数值,并且返回正常操作模式。

5.6 使用记录。

除颤监护仪使用结束,记录设备使用情况。

5.7 每日可视检查。

5.7.1 设备:

➤ 确认设备清洁,视觉检查无损坏。

➤ 检查所有电缆线,配线以及接头,处于良好的工作状态(无断裂,磨损或者弯曲)。

➤ 检查除颤板表面清洁,不带有导电凝胶或者其他污渍。

5.7.2 零配件:

➤ 验证所有一次性配件状态和质量良好。

➤ 确认在封闭的包装中带有两种 ZOLL 治疗电极片。检查治疗电极片包装上的有效期。

5.7.3 电池。

➤ 检查在设备中安装完全充电的电池组。

➤ 检查完全充电的备用电池和设备放在一起。

5.7.4 急救准备状态。

➤ 查看 R Series 除颤器上的 √┅ 急救准备指示器。如果急救准备指示器显示为红色的"┅",则该设备不能用于治疗目的。

5.8 定期进行除颤器检测。

5.8.1 使用除颤板进行手动除颤功能检测。

➤ 将设备关闭 10 秒。

➤ 将模式选择器调节至"除颤"。

设备发出四声提示音,表明成功完成开机自检。在显示器上出现心电图来源为除颤板,心电图幅度为 X1,以及"EDFIB 120J SEL"。当除颤板放置在插槽中,屏幕上显示的心电图波形为实线。

➤ 按下"能量选择"按钮,将能量水平设置为30J。

➤ 按下心尖除颤器手柄上的"充电"按钮。

➤ 当充电准备提示音响起后,按下"能量选择"按钮,将能量水平调节为20J。除颤器将自动解除。

➢ 按下"能量选择"按钮，将能量水平复位为 30J。

➢ 按下"充电"按钮。当充电准备提示音响起后，屏幕上出现"DEFIB 30J READY"。

➢ 将除颤板紧紧地插在插槽中，使用拇指，同时按下两个"电击"按钮，直到输送电击为止。

➢ 屏幕上显示"TEST OK"并打印检测报告，标出 TEST OK 和输送能量。如果屏幕上显示"TEST FAILED"，请和相关技术人员联系。

5.8.2 使用免手持治疗电极手动检测除颤功能。

➢ 将设备关闭 10 秒。

➢ 将模式选择器调节至"除颤"。

设备发出四声提示音，表明成功完成开机自检。在显示器上出现心电图来源为除颤板，心电图幅度为 X1，以及"EDFIB 120J SEL"，以及"EDFIB PAD SHORT"。当 OneStep 电缆线和检测端口或者 OneStep 电极相连接时，屏幕上显示的心电图波形为实线。

➢ 按下"能量选择"按钮，将能量水平设置为 30J。

➢ 按下前面板上的"充电"按钮。

➢ 当充电准备提示音响起后，按下"能量选择"按钮，将能量水平调节为 20J。除颤器将自动解除。

➢ 按下"能量选择"按钮，将能量水平复位为 30J。

➢ 按下"充电"按钮。

➢ 当充电准备提示音响起后，按下位于前面板上的"电击"按钮，直到输送电击为止。

➢ 屏幕上显示"TEST OK"并打印检测报告，标出 TEST OK 和输送能量。如果屏幕上显示"TEST FAILED"，请和相关技术人员联系。

6. 相关文件

《产品操作手册》。

7. 使用表单

无。

8. 流程图

无。

9. 修订记录

无。

第二十节 迈瑞 D3 除颤监护仪操作流程

名称：迈瑞 D3 除颤监护仪操作流程		编号：ST－OPE－0020	类别：操作规程	总页数：8
拟稿人：×××	审核人：×××		批准人：×××	
发布部门：设备器材科	版本号：V1.0		生效日期：××××－××－××	

1. 目的

为规范迈瑞 D3 除颤监护仪的操作使用，特制定本规程。

2. 范围

全院临床科室迈瑞 D3 除颤监护仪操作使用人员、设备器材科迈瑞 D3 除颤监护仪维护维修人员。

3. 定义

除颤监护仪主要功能为除颤，它通过胸壁对心脏施以电脉冲，使心室纤颤或心动过速的病人恢复正常心律。其次，它附加了许多心电、血氧饱和度、无创血压等人体生命循环方面的监测功能，是重症监护室、手术室、急救室、救护车上常用的重要急救设备。迈瑞 D3 除颤监护仪如图 3 – 13 所示。

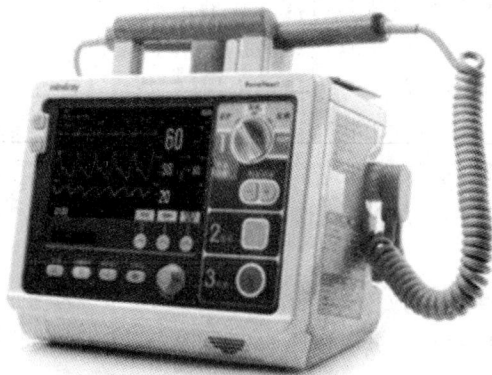

图 3 – 13 迈瑞 D3 除颤监护仪

4. 职责

迈瑞 D3 除颤监护仪操作使用及维护维修人员培训合格后，严格按照本流程使用该设备。

5. 作业内容

5.1 开机。

5.1.1 开机之前，检查除颤监护仪是否有机械损坏，外部电缆和配、附件有无损害。

5.1.2 将电源线插入交流电源插座中。如果使用电池供电，应确保电池中还有足够的电量。

5.1.3 旋转模式选择开关进入所需要的工作模式。屏幕显示开机画面后，系统发出"嘟"的一声，同时报警灯由黄色变为红色，然后熄灭。

5.1.4 开机画面消失，除颤监护仪进入所选的工作界面模式。

5.2 除颤。

5.2.1 操作环境：

➤ 不可在放置有麻醉剂等易燃或易爆物品的环境中使用，以防发生火灾或爆炸，同时应保证除颤监护仪以及其周边区域清洁和干燥。

➤ 不得在富含氧气的环境下进行除颤，除颤期间应确保没有氧气流向病人胸部，否则可能发生火灾或爆炸。

➤ 不可对躺在潮湿地上的病人进行治疗。

➤ 电极板放电时，绝对不可以互相接触或对空。

5.2.2 解开患者胸前衣物。擦干患者的胸部，必要时，进行皮肤处理。

5.2.3 选择合适的治疗电缆，将治疗电缆插入除颤监护仪右侧的治疗端口，插紧直至发出卡到位的声音。

5.2.4 安放多功能电极片或电极板：

➤ 使用多功能电极片：按照电极片包装上的指示将多功能电极片贴到病人身上。使用前—前或前—后位置。

➤ 使用电极板：用双手握住电极板手柄，将电极板笔直向上拉出电极板固定座。在电极板电极上涂抹导电膏后，采用前—前位置安放在患者身上。

➤ 前—前放置体外除颤电极板/多功能电极片：

胸骨电极板/RA 多功能电极片安放在患者胸骨的右侧和锁骨下。

心尖电极板/LL 多功能电极片安放在患者的左乳头旁以及腋窝中线上，心尖电极板/LL 多功能电极片的中心应在腋窝中线上。

➤ 使用体内电极板：用手握住电极板手柄，将体内电极板分别安放到右心房和左心室的位置。（使用体内电极板前务必灭菌处理，每次使用完毕之后必须清洁。）

5.2.5 开机，将旋钮调到手动除颤工作模式。

5.2.6 选择能量。

➤ 方式一：按下机器操作面板"能量选择"键设置，"＋"为增加能量，"－"为减少能量。

➤ 方式二：使用体外电极板，可以按胸骨电极板上的"能量选择"键设置，"＋"为增加能量，"－"为减少能量。

（注意：使用体内电极板时，能量最高为50J。）

5.2.7 进行充电：

➤ 方式一：按下机器操作面板"充电"键。

➤ 方式二：使用体外电极板，可以按心尖电极板上的"充电"键。

➤ 当除颤监护仪充电时，操作提示区域中会显示充电的进度条，设备会发出充电音；充电完成后，则会发出充电完成音。

➤ 如果在充电过程中或是充电完成后需要增加或减少选定的能量，可以通过能量调节键选择所需能量。改变能量值后，需要重新按下充电按键进行充电。

➤ 按【解除】软按键可以将正在充电或已经充电完成的能量内部放电。在所设定的自动解除时间内未按电击键放电，除颤监护仪会自动进行解除。可以在系统配置中设置【自动解除时间】。

5.2.8 电击：

➤ 确认当前病人需要进行电击，且除颤监护仪已经充电完成。确保此时无人与病人接触，且没有与病人连接的附件、设备等接触，大声并清楚地喊出"站开"。

➤ 使用电极片＆体内电极板：按下机器操作面板上闪烁的"电击"按键。

➤ 使用体外电极板时，必须双手同时按下两个电极板上方的"电击"按键（机器操作面板上的"电击"按键无效）。

5.3 同步复律。

5.3.1 进行同步复律时，建议使用3导联或5导联的心电电极来监护 ECG 波形，通过多功能电极片或电极板发送电极。

5.3.2 使用体内电极板进行同步复律时,要求采用心电导联获取患者 ECG 信号。

5.3.3 连接治疗电缆并安放电极板/多功能电极片;如果通过心电导联进行 ECG 监护,则需要连接心电电缆并安放心电电极。

5.3.4 在手动除颤模式下,按下机器操作面板"进入同步"按键进入同步复律模式,除颤监护仪会在手动除颤信息区显示同步标志。并且会在 ECG 波形每个探测到的 R 波上方显示一个 R 波标记。

5.3.5 选择导联。所选导联波形必须具备清楚的信号和大 QRS 波群。确认 R 波标记出现在 R 波上方。如果 R 波标记未出现或出现在错误的位置,则选择其他导联。

5.3.6 确认进入同步复律工作模式(有同步标记)。

5.3.7 选择能量(同 5.2.4)。

5.3.8 进行充电(同 5.2.5)。

5.3.9 电击。

➤ 确认当前病人需要进行电击,且除颤监护仪已经充电完成。确保此时无人与病人接触,且没有与病人连接的附件、设备等接触,大声并清楚地喊出"站开"。

➤ 按住"电击"按键进行放电。如果使用电极板,按下并压住两个电极板上"电击"按键。当探测到下一个 R 波时,除颤监护仪会发送一次电击。

5.3.10 如果需要追加同步放电,默认配置下需要再次进入同步模式。

5.4 附件使用

5.4.1 不要用湿手或粘有导电膏的手持握电极板手柄。

5.4.2 不可将电极板安放在自己身上来确认电极板连接有效。

5.4.3 使用电极板对病人进行治疗时,应将电极板平整的安放在病人身上,均匀使力压紧,不可用力过猛导致病人受到其他的伤害。

5.5 无创起搏。

5.5.1 起搏准备。

将电极片电缆插入除颤监护仪右侧的治疗端口,插紧直至发出卡到位的声音。

➤ 确保多功能电极片的包装完好且没有超过有效期。

➤ 将电极片与电极片电缆连接好。

➤ 采用前—前或前—后摆放位置,将电击片贴放到患者身上。

➤ 如果采用按需起搏模式,则需要使用心电导联进行心电监护。连接心电电缆并安放心电电极。为获得良好 ECG 信号,请确保 ECG 电极和治疗电极保持足够的距离。

5.5.2 按需模式起搏。

➤ 将模式选择开关旋至"起搏"位置,起搏自动在按需模式下被启用。除颤监护仪会默认显示 II 导 ECG 波形。

➤ 选择导联,所选的导联波形应带有容易识别的 R 波。

➤ 确认 R 波标记出现在 R 波上方。如果 R 波标记未出现或出现在错误的位置,则选择其他导联。

➤ 设置起搏速率,如有需要,可设置初始起搏电流。方法是旋转旋钮选择起搏速率或起搏电流热键,按下并转动旋钮即可进行设定。选择所需的起搏速率或初始起搏电流后应再次按下旋钮退出设置。

➤ 按下【开始起搏】软按键进行起搏，这时除颤监护仪起搏信息区会出现提示信息"正在起搏……"。

➤ 确认白色的起搏标记出现在 ECG 波形上。

➤ 调节起搏电流：增加起搏电流直至发生夺获（夺获的标志是在每个起搏标记之后都有 QRS 波群），然后再将起搏电流调低到可维持夺获的最低级别。

➤ 确认外周循环有脉搏。

➤ 如果要暂停起搏并检查病人的脉率，按住【4:1】软按键。这时除颤监护仪按照设定速率的 1/4 发送起搏脉冲。释放【4:1】软按键即可恢复以设定速率发送起搏脉冲。

➤ 如果要停止起搏，按下【停止起搏】软按键。起搏停止后，按下【开始起搏】软按键即可重新开始发送起搏脉冲。

5.5.3 固定模式起搏。

➤ 进入起搏工作模式。

➤ 选择起搏状态区的起搏模式热键，将起搏模式切换至固定模式。

➤ 如果使用了 ECG 导联，使用导联选择按键选择所需导联。

➤ 设置起搏速率，如有需要，设置初始起搏电流。

➤ 按下【开始起搏】软按键进行起搏，这时除颤监护仪起搏信息区会出现提示信息"正在起搏……"。

➤ 确认白色的起搏标记出现在 ECG 波形上。

➤ 调节起搏电流：增加起搏电流直至发生夺获（夺获的标志是在每个起搏标记之后都有 QRS 波群），然后再将起搏电流调低到可维持夺获的最低级别。

➤ 确认外周循环有脉搏。

➤ 如果要暂停起搏并检查病人的脉率，按住【4:1】软按键。这时除颤监护仪按照设定速率的 1/4 发送起搏脉冲。释放【4:1】软按键即可恢复以设定速率发送起搏脉冲。

➤ 如果要停止起搏，按下【停止起搏】软按键。

5.6 AED

5.6.1 确认患者已经出现心脏骤停，丧失反应、无呼吸或呼吸不正常。

5.6.2 解开患者胸前衣物。擦干患者的胸部，必要时，进行皮肤处理。

5.6.3 按照电极板包装上的提示，采用前—前电极放置位置将多功能电极片贴到患者身上。

5.6.4 将电极片与电极片电缆连接好，将电极片电缆插入除颤监护仪右侧的治疗端口，插紧直至发出卡到位的声音。

5.6.5 将除颤监护仪模式选择开关旋至 AED。

进入 AED 模式后，除颤监护仪会持续检测电极片电缆和多功能电极片的连接情况，当连接出现异常时，除颤监护仪会在 AED 信息区显示提示信息，直至连接正常后才消失。

5.6.6 按照语音和提示信息操作。

➤ 除颤监护仪将通过多功能电极片监测到的 ECG 波形自动分析病人的心率类型，并发出不要解除病人的警告。如果探测到了可电击心率，除颤监护仪会自动进行充电。

➤ 语音提示可以在配置模式中设置为关或开，此外，可以通过语音音量调节软按键随时调节语音提示的音量。

5.6.7 如有电击提示，按下"电击"按键。

➤ 充电完成后，除颤监护仪会发出"请勿解除病人！按下电击按键"的提示。确保此时无人与病人接触，且没有与病人连接的附件、设备等接触，大声并清楚地喊出"站开"。然后按机器操作面板上的"电击"按键对患者发送一次电击。

5.7 ECG 监测。

5.7.1 皮肤准备：剃除电极安放处体毛，轻轻摩擦电极安放处的皮肤，以去除死去的皮肤细胞，用肥皂水彻底清洗皮肤（不可使用乙醚或纯酒精，这会增加皮肤的阻抗），安放电极前让皮肤完全干燥。

5.7.2 在电极安放前先安上夹子或按扣。

5.7.3 将电极放到患者身上。

5.7.4 将导联线和心电主电缆连接，然后将主电缆与除颤监护仪 ECG 接口连接。

5.7.5 将模式选择开关旋转到监护位置。

5.7.6 选择导联：

选择 ECG 参数区，打开【ECG 设置】菜单。

根据所采用的导联将【导联类型】设置为【3 导联】或【5 导联】

选择【主菜单】→【其他＞＞】→【配置管理＞＞】→输入用户维护密码。

选择【ECG 设置】，然后将【ECG 标准】选择为【AHA】或【IEC】

5.7.7 安装电极（以美国为例）。

➤ 3 导联：

RA：安放在锁骨下，靠近右肩；LA：安放在锁骨下，靠近左肩；LL：安放在左下腹。

➤ 5 导联：

RA：安放在锁骨下，靠近右肩；LA：安放在锁骨下，靠近左肩；RL：安放在右下腹；LL：安放在左下腹；V：安放在胸壁上。

5.7.8 使用体外除颤电极板/多功能电极片进行 ECG 监护。

➤ 皮肤准备。

➤ 安放体外除颤电极板/多功能电极片。

使用多功能电极片：按照电极片包装上的指示将多功能电极片贴到患者身上。使用前—前摆放位置。

使用体外除颤电极板：用双手握住电极板手柄，将电极板笔直向上拉出电极板固定座。在电极板电极上涂抹导电膏后，采用前—前位置安放在患者身上。

➤ 如果使用电极片，将电极片与电极片电缆连接。

➤ 将体外除颤电极板/多功能电极片电缆连接到除颤监护仪上。

5.7.9 检查起搏状态。

【起搏】选择为【是】时在 ECG 波形区显示图标 ▉。系统检测到起搏信号时，会在 ECG 波形基线位置标记"|"符号。

➤ 起搏患者必须将【起搏】选择为【是】。

➤ 选择【主菜单】→【病人信息】在弹出的菜单中将【起搏】设置为【是】。

或选择 ECG 参数区进入 ECG 设置菜单，然后选择【其他＞＞】将【起搏】设置为【是】。

➢ 非起搏患者，应将【起搏】选择为【否】。

5.8 Resp 监测。

5.8.1 选择呼吸导联：在【Resp 设置】菜单中，可将【呼吸导联】设置为【I】或【II】。

➢ 为获最佳呼吸波，选择 I 导测量呼吸时，应水平安放 RA 和 LA 电极。

➢ 选择 II 导测量呼吸时，应对角安放 RA 和 LL 电极。

5.9 SpO_2 监测。

5.9.1 根据模块类型、病人类型和患者体重选择合适的 SpO_2 传感器。

5.9.2 清洁可重复使用传感器的表面。

5.9.3 清洁测量部位，如带色的指甲油。

5.9.4 按照 SpO_2 传感器的使用指南将 SpO_2 传感器安放在患者身上。

5.9.5 根据模块的 SpO_2 接口类型选择延长电缆并将延长电缆与 SpO_2 接口相连。

5.9.6 将 SpO_2 传感器与延长电缆连接。

5.9.7 将模式选择开关旋转至监护位置。

5.9.8 打开 SpO_2 菜单：选择 SpO_2 参数区打开【SpO_2 设置】菜单。

5.9.9 设置低饱和度极限：

➢ 【主菜单】→【报警设置＞＞】→【参数报警设置＞＞】→【Desat】中调节低饱和度极限报警。

➢ 选择某一参数区，在弹出的菜单中选择【参数报警设置＞＞】→【Desat】中调节低饱和度极限报警。

5.10 NIBP 监测。

5.10.1 测量准备。

➢ 确认患者类型，若不符合，则进行更改。

➢ 将充气管与监护仪上的血压袖套接口连接。

➢ 选择袖套，确认袖套已经完全放气，然后捆绑在患者上臂或大腿上。

➢ 将袖套与充气管连接，避免挤压导气管，保证充气管的畅通，无缠结。

➢ 如果除颤监护仪没有开机，将模式选择开关旋转到监护。

5.10.2 启动/停止测量。

使用除颤监护仪面板上的 按键来启动或停止测量。

5.10.3 自动测量。

➢ 选择 NIBP 参数区，打开【NIBP 设置】菜单。

➢ 将【间隔时间】设置为除【手动】外的其他选项。

➢ 手动启动第一次测量，测量结束后，监护仪将按照设定的时间自动地、重复地启动测量。

5.10.4 连续测量（启动连续测量后，测量的时间将持续 5 分钟）。

➢ 选择 NIBP 参数区，打开【NIBP 设置】菜单。

➢ 选择【连续测量】可以启动连续测量，除颤监护仪会在 5 分钟的时间内连续多次进行 NIBP 测量。

5.10.5 设置初始充气压力。

➢ 选择 NIBP 参数区，打开【NIBP 设置】菜单，在【初始充气压力】中选择适合的袖带压力值。下次 NIBP 测量时，系统将按照所设置的初始压力对袖套进行充气。

5.11 使用记录。

除颤监护仪使用结束，记录设备使用情况。

5.12 清洁消毒。

除颤后需对电极板和电极板座进行清洁：

➢ 用柔软的布吸附适量的清洁剂后进行擦拭，然后用干布擦去多余的清洁剂。

➢ 可用清洁剂有：稀释的肥皂水、稀释的氨水、次氯酸钠、3% 双氧水、70% 乙醇、70% 异丙醇。

➢ 体内电极板使用环氧乙烷进行消毒。

5.13 设备自检。

➢ 每日定时进行日常自检。

➢ 每一个月进行一次大能量自检。

➢ 每三个月进行一次按键自检。

➢ 自检记录完整。

6. 相关文件

《产品操作手册》。

7. 使用表单

无。

8. 流程图

无。

9. 修订记录

无。

第二十一节　MAQUET SERVO – i 呼吸机操作流程

名称：MAQUET SERVO – i 呼吸机操作流程		编号：ST – OPE – 0021	类别：操作流程	总页数：5
拟稿人：×××		审核人：×××		批准人：×××
发布部门：设备器材科		版本号：V1.0		生效日期：××××－××－××

1. 目的

为规范 MAQUET SERVO – i 呼吸机的操作使用，特制定本流程。

2. 范围

全院临床科室 MAQUET SERVO – i 呼吸机操作使用人员、设备器材科 MAQUET SERVO – i 呼吸机维护维修人员。

3. 定义

呼吸机是一种能代替、控制或改变人的正常生理呼吸，增加肺通气量，改善呼吸功能，减轻呼吸消耗,节约心脏储备能力的装置。已普遍用于各种原因所致的呼吸衰竭、呼吸支持治疗和急救复苏中,是挽救及延长患者生命的重要医疗设备。MAQUET SERVO – i 呼吸机如图 3 – 14 所示。

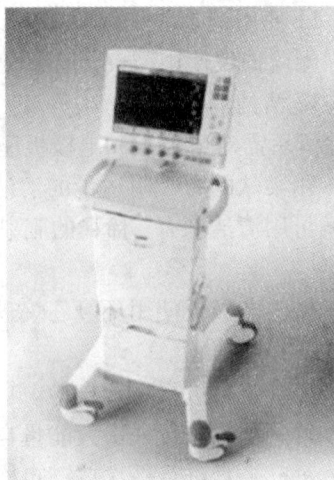

4. 职责

MAQUET SERVO – i 呼吸机操作使用及维护维修人员培训合格后,严格按照本流程使用该设备。

5. 作业内容

5.1 使用前检查。

5.1.1 启动。

➤ 连接电源供应和气体供应。

电源:交流电插座。

气体:空气和氧气。

➤ 打开呼吸机电源开关。

图 3 – 14　MAQUET SERVO – i 呼吸机

开关位于呼吸机屏幕后方右下侧,滑下标有⇩的挡片后,拨开呼吸机开关。

➤ 呼吸机屏幕上弹出对话框,选择"是"启动使用前检查。

➤ 按照屏幕上的指导进行操作。

➤ 在按触摸键"使用前检查后",屏幕提示消息l"您要开始执行使用前检查吗?"选择"是"进行确认。

5.1.2 内部泄漏测试。

➤ 将测试管在吸气出口与呼气入口之间连接。

5.1.3 电池切换测试。

➤ 使用前检测 AC 电源断电和恢复供电时呼吸机在 AC 电源与电池电源之间进行切换的能力:

当屏幕上显示指导说明时,从交流电上断开呼吸机。

当屏幕上显示指导说明时,将呼吸机重新连接到交流电。

5.1.4 病人呼吸回路测试/Y 传感器测试。

➤ 连接将用于患者的完整呼吸系统。若使用启用状态的增湿器,则它必须装满水。

➤ 堵住完整呼吸系统的末端并遵循屏幕说明。呼吸回路顺应性和阻力是自动进行测量的。

➤ 放开完整呼吸系统的末端并遵循屏幕说明。

➤ 如果接有 Y 传感器,就将重复进行该测试。按照屏幕上的说明进行操作。

5.1.4 呼吸回路顺应性补偿。

➤ 当屏幕上出现"您要启用呼吸回路顺应性补偿吗?"对话框时,请执行以下操作之一:

要增加补偿,则选择"是"(推荐)。

要拒绝补偿,则选择"否"。

5.1.5 测试报警输出连接(选项)。

➤ 安装了报警输出连接选项(可选件),则屏幕上会出现外部报警系统测试对话框。

执行测试，选择"是"并按屏幕上的指导进行操作。

取消测试，选择"否"。

5.1.6 完成使用前检查。

➤ 屏幕上会为每个使用前检查测试显示一条消息（根据情况）："取消"，"失败"，"未完成"，"通过"，或"运行中"。

➤ 选择"确定"以确认并记录使用前检查测试。此时呼吸机切换到"备用"模式。

5.2 病人呼吸回路测试。

➤ 在"备用"模式下，可独立于"使用前检查"执行"病人呼吸回路测试"。当呼吸回路进行改变或连接其他附件时，该功能十分有效，可评估回路中的泄漏并测量回路的顺应性和阻力。

➤ 按下"病人呼吸回路测试"触摸键，并按照屏幕上的指导继续操作。参照5.1.4。

➤ 病人呼吸回路测试的结果显示在"状态" > "病人呼吸回路窗口中"。

5.3 选择病人类别（选项）。

5.3.1 选择"成人"或"婴儿"。

➤ 更改病人类别后，必须检查报警设置。

5.3.2 更改病人类别（选项）。

➤ 在通气期间更改患者类别，请执行以下步骤：

按"菜单"固定键。

按"更改病人类别"触摸键。

按"是"确认或按"否"取消。

5.4 输入病人数据。

5.4.1 按"登记病人"触摸键。

5.4.2 旋转并按主旋钮或按适当的触摸键以激活相应触摸键。

5.4.3 输入/编辑：

➤ 病人姓名。

➤ 病人编号。

➤ 出生日期。

➤ 登记日期。

➤ 身高。

➤ 体重（成人体重以"kg"为单位，婴儿体重以"g"为单位）。

5.4.4 完成输入时，按"关闭键盘"。

5.4.5 按"编号"触摸键时，窗口中显示一个小键盘。

5.4.6 按"接受"以确认新数据，或按"取消"以取消新数据。

5.5 设置通气模式。

5.5.1 按"模式"触摸键。

5.5.2 按激活的"模式"触摸键上的箭头。显示出可用的通气模式。

5.5.3 按触摸键选取所需的通气模式。

5.5.4 如果选择了自动模式且病人正在使用呼吸机，将显示绿色指示灯标记。

5.5.5 当已选择了一种通气模式时，则可在相同窗口中设置所有相关参数。此窗口中也显示计算值。

5.5.6 通过旋转主旋钮调节数值。

5.5.7 按参数触摸键或按主旋钮确认每一项设置。

5.5.8 要激活窗口中的所有设置值，按"接受"；要取消这些设置值，按"取消"。

5.6 设置报警极限。

5.6.1 按"报警设置"固定键。

5.6.2 按想要调整的报警极限对应的触摸键或按"报警音量"触摸键。

5.6.3 旋转主旋钮以调整相应值。

5.6.4 按参数触摸键或主旋钮确认每一项设置。

5.6.5 需要时可按"自动"设置，以获得在 VC、PC 和 PRVC 模式下报警极限建议。在接受自动设置值之前，确保这些值对当前患者均合适。若不是，则手动输入设置。

5.6.5 按"接受"以激活新报警极限。

5.7 开始通气。

5.7.1 开始有创通气：按下"开始/备用"键开始通气。或按下屏幕上的"启动通气设备"触摸键来启动通气。

5.7.2 开始 NIV（无创式通气）（选项）：

➢ 按下"开始/备用"键，且将 SERVO－i 呼吸机系统配置为无创式通气（NIV）时，会显示一个等待定位对话框。

➢ 按"开始通气"触摸键。

5.8 各项附加设置窗口。

5.8.1 在通气期间调整呼吸参数，按"各项附加设置"触摸键以打开"各项附加设置窗口"。

5.8.2 "各项附加设置"触摸键位于屏幕左下角。

5.8.3 将显示从诸如吸气时间（单位秒）等设置派生出的值和计算得出的吸气流量。

5.8.4 白色光柱表示所选设置在一般公认的安全极限之内。

5.8.5 红色（建议）光柱表示所选设置超出一般公认的安全极限之外（此警告伴随有声信号和文本消息）。

5.8.6 红色（警告）光柱表示所选设置明显超出一般公认的安全极限之外（此警告伴随有声信号和文本消息）。

5.8.7 通过旋钮并按主旋钮，选择设置并调整相应值。

5.8.8 按"关闭"触摸键以关闭"各项附加设置窗口"。

5.9 断开病人连接。

5.9.1 从呼吸机物理断开与病人的连接。

5.9.2 按"开始/备用"键。

5.9.3 按"是"停止通气。

5.9.4 关闭呼吸机电源开关。

5.10 使用记录。

呼吸机使用结束，记录设备使用情况。

5.11 呼气封闭盒的清洁消毒。

5.11.1 关机后，拿出呼气封闭盒，用蒸馏水冲洗，流速 <10 L/min。

5.11.2 用 75% 酒精或者 2% 戊二醛浸泡 30 分钟。

5.11.3 用蒸馏水冲洗呼气封闭盒，流速 < 10 L/min。

5.11.4 在温室下自然干燥 24 至 48 小时。

5.12 保养。

5.12.1 主机上滤网定期清洗。

5.12.2 空气压缩机的积水杯及时清空。

5.12.3 空气压缩机的两片空气过滤膜需要及时清洁，建议每两周清洁一次。

5.12.4 呼吸机使用每 5000 小时，需要维护一次。

6. 相关文件

《产品操作手册》。

7. 使用表单

无。

8. 流程图

无。

9. 修订记录

无。

第二十二节　临时起搏器标准操作流程

名称：临时起搏器标准操作流程	编号：ST-OPE-0022	类别：操作流程	总页数：2
拟稿人：×××	审核人：×××		批准人：×××
发布部门：设备器材科	版本号：V1.0		生效日期：××××-××-××

1. 目的

制定临时起搏器标准操作流程，以规范临床操作，保障临床使用安全，保证临时起搏器的正常使用状态，特制定此操作流程。

2. 范围

美敦力临时起搏器，包括以下型号：5318，5348，5388，5392。

3. 定义

临时起搏器指用特定的脉冲电流刺激心脏，使心肌除极，引起心脏收缩和维持泵血功能的装置。

4. 职责

科室医生、护士对本规程的实施负责，仪器设备管理员对本规程的有效执行承担监督责任。

5. 作业内容

5.1 装入电池，开机，自检启动。自检期间，不要对按键或旋钮做任何操作。

5.2 选择合适的起搏模式（5392，5388），其他型号无须选择起搏模式。

5.3 设置合适的起搏频率、心房/心室输出。

5.4 确认连接线完好，插入相应插孔。

5.5 锁定临时起搏。

5.6 使用结束后，关闭临时起搏器，取出电池，拔下连接线。

6. 相关文件

《体外临时起搏器中文使用说明书》。

7. 使用表单

相关表单说明如下表所示。

8. 流程图

无。

9. 修订记录

无。

临时起搏器相关图示说明：

元件		说明
	临起连接块	位于临时起搏器顶端，具有病人电缆或外科电缆的插孔。A 代表心房，V 代表心室，也通过不同颜色代码加以区分，蓝色代码插孔用于心房，白色用于心室
⚠DOO	按键 紧急起搏	按下该按键启动心室紧急起搏（DOO），以最大心房和心室输出起搏，无论起搏器是否关闭或者锁定
⏻	按键 开关键	打开或关闭临时起搏器
RATE 80	频率量表、值和转盘	频率范围为 30 ~ 200 次/分钟。顺时针转动频率转盘，提高频率。当起搏器开启时，频率设定为 80 次/分钟（标称值）
10.9 10.9	心房/心室输出量表、值和转盘	心房输出范围从 0.1 ~ 20 mA，心室输出范围从 0.1 ~ 25 mA。顺时针转动转盘，增加输出。逆时针转动转盘，减少或关闭输出。当被关闭时，量表和值均为空白
🔑	按键 锁定/解锁	按此按键可开关/锁定解锁临时起搏器，以防止意外起搏器参数调整
←	按键 回车键	用来从模式选择里选择起搏方式，从起搏参数菜单里选择快速心房起搏（RAP）屏幕或模式选择菜单，确认断电，从 RAP 菜单实现快速心房起搏（RAP），以及从非同步起搏恢复到同步起搏
▲▼	按键 上下键	用于在下屏幕中移动选择指示符
❚❚	按键 暂停键	按住暂停键，最多暂停起搏 10 秒。当暂停键被释放或暂停超过 10 秒，临时起搏器按设置的参数重新起搏 慎用

第二十三节 MAC5500HD 心电图机操作流程

名称：MAC5500HD 心电图机操作流程		编号：ST‐OPE‐0023	类别：操作流程	总页数：7
拟稿人：×××	审核人：×××		批准人：×××	
发布部门：设备器材科	版本号：V1.0		生效日期：××××‐××‐××	

1. 目的

为规范 MAC5500HD 心电图机操作，特制定此操作流程。

2. 范围

全院 MAC5500HD 心电图机操作人员，设备器材科 MAC5500HD 心电图机维护维修人员。

3. 定义

心电图机是指能接收心脏产生的微弱电流（mV 级），并记录心电图的装置。MAC5500HD 心电图机如图 3‐15 所示。

图 3‐15　MAC5500HD 心电图机

4. 职责

MAC5500HD 心电图机操作人员及维护维修人员经培训合格后，可参考此指引说明进行操作。

5. 作业内容

5.1 开机前检查。

5.1.1 检查电源是否连接好。

5.1.2 检查地线是否已连接良好。

5.1.3 检查是否插入了软盘。

注意：软盘每三月需更换一次新盘以保证成功存储及防止损坏软驱，应选用优质软盘，严禁使用在其他设备上使用过的旧盘，以防电脑病毒。

5.2 开机。

5.2.1 打开电源开关。

5.2.2 系统自检后自动进入"静息心电图(Resting ECG)"。

5.3 如需进行"静息 12 导心电图"操作，则可开始输入患者信息。

5.3.1 按下 F1(Patient Data)打开患者信息窗口。

5.3.2 输入患者信息，包括姓名，ID 号，年龄，性别等资料后点击确认键。

5.3.3 确认心电导联已正确连接。

注意：连接导联前请用酒精进行皮肤处理以保证信号质量。

记录并存储一份 12 导心电图。

5.3.4 在键盘上按下按键"ECG"即可开始打印标准 12 导联 ECG。

5.3.5 打印 ECG 的同时会将该患者心电图自动存储至软盘。

5.3.6 如需复制该患者 ECG,按下"Copy"键即可打印相同的 ECG。

5.3.7 完成 12 导心电图记录后即可将电极从患者身上取下,选择"Next Patient"继续下一个患者操作。

5.4 如需进行"连续记录心律失常节律"。

5.4.1 在键盘上按下"rhythm"键,则开始连续记录心电图。

5.4.2 如需停止记录,按下"Stop"键。

注意:用节律导联方式产生的心电图不能存储至软盘或传输至 MUSE。

5.5 如需进行"记录心电向量图"。

5.5.1 将"E,M,I,H"四根导联线正确连接至 CAM14 心电采集模块上。

5.5.2 皮肤经过处理后,将导联按说明书上"Frank XYZ"连接方式正确连接。

5.5.3 用"功能键"打开"主菜单"(Main Menu)。

5.5.4 选择"心电向量(Vector Loop)"。

5.5.5 按下"ECG"键即可打印及存储心电向量图。

5.6 如需进行"记录儿童 ECG"。

5.6.1 将"E,M,I,H"四根导联线正确连接至 CAM14 心电采集模块上。

5.6.2 皮肤经过处理后,将导联按说明书上"儿童心电图"连接方式正确连接电极。

5.6.3 用"功能键"打开"主菜单"(Main Menu)。

5.6.4 选择"儿童 ECG(Pediatric ECG)"。

5.6.5 按下"ECG"键即可打印及存储心电向量图。

5.7 如需进行"记录 15 导联心电图"。

5.7.1 将"E,M,I,H"四根导联线正确连接至 CAM14 心电采集模块上。

5.7.2 皮肤经过处理后,将导联按说明书上"儿童心电图"连接方式正确连接。

5.7.3 用"功能键"打开"主菜单"(Main Menu)。

5.7.4 选择"儿童 ECG(Pediatric ECG)"。

5.7.5 按下"ECG"键即可打印及存储 15 导心电图。

5.8 确定系统设置,步骤为:

5.8.1 用"功能键(F1 – F6)"选择"主菜单(Main Menu)"。

5.8.2 在"主菜单"的下级菜单中选择"系统设置(System Setup)"。

5.8.3 输入密码,密码为"System",进入系统设置。

5.8.4 在系统设置中,可以进行许多基础设置。

例如:调整滤波设置,是否开启自动增益检测,导联信号质量检测,心电图报告格式设置以及开启或关闭起搏器检测增强等。注意:对于起搏器患者,应在系统设置中的"ECG Acquisition/Analysis"菜单中将"Pacemaker Pulse Enhancer"设置为"ON",完成心电图后,再将设置改为"OFF"。

5.9 提取储存的 ECG 病例。

5.9.1 从菜单中选择"文件管理"(File Manager),会打开所有存储在软盘上的心电图列表。

5.9.2 用"Select"菜单选择需要察看的 ECG，或用"Select All"选中所有的 ECG。

5.9.3 选择"Print"打印所选择的 ECG 病例；或用"Transmit"将选中的心电图传输至 MUSE 系统。

5.10 清洁与保养。

5.10.1 导联线不能用酒精进行消毒清洁，可用中性肥皂水清洁，消毒可用戊二醛擦拭。

5.10.2 屏幕可用湿布擦拭清洁。注意：布不能太湿，以防水流入屏幕缝隙中。

5.10.3 为延长电池寿命，每三月应放电一次，即拔去电源线，使用电池进行心电图采集至电池耗尽。

6. 相关文件

《产品操作手册》。

7. 使用表单

无。

8. 流程图

无。

9. 修订记录

无。

附：相关图示快捷操作说明

一、键盘

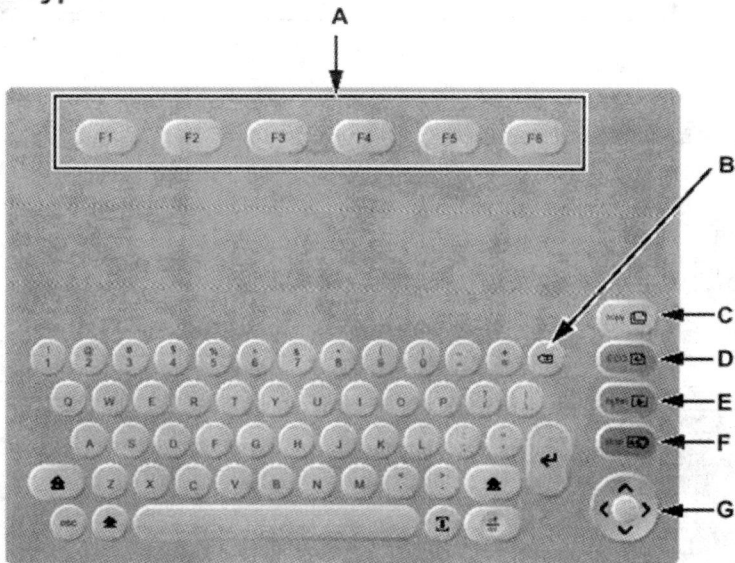

MD1325-152A

A　功能键　选择屏幕菜单功能

B　删除键入的字母

C　Copy 复制打印另一份心电图报告

D　ECG 采集并打印心电图

E　Rhythm 连续打印心电图

F Stop 停止打印

G 箭头键 控制光标左右上下移动，按下中央点选中屏幕上发亮的项目

二、菜单

将出现所有的②功能菜单（功能多少取决于机器的版本）

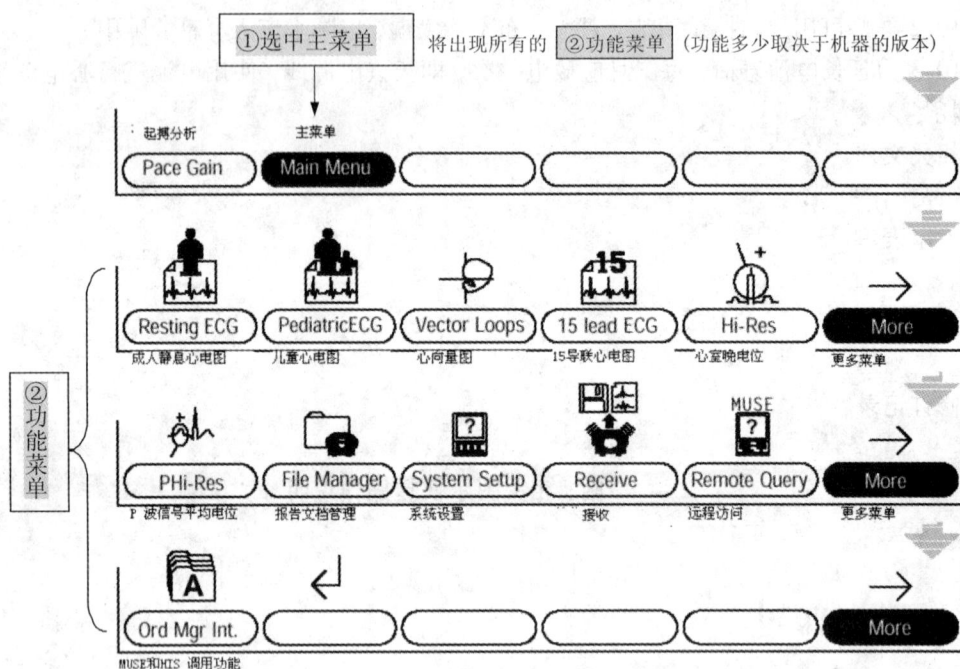

③选中功能菜单中的一项即可执行相应的功能；如选择 Resting ECG 即可做静息心电图。

三、常规心电图检查

1.选择 MORE ；出现下一级菜单；   2.选择 Resting ECG ；

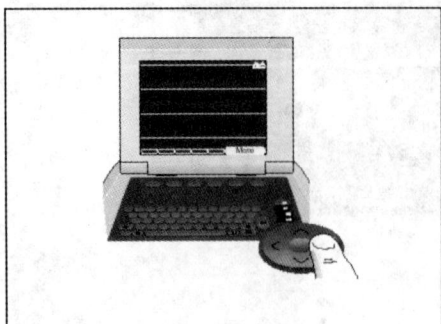

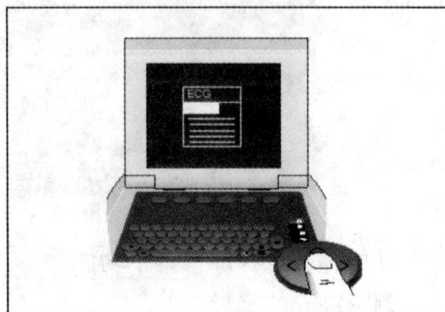

3. 按 Patient Data , 输入病人信息；　　　4. 常规记录并存储心电图

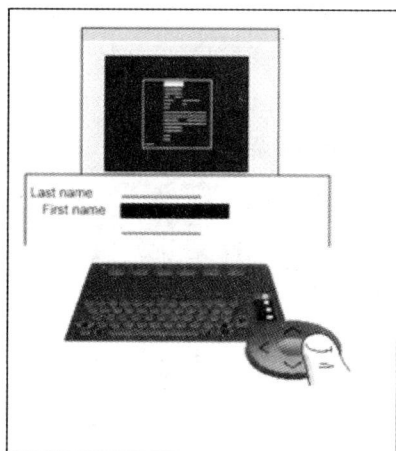

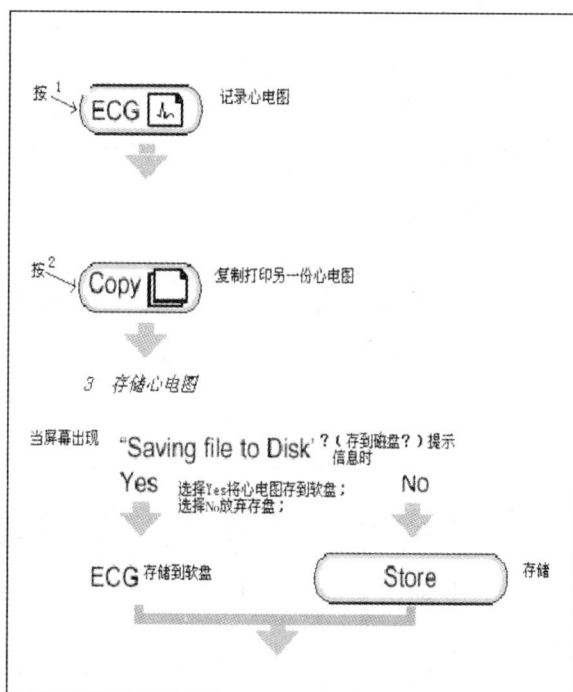

四、调出存到软盘的心电图

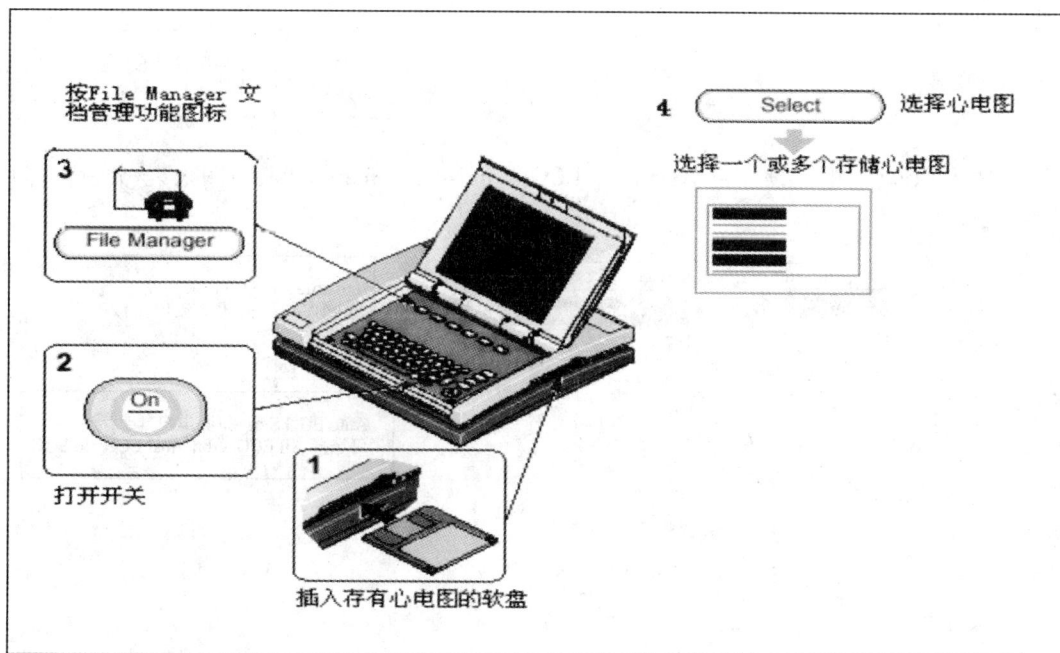

五、设置

1. 选择 [System Setup] 系统设置；

2. 键入密码 System；确定；

3. 出现 System Setup 系统设置界面；

4. 选择 Basic System（基本设置）——→ 选择 Miscellaneous Setup（杂项设置）；

System Setup		Basic System		Institution name 单位名称
Basic Syatem	→	**Miscellaneous Setup**	→	

通过键盘输入医院名称
（将在报告中出现）

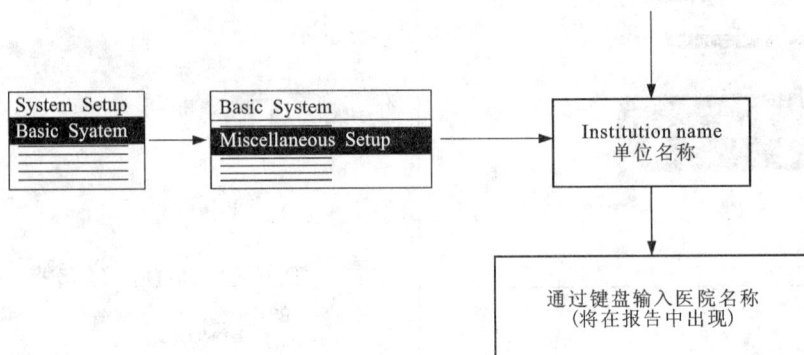

5. 选择 Basic System（基本设置）——→ 选择 Patient Questions（病人问题）；

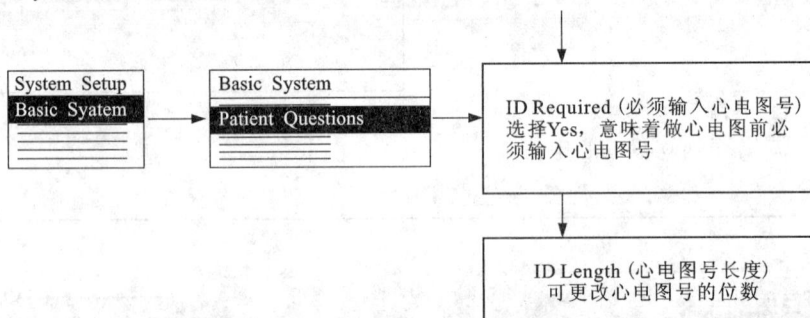

System Setup		Basic System		ID Required（必须输入心电图号）选择Yes，意味着做心电图前必须输入心电图号
Basic Syatem	→	**Patient Questions**	→	

ID Length（心电图号长度）
可更改心电图号的位数

6. 选择 ECG（心电图设置）——→ 选择 ECG Acquisition/Analysis（心电图采集/分析设置）；

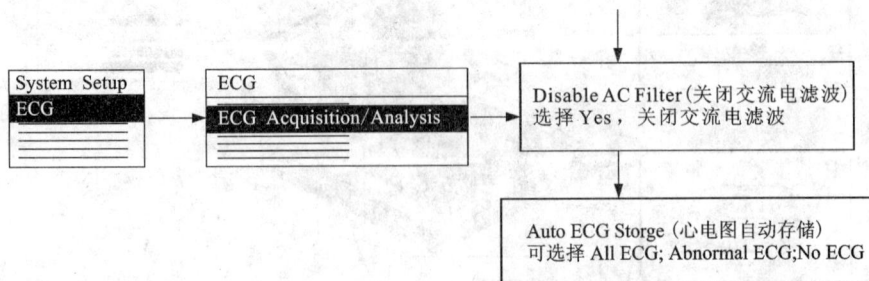

System Setup		ECG		Disable AC Filter（关闭交流电滤波）选择 Yes，关闭交流电滤波
ECG	→	**ECG Acquisition/Analysis**	→	

Auto ECG Storge（心电图自动存储）
可选择 All ECG; Abnormal ECG;No ECG

7. 报告格式的设置：

选择 ECG ——▶选择 Resting ECG Reports（静息心电图报告设置）。

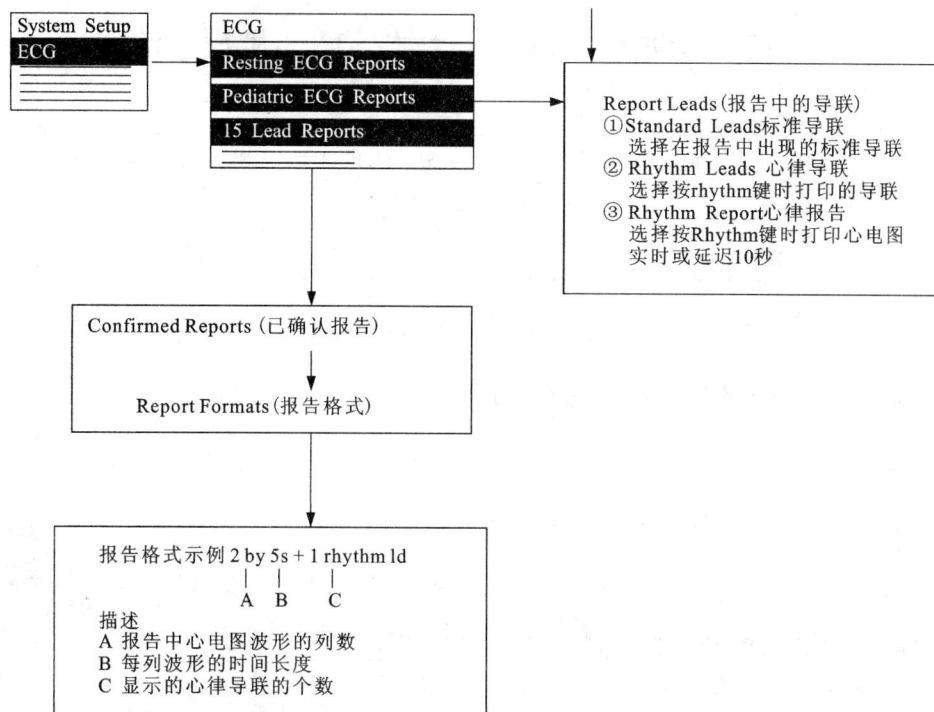

```
System Setup
ECG
```

```
ECG
Resting ECG Reports
Pediatric ECG Reports
15 Lead Reports
```

Report Leads（报告中的导联）
①Standard Leads标准导联
　　选择在报告中出现的标准导联
②Rhythm Leads 心律导联
　　选择按rhythm键时打印的导联
③Rhythm Report心律报告
　　选择按Rhythm键时打印心电图
　　实时或延迟10秒

Confirmed Reports（已确认报告）

Report Formats（报告格式）

报告格式示例 2 by 5s + 1 rhythm ld
　　　　　　　　　　　A　B　C
描述
A 报告中心电图波形的列数
B 每列波形的时间长度
C 显示的心律导联的个数

报告格式示例：

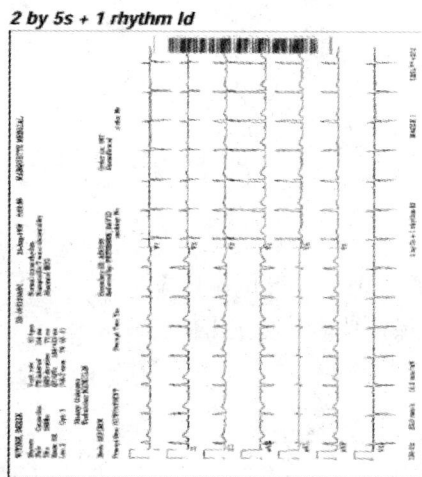

2 by 5s + 1 rhythm ld

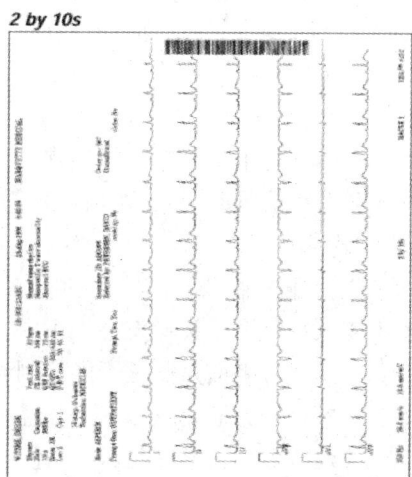

2 by 10s

第二十四节 Stockert 体外循环机操作流程

名称：Stockert 体外循环机操作流程		编号：ST－OPE－0024	类别：操作流程	总页数：3
拟稿人：×××	审核人：×××		批准人：×××	
发布部门：设备器材科	版本号：V1.0		生效日期：××××－××－××	

1. 目的

为规范 Stockert 体外循环机操作，特制定此操作流程。

2. 范围

全院所有 Stockert 体外循环机操作人员，设备器材科体外循环机 Stockert 维护维修人员。

3. 定义

体外循环机是指用一种特殊装置暂时代替人的心脏和肺脏工作，进行血液循环及气体交换的装置。Stockert 体外循环机如图 3－16 所示。

4. 职责

Stockert 体外循环机操作人员及维护维修人员培训合格后，可参考此说明进行操作。

5. 作业内容

5.1 基本操作步骤。

5.1.1 检查各个泵槽内有无异物。

5.1.2 检查桅杆有无晃动，检查空氧混合器安装是否牢固。

图 3－16 Stockert 体外循环机

5.1.3 打开机器，机器开机后断开 AC 电源，检查是否有 UPS 电源供应。

5.1.4 试转每个泵头噪声是否正常，并检查开盖保护功能是否正常。

5.1.5 打开液平面监测是否能控制主泵。

5.1.6 检查压力监测校零、压力监测是否正常。

5.1.7 检查停跳液监测是否正常。

5.1.8 检查温度监测是否正常。

5.1.9 检查时间监测是否正常。

5.1.10 上述都正常后连接管路，预冲好准备做手术。

5.2 日常保养维护。

5.2.1 常规维护。

➤ 常规维护中，若泵头或机器金属位置有血液或脏了，用酒精清洗血液并用湿布擦拭干

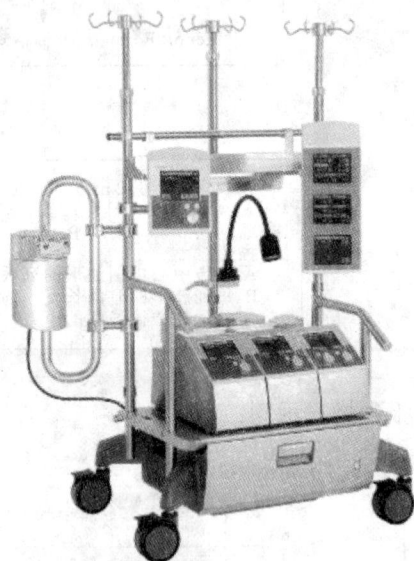

净即刻。

> 泵槽内部用无菌棉布擦拭(切记：松紧度调节部位不要沾任何液体)。

> 屏幕和键盘部位的清洁，建议使用无腐蚀性的清洁剂或者清水。

> 机器在移动时，应注意，小心磕碰，停放好后，一定要锁好脚轮(至少两个)。

> 当机器不用时，停放在合适的位置，务必锁紧脚轮，防止意外移位，造成磕碰；可用防尘罩将其遮盖，防止沾染灰尘。

5.2.2 电池维护。

> 充电维护时，应按照工厂要求做充放电测试以保证电源能在紧急情况下维持机器的正常运转。

5.2.3 水箱维护。

> 定期更换水箱里面的水，两个星期更换一次即可，每个月对水箱进行除垢及消毒，量一勺除垢粉，用杯子装温水融化后放入水箱，将水箱出水口和进水口短接成回路，水箱温度设置 40℃，按循环键循环 1 小时左右，然后把水放掉，倒入无钙水，把半片消毒剂融化后倒入水箱，温度 40℃循环 1 小时，把水放掉倒入干净的无钙水循环 1 小时再放掉水箱的水，再把水箱灌满水即可。

5.3 常见故障维修。

5.3.1 气泡传感器故障。

引起气泡传感器故障的原因可能有：①传感器对应管道口径不合适；②传感器上使用太多的超声冻胶或超声冻胶涂喷不均匀；③传感器接触不良。

故障排查：若口径不合适，选择合适的口径即可。如故障依旧，则检查超声胶冻的使用数量是否合适，涂喷是否均匀，若涂喷不均匀，涂喷合适均匀的超声胶冻即可排除故障。若故障依旧，检查传感器是否正确地插入对应的插座，然后检查导线接头是否断开，若断开，则重新焊接即可。

5.3.2 液平面传感器故障。

故障可能原因有：①传感器支架的粘贴面未水平固定或是高度不准确；②传感器支架的粘贴面未均匀平坦地放置在氧合器表面；③贮血槽/氧合器表面不清洁；④贮血槽/氧合器表面选择的粘贴传感器的点壁太厚；⑤传感器与插座没有接触好或者是传感器线路接触不良。

故障排查：首先检查水平固定传感器支架的黏贴面，确定测量范围为 10 mm；然后，重新放置传感器支架的黏贴面。使其平坦地放置在氧合器表面。如故障依旧，用无水酒精清洗贮血槽/氧合器表面的污物和灰尘，保证表面选择的黏贴传感器的点壁合适即可。如故障仍未排除，则检查传感器是否正确地插入对应的插座，然后检查导线接头是否断开；若断开，重新焊接(焊接要注意，避免导线之间出现短路现象)即可。

5.3.3 控制面板显示错误代码 E13。

故障分析：根据错误代码，可判别是设备的传感器组件块出现硬件故障。

故障排查：检查 DC/DC 组件上的控制指示灯 LED，将组件依次从组件上移出，在排除每一组件连接后，检查 DC/DC 组件上的控制指示灯 LED，如果 LED 指示灯熄灭或者有微弱的亮光，则说明故障在后面的面板上。如果取出组件后所有 LED 亮起，则可以判别是该组件的故障；如果把所有的组件都移除了，但是控制指示灯依然不亮或者是以微弱的强度亮起.则说明是 DC/DC 板故障。更换 DC/DC 板即可。

5.3.4 泵旋转方向错误。

故障分析：泵的内部程序由于某些因素导致错误。

故障排查：采用冷启动方法，关闭故障泵电源，将泵从电源供应上分离出来。

6.相关文件

无。

7.使用表单

无。

8.流程图

无。

9.修订记录

无。

第二十五节　CS100/CS300 主动脉内球囊反搏器操作流程

名称：CS100/CS300 主动脉内球囊反搏器 操作流程		编号：ST－OPE－0025	类别：操作流程	总页数：3
拟稿人：×××	审核人：×××		批准人：×××	
发布部门：设备器材科	版本号：V1.0		生效日期：××××－××－××	

1.目的

为规范主动脉内球囊反搏器 CS100/CS300 操作，特制定此流程。

2.范围

全院 CS100/CS300 型机器操作人员，设备器材科 CS100/CS300 型号机器维护维修人员。

3.定义

主动脉内球囊反搏，简称 IABP，是目前临床应用较为广泛而有效的机械性辅助循环装置，由动脉系统植入一根带气囊的导管至降主动脉内左锁骨下动脉开口远端，进行与心动周期相应的充盈扩张和排空，使血液在主动脉内发生时相性变化，从而起到机械辅助循环作用的一种心导管治疗方法。主动脉内球囊反搏器 CS300 如图 3－17 所示。

4.职责

主动脉内球囊反搏器 CS100/CS300 操作人员培训合格后，可参考此指引说明进行操作。

5.作业内容

5.1 常规维护。

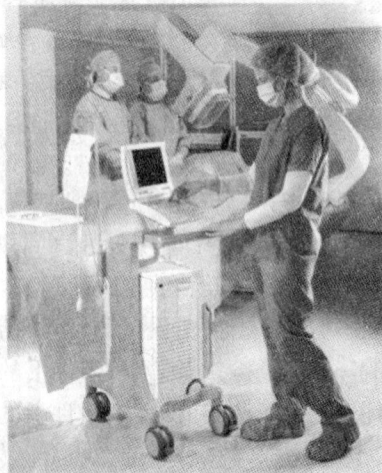

图 3－17　主动脉内球囊反搏器 CS300

5.1.1 常规使用，避免磕碰安全盘装置，禁止搬动。

5.1.2 保持机器外观清洁，用清水擦拭即可。

5.1.3 机器在移动时，谨防磕碰，停放好后，锁好脚轮（至少两个）。

5.1.4 当机器在待用状态时，关好氦气瓶开关，做好机器外观清洁，可用防尘罩将其遮盖，防止沾染灰尘。

5.1.5. 维护保养相关操作，见下表：

维护保养	执行间隔			备注
	每次使用前或使用后	每个月	每六个月	
清洁机器外观：完整性检测：心电导联线/压力连线/电源线/瓶氦气量	●			
*安全盘漏气测试	●			见操作手册《安全盘漏气检测》章节
检测 UPS 电池系统功能；检查电池充电指示灯		●		
充电电池		●		充电：18 小时 开机：2 小时
*检查电池运行时间			●	运行时间需大于 120 分钟

说明：充电维护时，连接交流电，观察绿灯充电指示灯，闪烁即说明正在充电，常亮则说明已充满。

1. 若当月机器有使用过（时间超过 24 小时），则当月可不用充电。

2. 运行时间检测，仅需开机，需按任何按键。

5.2 主要操作步骤。

5.2.1 开机：接通交流电，打开电源开关，打开氦气开关。

5.2.2 连接五芯导联线，机器屏幕上出现清晰的心电图。

5.2.3 选择型号合适的球囊（根据病人身高，详见球囊包装外观说明）。

➢ 选择穿刺点。

➢ 用导管度量球囊穿刺长度（适用于无造影情况，从胸骨角—肚脐—穿刺点）。

➢ 用穿刺针穿刺股动脉。

➢ 进导丝，2/3 左右，取下穿刺针。

➢ 使用组织扩张器扩张皮下组织，取下扩张器。

➢ 使用注射器和单向阀将球囊回抽 30mL 真空（保留单向阀至穿刺结束）。

➢ 拔掉球囊导管中心腔钢丝，卸下 T 形手柄（穿刺前切勿沾液体）。

➢ 在穿刺点切个小口（便于导管穿刺）。

➢ 球囊导管沿导丝进入主动脉。

> ➤ 造影确定球囊位置正确(降主动脉内左锁骨下动脉远端)。

> ➤ 拔出导丝,接上三通阀。

> ➤ 缓慢回抽出 3 ~ 5 mL 血液,再用 10 mL 肝素盐水注入球囊中心腔。

5.2.4 接好压力传感器(常规低浓度肝素盐水、300 mmHg 加压输液)。

5.2.5 压力调零:压力传感器接通大气,与心脏水平位置,按压"压力调零"键 2 秒,然后将换能器重新接通病人,获取清晰血压波形。

5.2.6 将延长管接通球囊导管和机器(拔掉单向阀)。

5.2.7 按"开始"键开始反搏。

5.2.8 缝合/固定球囊导管。

5.2.9 病人达到理想效果,逐步减小辅助频率(1:2,1:3)。

5.2.10 按"停止"键停止反搏,断开充气延长管,取出导管和鞘管。

5.2.11 关闭电源,断开交流电,整理线缆,清洁机器外观。

6. 相关文件

无。

7. 使用表单

无。

8. 流程图

无。

9. 修订记录

无。

第二十六节　5392 型体外临时起搏器操作流程

名称:5392 型体外临时起搏器操作流程		编号:ST - OPE - 0026	类别:操作流程	总页数:3
拟稿人:×××	审核人:×××		批准人:×××	
发布部门:设备器材科	版本号:V1.0		生效日期:××××-××-××	

1. 目的

为规范 5392 型体外临时起搏器操作指引,特制定此操作流程。

2. 范围

全院 5392 型体外临时起搏器操作人员,设备器材科 5392 型体外临时起搏器维护维修人员。

3. 定义

临时起搏器指用特定的脉冲电流刺激心脏,使心肌除极,引起心脏收缩和维持泵血功能的装置。

4. 职责

5392 型体外临时起搏器操作人员及维护维修人员培训合格后,可参考此指引说明进行操作。

5. 作业内容

5.1 准备使用。

5.1.1 使用前清洁和消毒：在正常使用过程中，临时起搏器和电缆可能会被污染，因此，在每次使用前都要对临时起搏器进行清洁和消毒。

5.1.2 实时检测电池的物理特性，当频率设定为 70 次/分钟并且其他参数都是标称值时，碱性电池连续工作寿命最短为 7 天。

5.1.3 当临时起搏器在使用时，将机器放置在可减少病人互动而引起的非授权访问或被非医疗人员篡改的区域。

5.2 基本操作。

5.2.1 开启或关闭临时起搏器。

➢ 要开启临时起搏器，瞬间按住"开/关"键。当开启时，发生以下情况：自检启动。当自检成功完成后，临时起搏器（在第一个起搏周期过程中）首先搜索心电活动，然后在双腔中开始感知和起搏（DDD 起搏模式）。

➢ 要关闭临时起搏器，按下述操作：（1）如果临时起搏器被锁定，解锁临时起搏器。（2）按"开/关"键一次。在屏幕上显示一条讯息，证实临时起搏器关闭。（3）在 30 秒内按回车键一次，确认临时起搏器关闭。

5.2.2 锁定和解锁："Lock/Unlock"（锁定/解锁）键锁定临时起搏器，以防意外调整临时起搏器的参数，或在临时起搏器被锁定的时候解除锁定。

5.2.3 查看病人的内在节律。有两种方法用于查看病人的内在节律。

➢ 推荐的方法。在观察心电图的时候，逐渐降低频率，直到病人的内在节律接管起搏。

➢ 暂停键方法。按住"暂停"键，查看心电图。在心电图上可查看到病人的内在节律。

5.2.4 频率和输出调整：使用上屏幕旁边的转盘调整起搏频率、心房输出和心室输出。上屏幕显示一个数值和分段的环形量表反映每一转盘的当前设置。

5.2.5 起搏设置：临时起搏器可以被设定为单腔起搏模式（AOO，VOO，AAI，VVI）、双腔起搏模式（DDD，DDI，DOO），或者无起搏模式（OOO）。从"模式选择"菜单中选择合适的起搏模式。另外可通过从上屏幕调整心房输出或心室输出和从"起搏参数"菜单调整心房灵敏度、心室灵敏度和/或心房。跟踪，设定起搏模式。

5.2.6 模式选择菜单："模式选择"菜单用于选择起搏模式或导航到"起搏参数"菜单。使用向上和向下箭头键来选择双腔起搏模式（DDD，DDI，DOO）、单腔起搏模式（AAI，AOO，VVI 和 VOO）和无起搏模式（OOO）或"起搏参数"菜单（返回）。

5.2.7 同步（需求）起搏：在同步（需求）起搏过程中，当起搏器感知到内在活动时，输出被抑制，以尽量减少被起搏的节律和心脏的内在节律之间的竞争。

注意：确定灵敏度和刺激阈值；不然异步起搏和/或心脏夺获丧失可能发生。

从"模式选择"菜单选择表 1 中的起搏模式之一，以启动需求起搏。

表1 起搏模式与需求起搏

同步(需求)起搏类型	起搏模式	结果
双腔	DDD, DDI	在双腔内起搏和感知
心房	AAI	仅在心房内发生起搏和感知,在心室内不发生任何起搏或感知
心室	VVI	仅在心室内发生起搏和感知,在心房内不发生任何起搏或感知

5.2.8 异步起搏:最适合异步(非感知)模式的病人有以下问题之一:(1)内在频率始终低于起搏频率。(2)没有内在活动。

注意:由于它可能会同心脏的内在活动竞争,异步起搏可能会导致快速性心律失常。将临时起搏器设定为异步模式时要特别谨慎。

按 DOO/紧急键或从"模式选择"菜单选择异步起搏模式,启动异步起搏。

从"模式选择"菜单中选择表2所示的起搏模式之一,启动异步起搏。

表2 异步起搏类型和模式

异步起搏类型	起搏模式	结果
双腔	DOO	在心房和心室中发生起搏。无感知发生。调整心房输出和心室输出,以提供足够的安全界宽,确保夺获
心房	AOO	仅在心房中发生起搏。没有感知发生。调整心房输出,以提供足够的界宽
心室	VOO	仅在心室中发生起搏。没有感知发生。调整心室输出,以提供足够的界宽)

5.2.9 紧急起搏:紧急起搏特性用于选择高输出双腔异步起搏(紧急情况使用 DOO 模式)。关于紧急起搏指。

➤ 启动紧急起搏:按 DOO/紧急键,以最高输出水平立即启动紧急起搏(如双腔异步起搏)。不管临时起搏器处于开启还是关闭、锁定或解除状态,紧急起搏被启动。

➤ 终止紧急起搏:按回车键终止紧急起搏和恢复需求起搏(如双腔同步起搏)。

5.3 清洁、消毒和维护。

5.3.1 对临时起搏器进行清洁和消毒。

➤ 清洁:在消毒前,使用 70% 的异丙基酒精准备垫彻底清洁临时起搏器。擦拭,以除去所有可见的污垢或血液。让临时起搏器风干约 5 分钟或直至它干为止。

➢ 消毒：用 70% 的异丙醇和无菌准备垫、纱布垫或海绵对临时起搏器进行消毒。擦拭临时起搏器的全部外表面。保持 15 分钟的暴露时间（湿润或潮湿时间）。让临时起搏器风干约 5 分钟或直到它干为止。

➢ 维护：在使用过程中，临时起搏器可能被过度污染，以致医院不能有效清洁或消毒。如果临时起搏器的电池盒、电缆端口或旋钮下面有血液或污物侵入，将临时起搏器返回给美敦力公司进行清洁和消毒。当血液或污物进入这些部位时，医院无法对临时起搏器进行有效清洁或消毒。

注意：不要使临时起搏器接触醚、丙酮、氯化溶剂或消毒剂。这些溶剂可能会损坏外壳、标签或金属部件。

5.3.2 安全和技术检查：每 12 个月应至少对临时起搏器进行一次安全和技术检查，在发生任何故障或事故后也要进行检查。美敦力公司建议由接受过美敦力产品维修培训的合格工程师和技师进行检查。有关维修或培训服务，请与美敦力公司销售或维修代表联系。

➢ 目视检查：每次使用临时起搏器时执行以下的目视检查：①检查临时起搏器没有机械或物理损坏。②检查电池盒和电池有无腐蚀和其他污染。

➢ 功能检查：①验证临时起搏器在电源开启时通过自检。②验证前面板转盘、键和显示屏正常运行和起作用。③检查所有的连接和电缆。验证病人电缆被正确连接且未被损坏。

➢ 实际测量：①频率测试；②快速心房起搏；③输出；④灵敏度；⑤电池耗电测试；⑥关机耗用电流（最大 10 mA）；⑦在关灯和下屏幕关闭条件下的开机耗用电流（远离起搏峰值进行测量时最大为 5.9 mA）；⑧依照 IEC 60601 - 1 的病人漏电流测量和依照 IEC 601 - 2 - 31 的病人辅助电流测量。

注意：勿打开临时起搏器的外壳。打开临时起搏器外壳使产品质保失效。

6. 相关文件

无。

7. 使用表单

无。

8. 流程图

无。

9. 修订记录

无。

第二十七节　EasyIII 脑电图机操作流程

名称：EasyIII 脑电图机操作流程		编号：ST - OPE - 0027	类别：操作流程	总页数：2
拟稿人：×××	审核人：×××		批准人：×××	
发布部门：设备器材科	版本号：V1.0		生效日期：××××－××－××	

1. 目的

EasyIII 脑电图机简易操作指引及日常维护。

2. 范围

全院 EasyIII 脑电图机操作人员，设备器材科 EasyIII 脑电图机维护维修人员。

3. 定义

脑电图机是一种借助电子放大技术，将大脑神经元的自发性生物电活动进行放大并记录，从而反映脑功能动态活动的装置。脑电图机如图 3 - 18 所示。

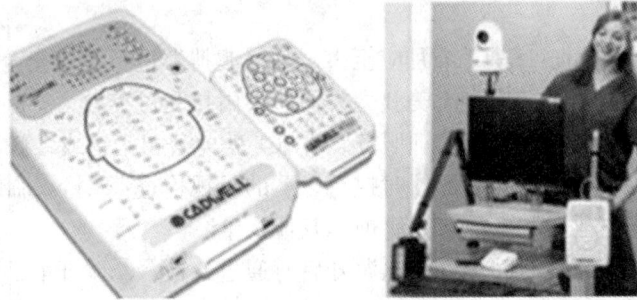

图 3 - 18　脑电图机

4. 职责

EasyIII 脑电图机操作人员培训合格后，可参考此指引说明进行操作。

5. 作业内容

5.1 操作步骤。

5.1.1 连接设备电源，电脑、设备开机。

5.1.2 打开软件，输入病人信息，调整摄像头，开始记录脑电图。

5.1.3 暂停记录，关闭软件。

5.1.4 打开回看软件，浏览记录过的脑电图数据，打印报告。

5.1.5 关闭软件，关闭设备和电脑。

5.1.6 整理电极，收拾整洁。

5.2 注意事项。

5.2.1 每天下班前关闭电源。

5.2.2 注意设备防潮。

5.3 日常维护。

5.3.1 用干燥毛巾定期擦拭清洁设备外表。

5.3.2 及时更换不能用的电极。

每班检查：设备是否正常记录脑电图。

每天检查：设备有无污损。

5.4 常见故障

5.4.1 电脑开机后，不能进入软件。

解决方式：检查设备电源模块是否开启。

5.4.2 正常记录脑电图时，发现干扰很大。

解决方式：检查点击是否有漏接和损坏，然后确认软件滤波参数是否被改动。

6. 相关文件

无。

7. 使用表单

无。

8. 流程图

无。

9. 修订记录

无。

第二十八节　贝朗 Dialog 血透机操作流程

名称：贝朗 Dialog 血透机操作流程	编号：ST－OPE－0028	类别：操作流程	总页数：4
拟稿人：×××	审核人：×××		批准人：×××
发布部门：设备器材科	版本号：V1.0		生效日期：××××－××－××

1. 目的

贝朗 Dialog 血液透析机简易操作指引。

2. 范围

全院所有贝朗 Dialog 血液透析机操作人员，设备器材科贝朗 Dialog 血液透析机维护维修人员

3. 定义

血液透析机的主要功能是将血液和透析液在透析器内借助半透膜接触和浓度梯度进行物质交换，使血液中的代谢废物和过多的电解质向透析液移动，透析液中的钙离子、碱基等向血液移动，从而达到治疗的目的。贝朗 Dialog 血透机如图 3-19 所示。

4. 职责

贝朗 Dialog 血液透析机操作人员培训合格后，在此操作指引下进行血液净化操作。

5. 作业内容

5.1 简明操作流程。

5.1.1 检查水源和透析机电源线连接是否正常。

5.1.2 打开电源总开关▯。

5.1.3 屏幕出现准备状态：选择"透析自检" HD/HDF/HF 图标。

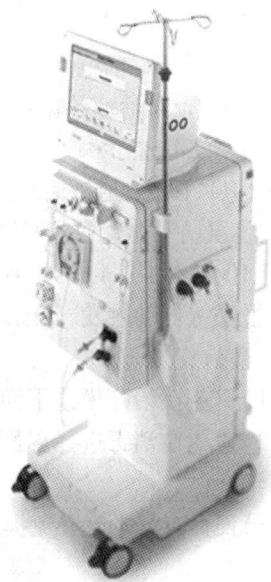

图 3-19　贝朗 Dialog 血透机

5.1.4 连接浓缩液：将红色吸管接 A 液，蓝色液体接 B 液。如果 B 液使用干粉，请直接将干粉放入干粉支架内。

5.1.5 安装管路预冲：透析器膜内注满生理盐水后，按屏幕出现的对话框"将透析液快速接头连接到透析机上"的提示，连接透析液并按回车键确认，调节液面，然后屏幕出现"血路部分充满盐水并冲洗了吗？所有的液面都正确设置了吗？"的对话框，确认后进入自检。

5.1.6 血路系统压力自检：机器自动进行血路系统压力自检，静脉压将上升至 400 mmHg 以上，维持 30 秒，见右上角出现"消毒阀自检"，则血路压力自检通过。

5.1.7 闭式循管：自检后点击 ▨ 进入超滤冲洗模式。密闭冲洗时确保管路已连接 500 mL 盐水。建议泵速调节至 300 mL/min，超滤量设置为 100～200 mL/5min，此步奏也可进行肝素循环冲洗。HDF 治疗建议循环 5～20 分钟，超滤量设置为 500～1000 mL/5min。针对敏感患者建议增加超滤量和延长冲洗时间。如需要调整冲洗时间和超滤量：关闭 ▨ 键，进行相应的参数调整，调整后再激活该键。

5.1.8 设定治疗参数：在以上 5.1.4、5.1.5、5.1.6、5.1.7 任何步骤都可以进行参数设定。点击 ▨ 进入参数设定。点击 ▨ 和 ▨ 键设定治疗时间、超滤量和电导度值或预设各项曲线，点击 ▨ 键设定肝素相关参数和选择注射器型号。

5.1.9 设置参数，引血上机：点击 ▨ 键。屏幕跳出窗口 ▨。检查患者的治疗参数是否与医嘱相符，符合后点击监视器上的键准备进入治疗。此时泵速显示默认数值为 100 mL/min，并自动停泵。将血路管路脉端连接患者后，开启血泵。等待引血至 SCD（空气安全探测器）时，显示器提示报警（黄色指示灯）并自动停泵。此时操作者可将血路管静脉端连接到患者，并再次开启血泵，缓慢加大血流量至 150 mL/min 以上。点击旁路 ▨ 键 ▨ 进入透析治疗，机器指示灯由黄变绿，显示治疗状态正常。HDF 治疗请点击设置键，按照医嘱选择治疗模式，前/后稀释并设定换置流量。

5.1.10 查看治疗数据：治疗中按下 ▨ 或 ▨ 图标，选中 ▨ 可以查看预治疗相关的数据和记录；选中 ▨ 图标可以[查看]可能报警和透析记录相关的数据。

5.1.11 下机：透析治疗结束后，可以听到声响信号，屏幕会显示"治疗时间结束"的信息。先将泵前动脉侧管连接于 500 mL 生理盐水袋，点击下机图标进入下机程序，此时血泵流速至 100 mL/min 以下。程序累计回血输注量，以精确控制回血输注量。生理盐水输至 SAD，报警将自动触发，血泵再次停止。此时可断开静脉连接或按需进行再输注。

注意：

(1)避免在治疗模式下回血，以免造成透析器回血时产生残血。

(2)避免在消毒选择界面下回血！因为在此阶段，所有检测报警设备处于关闭阶段，可有安全隐患。

(3)回血完毕前，避免提前把透析液快速接头送回冲洗桥，会造成透析器红细胞贴壁（挂血）！

5.1.12 透析器排水：患者下机后，如果使用干粉，按 ▨ 排干干粉桶，然后取下干粉桶并复原干粉桶支架。再按屏幕提示"排空透析机吗？"，将透析器静脉端向上，按 ▨ 图标将透析器膜外透析液排空。透析液蓝色接头连接至冲洗桥后，按"↵"键后机器自动排空透析机。待排空后，将透析液红接头连接到冲洗桥上。

5.1.13 消毒：将 A/B 液吸杆放回机器相应位置，点击 ▨ 后，选择消毒模式。通常使用

50%柠檬酸热消毒，点击长时消毒键 ▬ 开始消毒。

5.1.14 关机：消毒结束后，点击 ▦ 退回治疗选择界面，关闭电源开关（如果当日需要连班，请按5.1.3至5.1.13步骤重复进行）。若在消毒未完成时直接上机，再次开机时将继续消毒，如果需要自动关机，请在开始消毒后点击 ▦ ，并可设置关机时间。

固定好锁母。再将关机开报警处理：报警时，监视器下方 ▨ 灯亮，屏幕两侧状态指示灯呈红色，同时有长鸣报警声，屏幕左下方有报警内容文字，同时机器自动进入旁路。按（消音）键一次消除报警，但红灯不灭。在解除报警原因后，再按一次按键（消音键）可解除报警，▨ 灯灭，机器自动回复透析状态，状态指示灯恢复绿色。

5.2 故障维修。

5.2.1 故障一：机器开机，在 Conductivity 电导度自检时，A 液泵和 B 液泵运转，"DF Flow Distributed(Membrane Moving)"报流量干扰（膜运动受阻）。有时消毒后，机器自检能通过且透析正常。

检修：分析可能机器管路内血蛋白质沉积过多，连续几天用10%次氯酸原液消毒，但故障依旧。关机打开门后，位置开关至"2位置"，进入 TSM 程序，点选"LLC Manual Test"，点选"Test 1.13Malanu Chamber Value"单独进行平衡室8个电磁阀测试，正常。再点选"Test 1.15Flow Pump FPA Balance Chamber"FDR 泵、平衡室传感器和空气分离室测试，平衡室传感器变化正常。FPA 泵转速设置为1000rpm，废水接口按700 mL 流量计，测每分钟流量为200 mL（正常为500 mL）。平衡膜两侧压力不平衡。保持平衡膜两侧压力平衡主要靠 FPE 泵、FPA 泵和 PVFPE、RVFPA、DDE、RVDA 四个压力逆止阀。RVFPE 和 RVFPA 压力逆止阀压力为1.3bar（975mmHg），DDE 和 RVDA 四个压力逆止阀压力为0.4bar（300mmHg）。拆开快速接口 KK2，串接压力表，测 FPE 泵输出压力为1.1bar，调 RVFPE 压力逆止阀（RVFPE 压力逆止阀在大水槽上），压力达不到1.3bar，压力可调低。更换一个新的压力逆止阀，开机，点选"Test 1.20water overview"设置 FPA 为500mL/min，TSD 温度为37°，调节压力至1.3bar。关置"0位置"，开机进入透析画面，自检通过且机器流量也都正常，拆开坏的压力逆止阀，发现在压力口有一点污物，清楚干净，重新装机实验，机器能正常运行。

5.2.2 故障二："SAD - Air Alarm 报警"空气报警，血泵停转。透析液旁路，事实上管路内没用空气，虚假报警。

检修：①把夹在 SAD 检测夹内管路上移动少许（管路被夹扁的复用透析管路）。②清洗 SAD 检测内发射和接收探头。③清洗夹内管路外壁，检查是否脏了。④SAD 检测板插头是否接触不良。⑤SAD 检测板进水，造成探头霉断，SAD - Air Alarm 报警时有时无。⑥若上述方法不能解决问题，SAD 检测板损害，只能更换新的传感器，且须定标。

5.2.3 故障三：6.01 版血透机在透析中报"Bicarbonate Mixing Ratio（sup）"碳酸混合比例报警。

检修：清洗 B 液过滤器，重新配置 B 液，故障依旧。进入消毒模式，查消毒记录有连续几天小红点，怀疑管路内有钙化点，做一次5%的次氯酸钠长消毒和50%柠檬酸短脱钙后，透析正常。第二天做病人中再次发生同样报警，点开小板手仔细观察，发现当报警要出现时，B 液泵转速值和 B 液泵监测值不一致，监测值在8～3000 r/min 之间变化。B 液泵是陶瓷活塞泵，泵体和电机之间连接件上有一块小磁铁，旁边固定快速簧管。电机每转一圈，快速干簧管导通一次，B 液泵监测值就这样计算出来。拔下 B 液泵反馈信号插头，用万用表测快速干簧管两端，电机每转圈，快速干簧管都能导通。试用另一台血透机 B 液泵代换，机器运行正常。后购买新的 B 液泵。

5.2.4 故障四：开机，当治疗选单出现时，在屏幕左下角显示"Venous Pressule Lower Limit（sup）"静脉压低报警，且有连续报警音，按两下消音键，可消除报警。透析时各项参数正常。

检修：重装系统软件，不能排除故障。怀疑静脉压 PV 零位漂移。后更换一根硬盘数据线，故障消失。

6. 相关文件

无。

7. 使用表单

无。

8. 流程图

无。

9. 修订记录

无。

第二十九节　AK200S 血透机操作流程

名称：AK200S 血透机操作流程		编号：ST－OPE－0029	类别：操作流程	总页数：2
拟稿人：×××	审核人：×××		批准人：×××	
发布部门：设备器材科	版本号：V1.0		生效日期：××××－××－××	

1. 目的

为规范 AK200S 血液透析机操作，特制定此操作流程。

2. 范围

AK200S 血液透析机操作人员，设备器材科血液透析机 AK200S 维护维修人员

3. 定义

血液透析机的主要功能是将血液和透析液在透析器内借助半透膜接触和浓度梯度进行物质交换，使血液中的代谢废物和过多的电解质向透析液移动，透析液中的钙离子、碱基等向血液移动，从而达到治疗的目的。AK200S 血液透析机如图 3－20 所示。

4. 职责

AK200S 血液透析机操作人员及维护维修人员培训合格后，在此 SOP 指引下进行血液净化操作。

5. 作业内容

5.1 确认机器已接通电源，按"ON/OFF"键开机。

5.2 机器开始自检，时间窗显示 F.CH（这时不要变动机器任何部件），待时间窗出现 F.

ch，按“Bicarbonate”键选择透析液配方。

5.3 连接浓缩液。如选择“204 + BiCart”，将 A(红色)吸管插入 A 浓缩液桶；安装 BiCart 干粉筒。

5.4 正确连接透析器和血路管。

5.5 当“Priming”闪动时，将其按亮，同时血泵键闪动。

5.6 连接预充液，按亮血泵键，启动血泵，预充血路管和透析器。

5.7 当时间窗显示具体时间时，“Fluid Bypass”键闪亮。当透析液变成绿色，将透析液旁路接头正确连接于透析器上，并按灭“Fluid Bypass”键。

5.8 待血路、透析器预充完毕，停止血泵，同时将血流量调至 100 mL/min。

5.9 按键调整治疗时间，按“UF Volume”键输入病人超滤量，按键输入肝素速率和肝素泵早停时间。

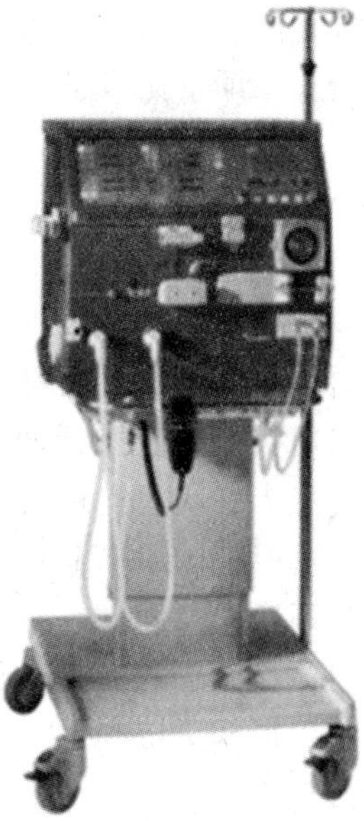

图 3－20　血液透析机 AK200S

5.10 连接患者，当预充探测器检测到血液，血线亮起。

5.11 用红色旋钮调节血流速至治疗流速，依次按闪动的“START UF STOP”“Arterial pressure”“Venous pressure”“TMP”键，时间开始倒计时，治疗正式开始。

(当时间处出现 0：00 时，透析治疗结束。)

5.12 按灭闪动的，停止血泵。

5.13 血泵泵速自动调至 100 mL/min，分离患者动脉端，并连接生理盐水，起动血泵回血。

5.14 当血路中的血液回到患者体内后，停泵，分离静脉血路，并将血路、透析器取下妥善处理。

6. 相关文件

无。

7. 使用表单

无。

8. 流程图

无。

9. 修订记录

无。

第三十节　C. A. T. S 自体血回输机操作流程

名称：C. A. T. S 自体血回输机操作流程	编号：ST－OPE－0030	类别：操作流程	总页数：3
拟稿人：×××	审核人：×××	批准人：×××	
发布部门：设备器材科	版本号：V1.0	生效日期：××××－××－××	

1. 目的

费森尤斯卡比 C. A. T. S 自体血回输机简易操作指引。

2. 范围

全院费森尤斯卡比 C. A. T. S 自体血回输机操作人员，设备器材科费森尤斯卡比 C. A. T. S 自体血回输机维护维修人员。

3. 定义

自体血回输机的主要功能是指将患者体腔积血、手术中失血及术后引流血液进行回收、抗凝、滤过、洗涤等处理，然后回输给患者，从而实现血液回收。费森尤斯卡比 C. A. T. S 自体血回输机如图 3 – 21 所示。

4. 职责

自体血回输机操作人员及维护维修人员培训合格后，可参考此指引说明进行操作。

图 3 – 21　C. A. T. S 自体血回输机

5. 作业内容

5.1 血液收集阶段操作流程以及注意事项。

5.1.1 物品准备。

➢ 费森尤斯卡比 C. A. T. S 主机。

➢ 耗材：AT1 清洗盘及管路、ATR 储血罐、ATS 吸引管各一套。

➢ 负压吸引装置（医院手术间自备）。

➢ 抗凝剂（生理盐水每 1000 mL 配 30000IU 肝素，并摇晃充分混匀）。

➢ 生理盐水若干（清洗回输血液用）。

5.1.2 抗凝剂的准备及储血罐预充。

➢ 将 ATR 储血罐，放置在 I. V 输液架上的黄色固定装置上，关闭下端红色夹子。

➢ ATR 储血罐上的黄帽口连接负压吸引（任何时候不得高于 200 mmHg 或 – 0.3Pa）。

➢ ATR 储血罐上的蓝帽口连接 ATS 吸引管（要求无菌环境下取出内包装，Y 型设计，单头接台上吸引棒；双头，递予台下，分别接肝素水和储血罐上方的蓝帽口，三个任选其一）。

➢ 打开负压，开全滚轮，快速预充。ATR 储血罐内的预充肝素盐水量≥250 mL。

➢ 待 ATR 储血罐内预充完成，调节滚轮，维持在 60 ~ 80 滴/分钟，等待吸血。

注：为确保充分打湿黑色海绵滤网，可以手动摇晃罐身。

5.1.3 常规血液回收及注意事项。

➢ 常规少量出血手术中，维持在每 100 mL 血液或伤口冲洗液、浸纱布血/15 mL 抗凝剂（约 60 ~ 80 滴/分钟）。

➢ 注意避免吸入过多的空气——血液与空气在吸血口或吸血管内过多的混合可能激活凝血或造成溶血。

➢ 尽量减少吸入骨碎片和组织——固态物质会在吸引过程中对红细胞产生少量破坏作用。

➢ 术中及时吸血，勿待大量血液聚集时再吸引——否则在术野就会凝集。

注：使用玻璃瓶装盐水配比肝素时，由于抗凝剂滴速会随着抗凝剂液面的降低而明显减慢，如有减慢需要调整，确保抗凝剂的滴速至 60 ~ 80 滴/分。

5.1.4 大流量吸血/术野冲洗时血液回收及注意事项。

➤ 大出血/集中吸引术野血/术野冲洗时，必须根据实际液体吸引量，按每 100 mL 血液/液体，匹配 15 mL 抗凝剂比例增加抗凝剂流速（为 100～120 滴/分钟）。

➤ 如紧急出血或吸引液体量过大，可以由储血罐上白色帽加药口，追加抗凝剂，并加以摇匀储血罐以充分抗凝。

注：抗凝剂滴速必须随同吸引血液或液体量增大调节，确保每 100 mL 血液/液体，匹配 15 mL 抗凝剂比例（约 100～120 滴/分钟）。

注：抗凝剂使用原则"宁多勿少、宁快勿慢"。

注：C.A.T.S 自体血液回输机可去除 99% 以上抗凝剂。

5.1.5 储血罐中自体血回收频率。

➤ 储血罐每收集达到 600 mL 术野血，便可启动自体血的洗涤处理程序。

注：避免血液长时间滞留于储血罐内，影响回收红细胞质量。

5.2 血液洗涤处理阶段操作流程及注意事项。

5.2.1 安装 AT1 分离套件。

➤ 按开机键（"Ⅰ"）开机。

➤ 根据液晶屏幕提示，点击程序按键。

➤ 手动打开离心舱盖。

➤ 拆开 AT1 包装袋，将 AT1 整体托盘放于离心舱上（分离盘在左，废液袋在右）。

➤ 由 AT1 整体托盘中依次取出，放置于对应位置，依照由上往下取出顺序，依次安装。为避免混淆，勿将所有管路和袋子同时拿出。

注：液晶屏幕界面上的"帮助"键，具有详细步骤配图指示，逐步依照图片指示操作。

5.2.2 灌注 AT1 分离套件。

➤ 安装完成后，关闭舱门。

➤ 出现"灌注"键后，连接盐水，将一路带有红色夹子的管路连接储血罐下方接口。

➤ 将两路带有白色夹子的管路连接至洗涤用生理盐水，并打开通路。

➤ 按"灌注"键，设备会自动用盐水预充整个套件。

➤ 灌注完成后，机器自动停止，并转到"准备就绪"界面，直至出现"开始"键。

➤ 以上安装及灌注步骤完成，即可等待随时开启洗血程序。

5.2.3 清洗及自动分离成品血。

➤ 打开储血罐下方所有红色夹子，打开连接清洗用生理盐水白色夹子，确保管路畅通。

➤ 储血罐每收集够 600 mL 血液，便可按"开始"键，进行洗涤分离。

➤ 设备会自动运转清洗，自动泵出洗涤后 PBC。

➤ 只要储血罐有待处理血液，可反复按"开始"键，进行多次洗涤处理，直至手术完成。

➤ 手术完成，确认无再回收血液，便可进行最后一步——收集剩余浓缩红细胞。设备会自动运转并将管路中可用成品血泵入血袋中。

➤ 可根据术中实际出血情况，随时更改相应程序而不打断正在运行的程序，通过此界面上"选择程序"键完成。

5.2.4 常见报警及处理。

➤ 血液收集存储器流空→消音→因储血罐中无待处理血液，只需等待台上继续吸血至一定量，便可继续"开始"洗血。

➤ 生理盐水流空→消音→生理盐水走空，更换新的生理盐水袋，继续"开始"洗血。

➤ 盐水流速或血液流速→消音→此时界面会出现"打开离心舱盖"键，我们打开离心舱，重新安装柱形泵床下方两块凹槽处的管子，此处为盐水和血液流速探测器，检查此处即可。

➤ 废液袋报警→消音→废液袋已达到最大容积，用替换袋更换或者打开下方蓝色塞子，排空后继续开始洗血。

5.2.5 PBC回输。

➤ 请使用带滴壶的输血器，用塑针连接 AT1 套件上的回输血袋。

➤ 请使用重力回输，勿使用加压回输。

➤ 回输时间限制：常温下，6小时内回输。低温（1~6℃）下，24小时内回输。

6. 相关文件

无。

7. 使用表单

无。

8. 流程图

无。

9. 修订记录

无。

第三十一节　Giraffe® OmniBed®婴儿培养箱操作流程

名称：Giraffe® OmniBed®婴儿培养箱操作流程	编号：ST－OPE－0031	类别：操作流程	总页数：4
拟稿人：×××	审核人：×××	批准人：×××	
发布部门：设备器材科	版本号：V1.0	生效日期：××××-××-××	

1. 目的

Giraffe® OmniBed®婴儿培养箱简易操作指引。

2. 范围

全院 Giraffe® OmniBed®培养箱操作人员，设备器材科 Giraffe® OmniBed®婴儿培养箱维护维修人员。

3. 定义

婴儿培养箱是用科学的方法，为早产婴儿或发育不良婴儿创造一个空气洁净，温度、湿度相对适宜的理想环境，避免婴儿感染疾病，增强机体抵抗力，促使婴儿正常发育成长的装置。Giraffe® OmniBed®婴儿培养箱如图 3-22 所示。

4. 职责

婴儿培养箱 Giraffe® OmniBed®操作人员及维护维修人员培训合格后，可参考此指引进行操作。

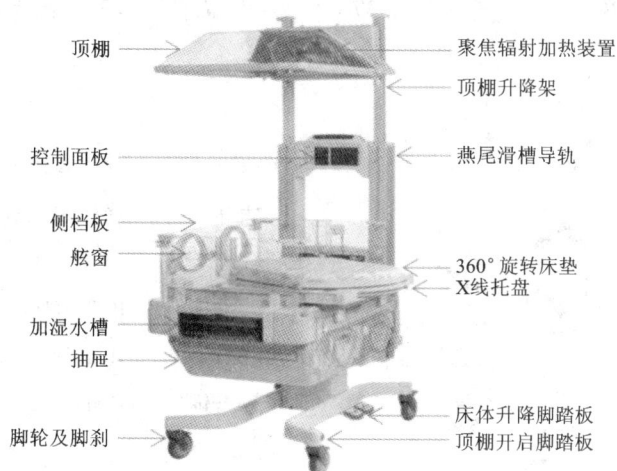

图 3 – 22 Giraffe® OmniBed® 婴儿培养箱

5. 作业内容

5.1 开关机。

开机:接通电源,开启机器后面的总电源开关(图 3 – 23),再开启前面的主机电源开关(图 3 – 24)。

图 3 – 23 总电源开关

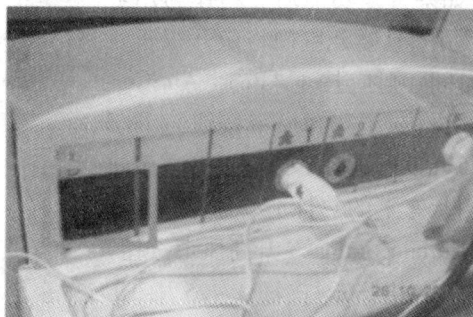

图 3 – 24 主机电源开关

机器自检后:如 2 小时内曾使用过设备,屏幕会提示是否需要清除历史记录。通过显示屏右侧的控制旋钮选择 YES(清除)或者 NO(不清除)。

关机:先关闭前面的主机电源开关,再关闭总电源开关。

5.2 控制和显示。

婴儿控制模式:选择婴儿模式,指示灯变亮。调节温度/功率按钮设置温度,增量 0.1℃。设置范围 35℃ ~ 37.5℃,如要高于 37℃ 的温度,需按下 >37℃ 按钮(图 3 – 25 中 2),方可输入。

注意:此模式必须连接肤温探头,且在暖箱以及辐射台均适用。大数字为婴儿实际体温,小数字为设置温度。

空气控制模式:选择空气模式,指示灯变亮。调节温度/功率按钮设置温度,增量 0.

1℃。设置范围20~39℃，如要设置高于37℃的温度，需按下＞37℃按钮(图3-25中2)，方可输入。

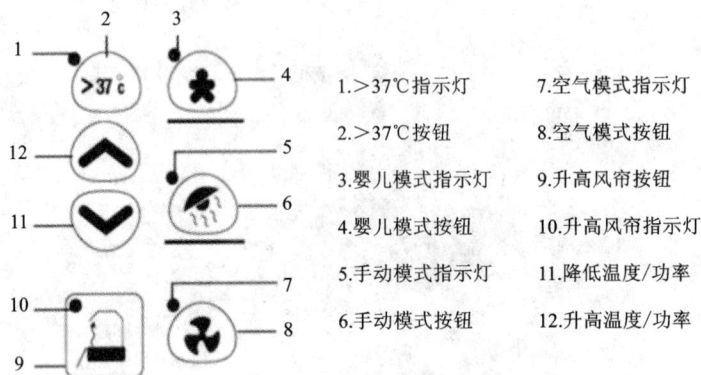

1.＞37℃指示灯	7.空气模式指示灯
2.＞37℃按钮	8.空气模式按钮
3.婴儿模式指示灯	9.升高风帘按钮
4.婴儿模式按钮	10.升高风帘指示灯
5.手动模式指示灯	11.降低温度/功率
6.手动模式按钮	12.升高温度/功率

图3-25 控制与显示图

注意：大数字为实际箱温，小数字为设置温度。在空气模式下如有探头附着于婴儿皮肤时，则婴儿体温也会显示。升高风帘(加强风帘)如果将多功能培养箱作为培养箱使用，且婴儿室门将敞开很长一段时间，则应按下"Boost Air Curtain Button"(升高风帘按钮)(图3-25中9)，增加风扇速度，并改进开门状态下的热性能。激活"Boost Air Curtain Button"(升高风帘按钮)

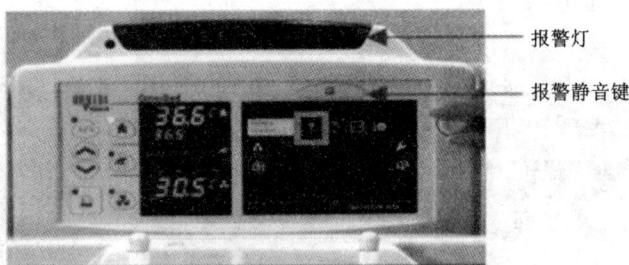

图3-26 报警器

后，按钮上指示灯(图3-25中10)变亮。关闭此功能只需再次按下此键，指示灯灭。或20分钟后此功能自动关闭。

5.3 报警(如图3-26所示)。

报警灯闪，同时报警信息会显示在屏幕顶部，此时选择帮助键获得更多相关信息(具体信息详见操作手册)，消音键位于显示屏上方。

5.4 图形显示和功能菜单(如图3-27所示)。

注意：如果设备未安装某些专用选项，该图标不会显示。

伺服湿度Humidity：选择该图标(图3-27中12)可打开湿度菜单，通过旋转控制旋钮设置(范围30%~95%)。关闭可将湿度水平设置为OFF。

注意：一定要用灭菌蒸馏水给蓄水罐加水。蓄水量稍大于1 L。设备不用时，将加湿器蓄水罐中的水排出。

电子秤Scale：选择该图标(图3-27中6)打开电子秤菜单屏幕。选择Weigh(称重)开始称重。根据屏幕提示进行操作。记录趋势：选择Trend(趋势图)，可在一个图表上绘制一系列的体重。选择"List"，则以列表形式显示称重记录。"Remove"可以清除上一次记录的

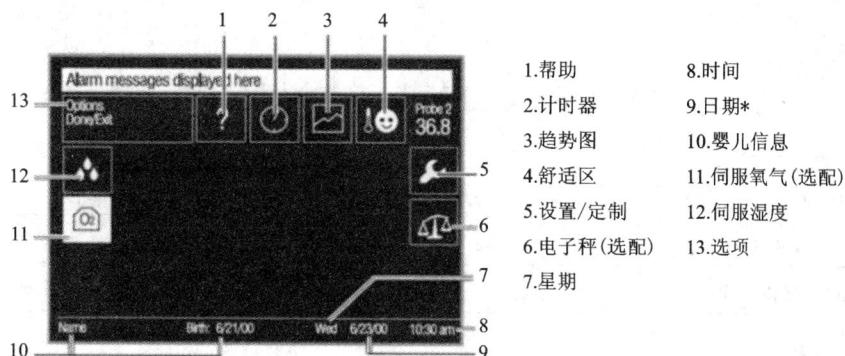

1.帮助	8.时间
2.计时器	9.日期*
3.趋势图	10.婴儿信息
4.舒适区	11.伺服氧气(选配)
5.设置/定制	12.伺服湿度
6.电子秤(选配)	13.选项
7.星期	

图 3 - 27 图形显示和功能菜单

体重。

注意:称重前确定床面完全水平。称重范围 300 ~ 8000 g。

舒适区:选择该图标(图 3 - 27 中 4)打开舒适区屏幕,按下旋钮,输入 Weight(体重值)、Gest age(胎龄)和 Post natal age(出生天数),将出现建议的箱温设置范围。

注意:"舒适区"屏幕只是一个参考信息屏幕。

计时器:选择该图标(图 3 - 27 中 2)打开计时器,选择 Start 启动,一分钟之后或时钟启动后每隔 5 分钟提示。

注意:作为辐射台启动,音调默认开启;作为培养箱启动,音调默认关闭。

趋势图 Trending:选择该图标(图 3 - 27 中 3)打开趋势图,可显示两个肤温探头读数,婴儿室温度,湿度,模式等。旋转旋钮可选择 2,8,24 或 96 小时的趋势图时间段。

注意:趋势图屏幕不会保留目前未显示的数据。

设置 Setting:选择该图标(图 3 - 27 中 5)打开设置屏幕,可对温度单位、报警音量、体温报警、患者报警以及时钟进行设置。

注意:请勿随意更改设置。

5.5 清洁和消毒。

可以安全使用的清洁溶剂,见下表。

6.相关文件

无。

7.使用表单

无。

8.流程图

无。

9.修订记录

无。

第三十二节　Force FX – C 高频电刀操作流程

名称：Force FX – C 高频电刀操作流程		编号：ST – OPE – 0032	类别：操作流程	总页数：3
拟稿人：×××		审核人：×××	批准人：×××	
发布部门：设备器材科		版本号：V1.0	生效日期：×××× – ×× – ××	

1. 目的

高频电刀 Force FX – C 简易操作指引。

2. 范围

全院高频电刀 Force FX – C 操作人员，设备器材科高频电刀 Force FX – C 维护维修人员。

3. 定义

高频电刀是一种取代机械手术刀进行组织切割的电子外科器械。高频电刀 Force FX – C 如图 3 – 28 所示。另外，附高频电刀 Force FX – C 的前面板和后面板图于该节最后。

4. 职责

高频电刀 Force FX – C 操作人员及维护维修人员培训合格后，可参考此说明指引操作。

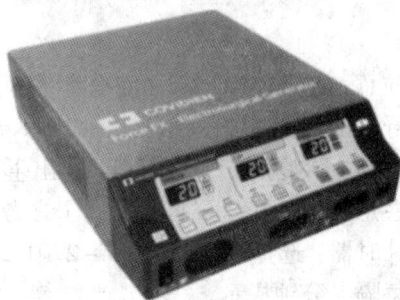

图 3 – 28　高频电刀 Force FX – C

5. 作业内容

5.1 术前设置说明。

5.1.1 将电刀的电源线插入有接地端子的墙壁插座。

5.1.2 根据手术需要将脚踏开关及单极、双极或超声电外科手术器械连接到相应插座。如果进行单极手术，则将 REM 回路电极板与前面板上的病人回路电极板插座连接。

5.1.3 打开电刀电源开关，确认自检成功完成，此时病人回路电极板会报警，REM 红灯闪亮；将病人回路电极板贴在病人身体适当位置，此时 REM 报警解除，绿灯闪亮。为了保证负极板与病人良好接触，负极板应贴于毛发少、肌肉丰富的非关节处和不易被液体污染的距离切口较近的位置。

5.1.4 左边的蓝色部分为双极电凝，下面三个模式（从左至右，以下均同）分别为精确双极、标准双极、宏双极；中间黄色部分为单极电切，三个模式分别为低压切割、纯切、混切；右面蓝色部分为单极电凝，下面三个模式分别为低压凝血、电灼式凝血、喷凝式凝血。常按电灼式凝血按键 2 秒钟可以选择 LCF 电灼凝血模式，此时屏幕会出现"L"字样表示选中。根据手术需要选择相应的双极模式、切割模式和凝血模式。

5.1.5 电刀所有功率的调节均由触摸按键控制，指示屏旁边的上下箭头用来调整相应的功率的大小。按面板左边的调用按键（ RECALL 键），可以恢复上次关机前操作时所设的功率值大小。

5.2 术后维护电刀，供下次使用。

5.2.1 断开附件的连接关掉电刀的电源，从病人身上拆除回路板。断开所有附件与前面板的连接，如果附件只能做一次性使用，根据使用说明处置使用后的附件。如果附件可重复使用，请根据生产商的说明对附件进行清洗、消毒。存放使用过的脚踏开关。

5.2.2 清洗电刀前，请关闭电源，拔掉电源插头。用温和的清洗剂或湿布擦拭电刀表面和电源线。防止液体流入机壳。禁止使用磨蚀剂、消毒液（如福尔马林）、溶剂或其它可能擦伤面板或损坏电刀的物质清洗电刀。

注意：一般情况下电刀不需要消毒处理。

5.3 一般故障处理指南。

如果电刀出现错误，请检查可能出现的问题：

5.3.1 检查所有的电线连接无误，刀笔、极板性能良好。

5.3.2 如果开机后显示错误信号，请关掉电刀，更换新的刀笔、极板然后再开机。

5.3.3 如果错误不断持续，需要对电刀进行维修，与所在机构的工程部门联系。

5.4 典型功率设置。

不同手术类型选择高频电刀功率如下表所示：

	外科手术操作
	皮肤科手术
	腹腔镜绝育手术（双极和单极）
低功率	神经外科手术（双极和单极）
	口腔手术
	整形手术
	输精管切除手术
	普通外科手术
	头部及颈部手术（ENT）
	剖腹手术
中功率	矫形外科手术（大手术）
	息肉切除手术
	胸外科手术（大手术）
	血管手术（常规手术）
	癌烧蚀手术、乳房切割手术（切割：180～300 W；凝血 70～120 W）
高功率	胸廓切手术（高强电灼，70～120 W）
	经尿管切除术（切割：100～170 W，凝血 70～120 W，与所用切除的厚度和技术有关）

6. 相关文件

无。

7. 使用表单

无。

8. 流程图

无。

9. 修订记录

无。

附相关图示说明：

前面板如图 3 – 29 所示：

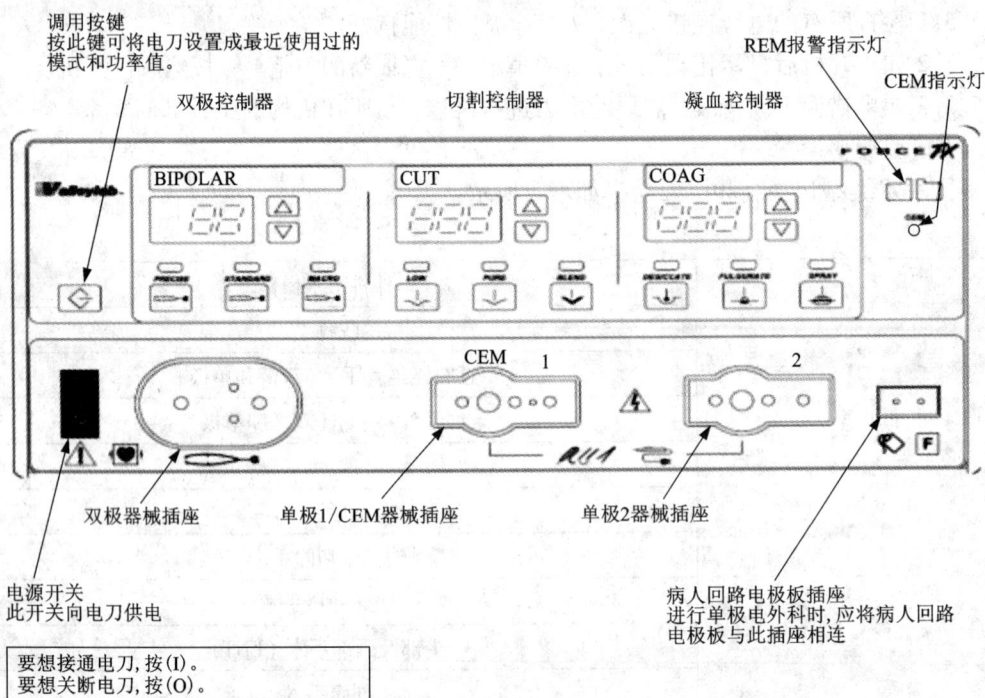

图 3 – 29　前板图

后面板如图 3 – 30 所示：

第三十三节　Aixplorer 彩色 B 型超声诊断仪操作流程

名称：Aixplorer 彩色 B 型超声诊断仪操作流程	编号：ST – OPE – 0033	类别：操作流程	总页数：3
拟稿人：×××	审核人：×××		批准人：×××
发布部门：设备器材科	版本号：V1.0		生效日期：××××–××–××

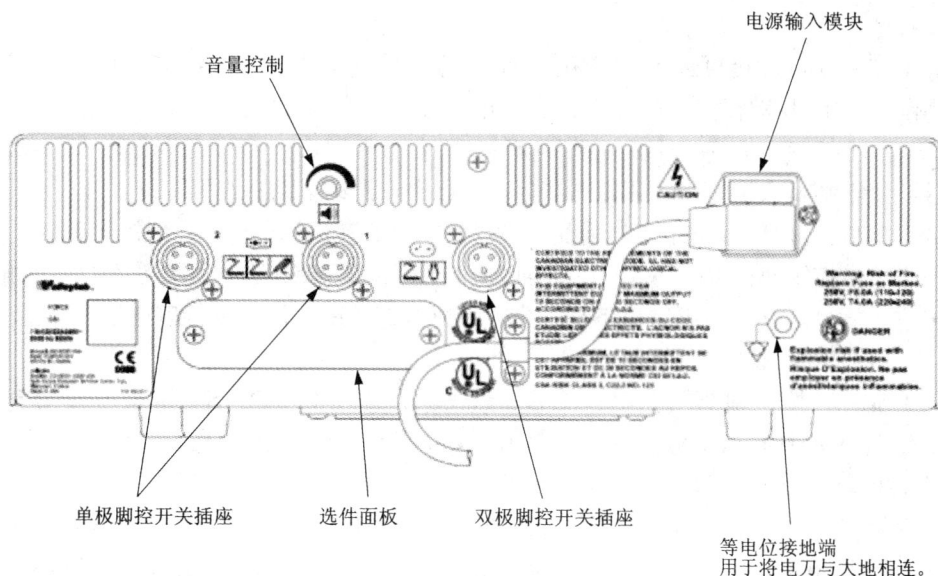

图 3 - 30　后面板

1. 目的

Aixplorer 彩色 B 型超声诊断仪简易操作指引。

2. 范围

全院 Aixplorer 彩色 B 型超声诊断仪操作人员，设备器材科 Aixplorer 彩色 B 型超声诊断仪维护维修人员。

3. 定义

超声诊断仪是利用超声波的回波特性，显示人体内脏器官二维或三维的一种成像装置，它的特点是无损伤、无痛苦，对患者无脑电辐射，可以反复检查，具有较高的敏感度和分辨率。Aixplorer 彩色 B 型超声诊断仪如图 3 - 31 所示。另外，附其操作界面于该节最后。

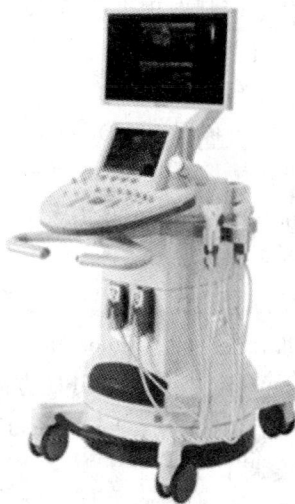

图 3 - 31　Aixplorer 彩色 B 型超声诊断仪

4. 职责

Aixplorer 彩色 B 型超声诊断仪操作人员及维护维修人员培训合格后，可参考此说明指引操作。

5. 作业内容

5.1 开关机以及探头选择。

5.1.1 开机：先打开电脑、工作站等外连设备，再打开超声机器。

5.1.2 关机：先按 End Exam 结束当前病例后再关机。关闭超声机器后再关闭电脑、工作站等外联设备。

5.1.3 按 Probe 键切换探头及选择合适条件。TIP：浅灰色图标为预设值条件，推荐使用（系统默认条件为深灰色）。

5.2 存储受试者信息。

5.2.1 按下 patient 键可进入新建病例页面，输入受试者姓名、ID 号、性别、年龄等信息，按下控制面板上的 B 键存储受试者相关信息并进入检查。

5.2.2 单击控制面板 Save Image 键存储静态图像，单击 Save Clip 键存储动态图像。TIP：单击机器开始存储，大屏幕下方可以看到时间，再次点击结束动态视屏存储。

5.2.3 单击 End Exam 键结束当前受试者检查，受试者相关资料即存到机器后台。

5.2.4 单击控制面板 Review 键进入 Patient List，单击 Select 选中所需病例，点击触屏上 Continue 进入病例。Tip：E 成像（WSE™）模式下所存储的图片均可进行后测量。

5.3 二维灰阶模式。

5.3.1 旋转 B 按钮调节图像整体增益；点击触屏右下角 TGC 键，进行分段增益调节。Tip：推荐使用 AutoTGC 对图像进行一键优化。AutoAGC 不仅可以优化二维图像，还可以优化频谱到合适的基线以及量程。

5.3.2 旋转 FOCUS 按钮调节聚焦区域位置，按下 FOCUS 按钮并旋转调节聚焦区域大小。

5.3.3 点击 Annot 键，选择触控屏上箭头以及常用的简写标记，或点击触控屏右边 keyboard 键，使用键盘编辑标志。

5.3.4 点击控制面板上的 Meas 键或冻结图像后点击触摸屏右侧的 Meas Tools，进行距离、B – ratio、角度、面积等测量。

5.3.5 点击触控屏上 Res/Gen/Pen 调节中心频率，提高分辨率或穿透力。

5.3.6 点击触控屏上 HD/Fr. Rate 调节帧频和线密度，提高空间或时间分辨率。

5.3.7 点击触控屏上 Dual 进行双幅成像（单击 Select 键切换）、Wide Image 进行拓宽视野、Panoramic 进行全景成像以及 Sector Size 调节扇形大小。

5.4 彩色血流模式。

5.4.1 旋转 COL 旋钮调节彩色增益；按下 Select 键，使用轨迹球调节取样框大小。

5.4.2 单击触控屏上 Color Mode（彩色模式）一键切换彩色多普勒模式：CFI（彩色血流成像）、CPI（彩色能量成像），dCPI（方向性彩色能量成像）。

5.4.3 点击触控屏上 Quick Steer 进行取样框多挡角度调节，旋转 Steering 标记下方按钮进行精细角度调节。

5.5 频谱多普勒模式。

5.5.1 手触滑动智能触控环™进行 PW 取样容积调节。

5.5.2 点击触控屏上 PW Coarse Angle 进行多挡角度矫正；旋转 Fine Angle Correct 标记下方旋钮进行精细的角度矫正。

5.5.3 单击控制面板 Meas 测量频谱；或点击触控屏上 PW Auto Trace 进行 PW 自动描迹。

5.6　E 成像（SWETM）模式。

TIP：合格的 E 成像图像均是基于合格的二维影像，在进行 E 成像模式扫描前，需要把二维图像优化到最佳状态。

5.6.1 按下 Select 键，使用轨迹球调节取样框的大小。

5.6.2 旋转 SWE™ 键，调节 E 成像增益。

5.6.3 旋转触控屏 SWE Opt 标记下方旋转进行 E 成像图像优化调节　Res/Stand/Ren，提高分辨率或穿透力。

5.6.4 旋转触摸屏 Elasticity Range 标记下方旋钮调节硬度值的量程范围。

5.6.5 冻结图像后单击 Meas 键，选取所需测量工具（Q - box™，Q - box ratio，Q - box trace，Multi - Qbox）测量组织硬度。

TIP：手触滑动智能触控环™调节 Q - box™取样容积大小。

6. 相关文件

无。

7. 使用表单

无。

8. 流程图

无。

9. 修订记录

无。

附：Aixplorer 彩色 B 型超声诊断仪操作界面图（图 3 - 32）

B超系统快速操作卡

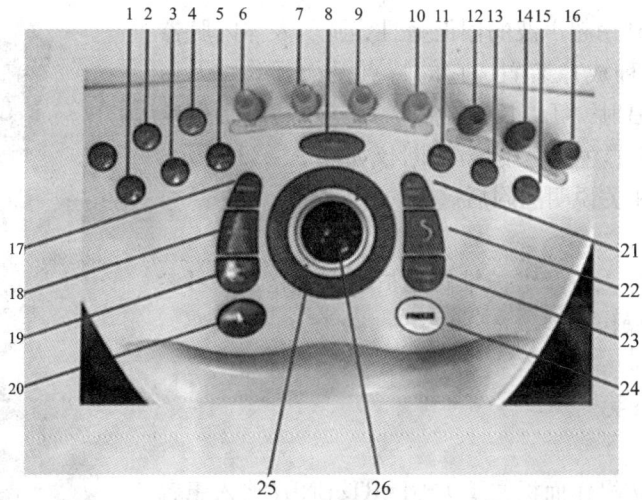

1.探头	2.检索/回溯	3.病人信息	4.超声造景成像
5.结束检查	6.脉冲多普勒成像	7.彩色血流成像	8.确定/选择
9.E成像（SWE™）	10.二维灰阶成像	11.体标	12.缩放
13.浏览	14.聚焦	15.报告	16.深度
17.测量	18.注释	19.动态存储	20.光标
21.一键优化	22.自定义键	23.静态存储	24.冻结
25.智能触控环™	26.轨迹球		

图 3 - 32　彩色 B 型超声诊断仪 Aixplorer 操作界面

第三十四节　Mylab65 彩色 B 型超声诊断仪操作流程

名称：Mylab65 彩色 B 型超声诊断仪操作流程		编号：ST - OPE - 0034	类别：操作流程	总页数：3
拟稿人：×××	审核人：×××		批准人：×××	
发布部门：设备器材科	版本号：V1.0		生效日期：××××-××-××	

1. 目的

Mylab65 彩色 B 型超声诊断仪简易操作指引。

2. 范围

全院 Mylab65 彩色 B 型超声诊断仪操作人员，设备器材科 Mylab65 彩色 B 型超声诊断仪维护维修人员。

3. 定义

超声诊断仪是利用超声波的回波特性，显示人体内脏器官二维或三维的一种成像装置，它的特点是无损伤、无痛苦，对患者无脑电辐射，可以反复检查，具有较高的敏感度和分辨率。Mylab65 彩色 B 型超声诊断仪如图 3-33 所示。另外，附控制面板相关说明图附后。

4. 职责

超声诊断仪操作人员及维护维修人员培训合格后，可参考此指引说明进行操作。

5. 作业内容

5.1 打开机器开关。

5.2 进入检查。

➤ 新建病例：按操作面板左下方 START/END（输入患者信息）选择探头（Probe）—检查部位（Application）—预设条件（Preset）（如 CA541 - Gyn - GENERAL）—双击预设条件或点击 OK 进入检查。

图 3-33　Mylab65 彩色 B 型
超声诊断仪

➤ 切换探头/条件：探头切换键 PROBE—选探头—选检查部位—双击预设条件或点击 OK 进入检查。

5.3 实时图像调节。

5.3.1 二维参数调节。

➤ 总增益（B/M 旋钮调节）—分段增益（TGC）—深度与局部放大（DEPTH/ZOOM 键）—改变频率（旋转 FREQ/TEI 键）—基波/谐波切换（按下 FREQ/TEI 键）—改变焦点位置（轨迹球）。

5.3.2 彩色多普勒调节。

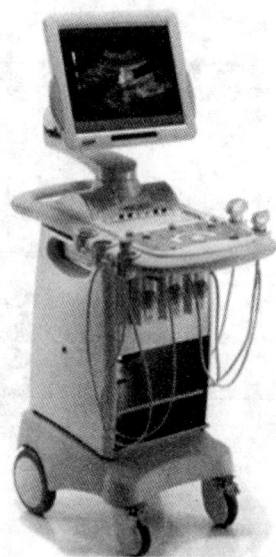

➤ 激活与退出(按 CFM 键)—增益调节(Color 旋钮)—取样框大小/位置(轨迹球上方的 ACTION 键进行切换)—速度标尺/基线(PRF/Baseline 复选旋钮)—改变频率(FREQ/TEI 旋钮)。

➤ 线阵探头彩色血流取样框偏转:Steer/Angle 复选旋钮,运用面板左/右翻转键快速翻转。

5.3.3 PW/CW 调节。

➤ 激活与退出(PW/CW 键)—调节增益(Doppler 旋钮)—调节取样角度(旋转 Steer/Angle 旋钮)—调节速度标尺/基线(PRF/Baseline 复选旋钮)—上/下翻转(REVERSE 键)—频谱与 2D 切换,调整取样门位置(UPDATE 键)。建议先 Line,改变取样门大小(SV Size),再启动 PW。

5.4 常规测试(二维及频谱测量)。

➤ 冻结后按常规测量键:如默认距离测量(直接测量,其他测量需按"撤销"键,通过轨迹球选择相应选项,"确定"进入测量);不设默认测量(通过轨迹球选择相应选项,"确定"进入测量)。

5.5 体标与注释。

5.5.1 体标。

➤ 启用(按 Mark 键)—改变箭头方向(旋转 Mark 键)—改变箭头位置(轨迹球)—改变体标(按 Mark 键后旋转到相应体标,再按下 Mark 键确定)。 ▆▆ 选择其他应用以外的体标; ▆▆▆ 退出体标。

5.5.2 注释。

➤ 进入注释(键盘空格键)—移动光标位置(轨迹球)—输入注释(键盘)。

➤ 标注箭头(旋转液晶屏 ARROW 键)—改变角度(旋转 ARROW 键)—改变位置(轨迹球)。

➤ 清除:液晶屏 Clear 清除激活注释;Clear TXT 清除所有注释;Clear All 清除所有注释及测量数据。

5.6 图像存储与调节管理。

➤ IMAGE:静态存储;CLIP:动态存储(Clip DUR 可修改 Clip 存储时间)。

➤ EXAM REV:当前检查回顾,可进行测量、删除。

➤ ARCHIVE REV:历史病例回顾,选择单个进行回顾;也可选择一个或多个目标病例,进行备份。

5.7 DICOM 病例查询与选用。

➤ START END 进入新建病例状态,按液晶屏"WORKLIST"按钮进入查询界面。

➤ 点击"QUERY"进行自动查询(显示全部病例),或点击"SHOW QUERY PARAME-TERS"输入姓名或 ID 进行精确目标查询。显示查询结果后,选定所需病例,点击"SELECT EXAM"即可显示患者信息,进入检查。如要取消查询,点击"CANCEL"。

6. 相关文件

无。

7. 使用表单

无。

8. 流程图

无。

9. 修订记录

无。

附：Mylab65 彩色 B 型超声诊断仪控制面板图（见图 3 - 34）

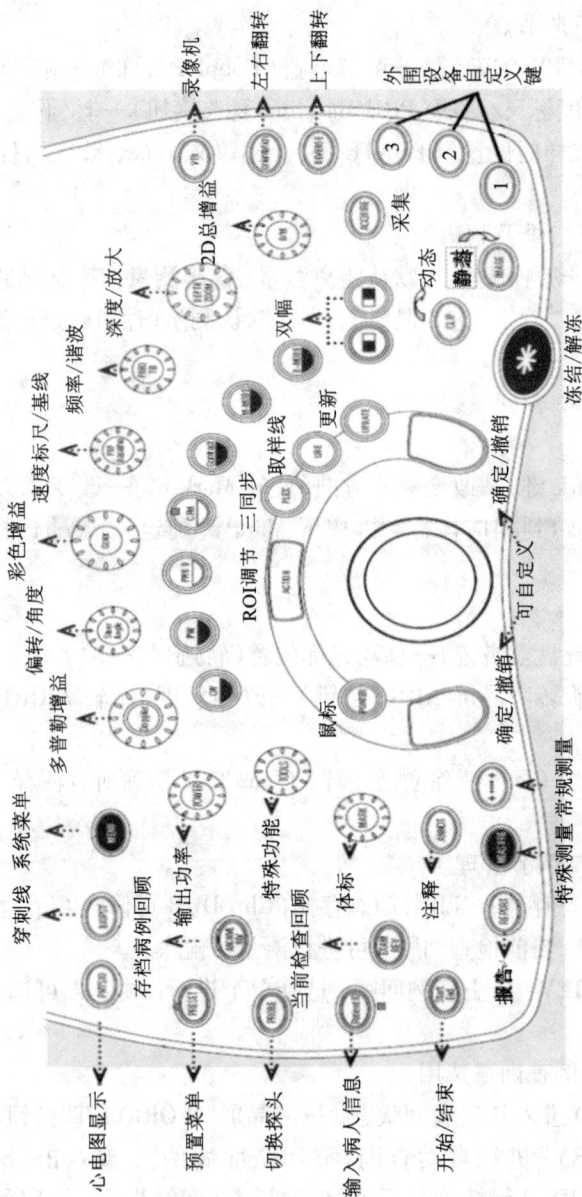

图3-34 Mylab65彩色B型超声诊断仪控制面板

第三十五节　超声波治疗仪操作流程

名称：超声波治疗仪操作流程		编号：ST－OPE－0035	类别：操作流程	总页数：2
拟稿人：×××	审核人：×××		批准人：×××	
发布部门：设备器材科	版本号：V1.0		生效日期：××××－××－××	

1. 目的

超声波治疗机简易操作指引。

2. 范围

全院超声波治疗仪操作人员，设备器材科超声治疗仪维护维修人员。

3. 定义

超声波治疗仪是根据超声波能在人体内产生温热、理化、震动的功效，及其具有的方向性强、能量集中、穿透力强的特点，将超声波能量作用人体病变部位，对其进行治疗的仪器。

4. 职责

超声波治疗仪操作人员培训合格后，可参考此指引说明进行操作。

5. 作业内容

5.1 操作流程。

5.1.1 患者取舒适体位，充分暴露治疗部位，治疗部位皮肤涂以耦合剂，将超声头置于治疗部位。

5.1.2 打开电源开关，设定输出模式，按 MODE 键选择模式：CON 连续模式、1(输出、间隔时间各 1 秒)、0.5(输出间隔时间各 0.5 秒)、0.3(输出间隔时间各 1/3 秒)。

5.1.3 设定输出强度 INTENSITY：UP 键/DOWN 键为 0.1 步距，每按一次增加或减少 0.1W。SET 键 0.5 步距，每按一次增加 0.5W。强度显示窗显示设定值($0.1 \sim 1.5 \mathrm{W/cm}^2$)。

5.1.4 设定治疗时间：UP 键/DOWN 键为 1 分钟步距，每按一次增加或减少 1 分钟。

5.1.5 开始治疗：按下 ST/SP 键，开始输出超声波，时间显示窗口数字闪烁，并开始计时。

5.1.6 治疗结束：设定时间到，输出停止，蜂鸣器报警，时间显示数字为 0 并闪烁，治疗结束。在治疗过程中按下 ST/SP 键，输出停止，时间显示数字回到设定值，治疗结束。

5.1.7 切断电源：先关闭电源开关，再拔掉电源线。

5.1.8 擦净超声头上的耦合剂，并用 75% 乙醇涂擦消毒。

5.2 注意事项。

5.2.1 耦合剂应涂布均匀，超声头紧贴皮肤，不得有任何细微间隙。

5.2.2 固定治疗时或皮下骨凸部位治疗时，超声波功率宜小于 $0.5 \mathrm{W/cm}^2$。

5.2.3 避免使用高强度治疗。

5.2.4 患者治疗部位皮肤感觉缺失时，应特别注意。

5.2.5 进行胃部治疗前，患者须饮水 300 mL，取座位治疗。

5.2.6 治疗部位如伴有血肿，超声头应尽量避开血肿中心，输出强度要小，以防再次出血。

6. 相关文件

无。

7. 使用表单

无。

8. 流程图

超声波治疗仪操作流程图如图3-35所示。:

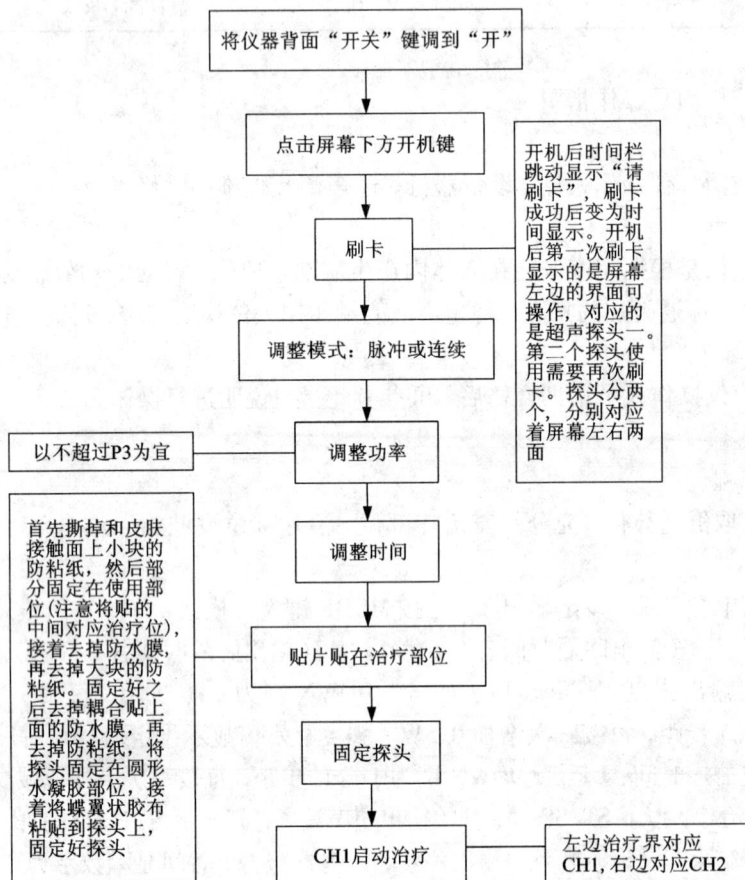

图3-35 超声波治疗仪操作流程

9. 修订记录

无。

第三十六节 数字化 X 射线摄影系统(DR)操作流程

名称：数字化 X 射线摄影系统(DR)操作流程		编号：ST－OPE－0036	类别：操作流程	总页数：3
拟稿人：×××	审核人：×××		批准人：×××	
发布部门：设备器材科	版本号：V1.0		生效日期：××××－××－××	

1. 目的

为了规范数字化 X 射线摄影系统(DR)设备操作，特制定此操作流程。

2. 范围

DR 设备操作人员，设备器材科 DR 设备维护维修人员。

3. 定义

数字化 X 射线摄影系统(DR)的工作原理是将光电转换技术和计算机图像处理技术相结合，把不可见的 X 射线经图像增强方法转换为视频图像。数字化 X 射线摄影系统(DR)如图 3－35 所示。

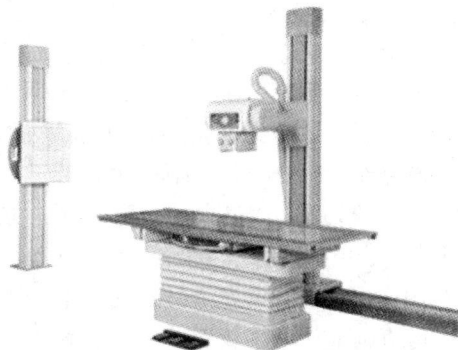

4. 职责

DR 设备操作人员负责对使用的 DR 设备进行规范操作和使用记录登记。

图 3－36 数字化 X 射线摄影系统(DR)

5. 作业内容

5.1 准备工作。

5.1.1 环境要求：室温 15～30℃，相对湿度 30%～75%（不冷凝），大气压力 700～1060 hPa。

5.1.2 检查电源电压是否在 AC380V±38V，电源频率 50Hz±1Hz 范围内；检查每一部分的地线是否连接完好；检查所有电缆是否存在不安全之处。

5.1.3 检查是否配备个人防护用品（如铅裙、铅围脖、铅眼镜、铅屏风等），发现破损、断裂等应及时更换。

5.2 开机。

5.2.1 打开机房电源总闸；检查系统所有急停开关（电控柜、立柱）的状态（弹起），打开电控柜电源开关。

5.2.2 依次按下高压发生器控制台开机键，打开高压发生器电源，打开图像工作站电源，开启图像工作站主机及显示器和其他医生工作站；开启打印机，启动图像处理软件。

5.3 X 射线管预热程序。

5.3.1 将限速器叶片完全关闭，曝光参数选择 70 kV，100mAs，200mA。

5.3.2 确保机房没有人停留。共进行三次曝光，每次间隔 15 秒。

5.4 摄影操作。

在以下模式中可以选择进行摄影操作：通过独立选择 kV、mA 和 mAs 进行操作，选定 kV、mA 后，微处理器会根据选定的参数和 X 射线管容量之间的关系自动运算 mAs 值；快捷地进行人体解剖程序(APR)。在不影响诊断前提下，应尽可能采用"高电压、低电流、厚过滤、小视野"进行操作。摄影程序步骤为：

➤ 确保将要使用的 X 射线管进行正常预热。

➤ 双击桌面图标或在开始菜单中打开图像处理软件。

➤ 用户登录：操作人员首先在登录界面选择输入名字，并出现对话框，要求输入有效密码并确定，即可使用该系统。

➤ 病例录入与选择：选择已有病例或录入病例信息和姓名、ID 等，摄影前，应提醒患者去除所涉部位可能携带的各类物品，如手机、硬币、钥匙、文胸等，注意患者隐私。

➤ 核对病人资料以及穿戴防护用品：操作技师确定病人和当前需要摄影的部位，设置曝光参数，然后让病人进入摄影室内，并根据病人的申请对病人进行核对，确保病人姓名、摄影体位无误，对照射野附近的敏感器官进行保护，清退无关人员，曝光之前必须关闭机房门。

➤ 摆位及对准中心线：根据病人实际情况摆好投照体位，调好 X 线发生装置到摄影床的距离，并将限束器的灯打开，对准中心线，进行对焦。

➤ 指示患者保持在所需的位置上，然后按下控制面板预备键或按下手闸开关至"Prep"位置。

➤ 指示患者保持不动并按要求屏住呼吸，然后按下控制面板曝光键或完全按下手闸开光直至"Exp"位置，进行 X 射线曝光，并在曝光过程中持续按下。在曝光过程中，曝光指示灯将点亮。

➤ 曝光结束时，松开手闸按钮。

➤ 接收或拒绝：曝光(或采集)完成后系统自动会读出数据出现图像，然后选择合适的灰度曲线类型，根据图像质量，确定是"拒绝"还是"接收"。

➤ 图像后处理：曝光条件及 X 线影像的大小不合适，裁剪及窗宽窗位调整，对图像的灰度进行均衡调节，使 X 线图像达到满意的效果。

➤ 打印胶片：根据不同的情况选择单幅或多幅打印。

➤ 影像发送：点击"病例发送"按钮，将已拍摄的影像送入影像管理中心，提供给诊断医生进行诊断。

➤ 如果需要继续曝光，重复上述操作程序。

5.5 关闭系统

5.5.1 关闭计算机，让图像工作站自动关闭。

5.5.2 一次关闭打印机、胶片打印机、高压发生器、电控柜电源、计算机配电接线板电源、关闭配电柜电源总闸。

5.6 设备维修和保养。

5.6.1 工作人员必须坚守岗位，对机器的使用、曝光、清洁、维护负责，机房内保持清洁，不堆放杂物，无关人员不得擅自动用机器。

5.6.2 设备应开展定期(三个月一次)的维护和检查。

6.相关文件

无。

7.使用表单

无。

8. 流程图

数字化 X 射线摄影系统(DR)扫描流程图,如图 3 - 37 所示。

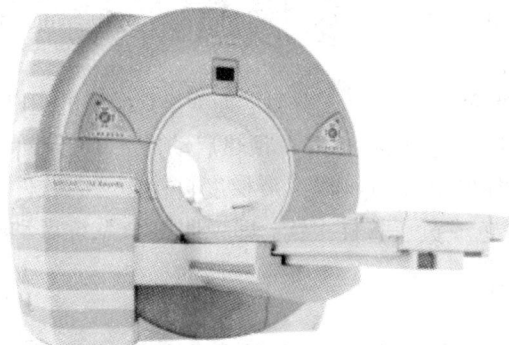

图 3 - 37　数字化 X 射线摄影系统(DR)扫描流程

9. 修订记录

无。

第三十七节　西门子磁共振成像仪开关机操作流程

名称:西门子磁共振成像仪开关机操作流程		编号:ST - OPE - 0037	类别:操作流程	总页数:3
拟稿人:×××		审核人:×××		批准人:×××
发布部门:设备器材科		版本号:V1.0		生效日期:×××× - ×× - ××

1. 目的

为了规范西门子磁共振开关机操作,特制定本操作流程。

2. 范围

影像中心西门子 MR 操作使用人员、设备器材科西门子 MR 维护维修人员。

3. 定义

MR 是利用核磁共振现象制成的一类用于医学检查的成像设备。西门子磁共振成像仪如图 3 - 38 所示。

图 3 - 38　西门子磁共振

4. 职责

西门子 MR 操作使用及维护维修人员培训合格后,严格按照本流程使用该设备。

5. 作业内容

5.1 系统开机。

5.1.1 先把墙上 Alarm Box 上的钥匙拧到开锁位置，然后轻按 System On 按钮，此时整个系统通电并开始启动。

5.1.2 在主机屏幕上可看到 BIOS 自检、Windows 启动和 Syngo 启动过程，整个软件启动时间大约需要 3～5 分钟。

5.1.3 系统硬件启动时间大约需要 3 分钟，而对 3T 系统的 RFPA 需单独在系统开机前，按顺序先后打开 CB1、CB2 电源开关，RFPA 预热启动需要 15 分钟，请耐心等待。

5.1.4 当听到系统硬件发出"咔咔咔"三声梯度自检声音，软件进入正常 Syngo 操作界面且右下角图标没有任何红色或黄色斜杠报错，即说明整个系统启动正常完成，可对系统进行操作。

5.2 系统关机。

5.2.1 请确认病床退出磁体孔径，位于最外和最高端，即病床处于 Home 位置。

5.2.2 选择主菜单中 System 下子菜单 End Session，在弹出窗口中点选 Shut Down，在弹出对话框"Do you really want to shut down the system"中点选 OK 按钮确认，随后系统将自动进行关闭。

5.2.3 系统硬件电源将会先切断，然后等待 Syngo 自动关闭，大约 3 分钟后屏幕上会提示"It is now safe to turn off your computer"。

5.2.4 轻按墙上 Alarm Box 上的 System Off 按钮，然后将钥匙拧到闭锁的位置，系统关机完成。对 3T 系统，建议单独按顺序关闭 RFPA 的 CB2、CB1 电源开关。

5.2.5 注意：水冷机柜（LCC）电源及电源开关不需要断开，请长期保持其在闭合状态。

5.3 停电处理。

5.3.1 计划性停电前，先按系统关机步骤关闭系统，然后建议单独旋转关闭水冷柜中氦压机的电源旋钮，再关闭医院配电箱电源开关。

5.3.2 遇到非计划性停电，如主机尚在工作，尽快保存好数据，按计划性停电步骤关闭系统。

5.3.3 电力恢复后，检查外水冷机是否恢复。先打开医院配电箱电源开关，注意 UPS 是否恢复，等大约 3 分钟水冷柜水泵自动启动工作，如需手动启动氦压机，请旋转打开水冷柜中氦压机的电源旋钮，恢复冷头运转，最后根据需要按系统开机步骤正常打开系统。

5.4 日常维护。

5.4.1 保持检查室、设备室和操作室的环境温湿度（温度要求在 18～22℃，湿度要求在 40%～60%），如超出正常范围，需及时采取调整空调设置等措施。

5.4.2 保持外部水冷系统供水水温（供水水温要求在 6～12℃）、水流及水压（该标准参考值与外水冷系统型号及场地情况有关，请咨询外水冷系统供应商），如有异常，请及时向工程师报修。

5.4.3 保持水冷柜内进出水压表指示水压（该标准参考值与系统水冷类型有关，请咨询相关工程师），如水压偏低，请及时补水，如有其他异常，请及时联系工程师。

5.4.4 保持水冷柜内下方氦压机运行时的动态压力（20～22bar，不同型号氦压机参考值略有不同），并留意氦压机液晶屏显示内容，如有异常，请及时联系相关工程师。

5.4.5 建议定期记录系统液氦水平读数，特别在发生停电、停水前后。请选择主菜单中 System 下子菜单 Control，在弹出窗口中点选第 3 个标签 MR Scanner，读取并记录窗口中 LHe

Level 百分比数值,如读数接近或低于 55% 时需尽早安排灌加液氦。

5.4.6 氦压机、冷头及水冷系统应 24 小时运转,如 Alarm Box 有红灯闪亮并伴有警报声,按 Alarm Box 上 Acknowledge 按钮取消警报声,并观察哪个红灯闪亮,如有,及时联系相关工程师。

5.4.7 开机或运行中如有异常,观察 Syngo 界面右下角图标是否有红色或黄色斜杠,如有,点击带斜杠的图标,记录下弹出窗口中对应时间的出错或报警信息。

5.4.8 开机或运行中如有异常,也可选择主菜单中 System 下子菜单 Control,在弹出窗口中分别点选第 2 个标签 Image Reconstruction 或 Meas & Recon,第 3 个标签 MR Scanner 或 Periphery,记录窗口中有红叉标记的程序或部件错误提示信息。

5.4.9 如是偶发性问题,建议在故障发生时立即保存系统日志,即也可选择主菜单中 System 下子菜单 Control,在弹出窗口中分别点选第 4 个标签 Tools,点击窗口右上方 Save System Log 按钮,而后在弹出文本框中填写此次问题发生的具体时间和简要的问题描述,同时系统会自动保存当前系统状态和错误信息,大约需要 30 秒钟。

5.4.10 如涉及图像质量问题,需保留原始有问题的图像,并建议保留其他同类正常图像备用做参考。

5.4.11 Alarm Box 上红色 STOP 按钮和其他房间同样红色 STOP 按钮为紧急失超按钮,而并不是紧急电源按钮,切勿随意触碰。

5.5 安全提示:

5.5.1 显著位置处张贴警示标志,严格按照磁共振检查流程操作检查病患。

5.5.2 严禁有心脏起搏器或体内有金属植入体的病患进入检查室或靠近磁体。

5.5.3 严禁将各类有磁性的金属物体、电子仪器等带入检查室或靠近磁体。

5.5.4 严禁未经授权的人员擅自拆卸系统部件、接触带电元器部件。

5.5.5 设立紧急通道和应急预案,在出现紧急意外事件(如冒烟、明火、失超等)时,应立即按下紧急断电按钮,手动拖出病床,撤离病患等所有人员从紧急通道疏散到安全区域,并联系相关部门。

5.6 每日开关机前应观察记录的数据。

5.6.1 磁体压力及液氦液面。

5.6.2 压力正常范围 3.9~4.1PSI。

5.6.3 液氦液面不应低于 55%,且短期(1~2 天)的变化不应超过 2%。

5.6.4 水冷机工作状态是否正常,温度显示是不是报错,冷头正常工作的声音(小鸟叫声)是否存在。

5.6.5 磁体间、操作间和设备间的温湿度是否正常(温度 18~22℃,湿度 40%~60%)一旦超出范围应尽快调整、维修空调以保证系统正常运行。

5.7 每日关机后应检查的项目。

5.7.1 检查线圈是否已经拔下。

5.7.2 病人检查床是否回到起始位置。

5.7.3 离开前再次确认冷头正常工作的声音(小鸟叫声)是否存在。

6. 相关文件

无。

7. 使用表单

无。

8. 流程图

无。

9. 修订记录

无。

第三十八节 飞利浦磁共振成像仪开关机操作流程

名称：飞利浦磁共振成像仪开关机操作流程		编号：ST - OPE - 0038	类别：操作流程	总页数：4
拟稿人：×× ×		审核人：×× ×		批准人：×× ×
发布部门：设备器材科		版本号：V1.0		生效日期：×× × × - × × - × ×

1. 目的

为了规范飞利浦 MR 开关机操作，特制定本操作流程。

2. 范围

影像中心飞利浦 MR 操作使用人员、设备器材科飞利浦 MR 维护维修人员。

3. 定义

MR 是利用核磁共振现象制成的一类用于医学检查的成像设备。飞利浦磁共振成像仪如图 3 - 39 所示。

4. 职责

飞利浦 MR 操作使用及维护维修人员培训合格后，严格按照本流程使用该设备。

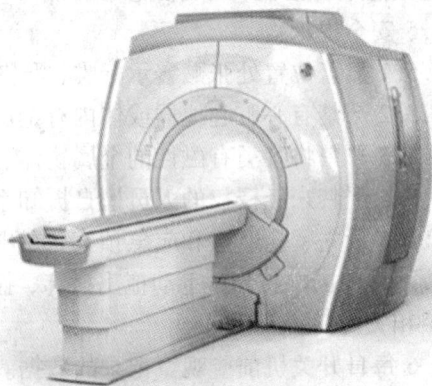

图 3 - 39 飞利浦磁共振成像仪

5. 作业内容

5.1 系统开机。

5.1.1 配电柜电源开关闭合：在配电柜（g - MDU）里按照开机顺序标贴：Q4→ Q1→ F7 → F6，依次闭合数据采集柜（DACC）电源开关、梯度放大器（Grad. Amplifier）电源开关、波导板（SFB）及操作台（Console）电源开关，主机随即自动启动。

5.1.2 用户登录：主机启动后会出现 Windows 登录界面，根据出现的对话框提示，输入用户名及密码，点击 OK 即可进入应用界面，待所有后台进程启动完毕，需要等待约 5 分钟，然后可以进行正常的扫描工作。

5.1.3 开机后最好先做一个水模扫描，以确认设备正常工作，再做病人的检查。

5.2 系统关机。

5.2.1 请确认病床退出磁体孔径，位于最外和最高端，即病床处于 Home 位置。

5.2.2 退出应用界面：在应用界面左上角点击 System，然后点击 Exit，软件会退到 Windows 登录界面，点击屏幕右下角 Shutdown，主机电源会自动关闭。

5.2.3 断开电源开关：在配电柜(g - MDU)里按照关机顺序标贴：F6→ F7→ Q1→ Q4，依次断开操作台(console)、波导板(SFB)、梯度放大器(Grad. Amplifier)电源开关及数据采集柜(DACC)电源开关。

5.2.4 注意：水冷机柜(LCC)电源及电源开关不需要断开，请长期保持其在闭合状态。

5.3 系统快速自检。

5.3.1 登录维修用户：主机启动后会出现 Windows 登录界面，用户名输入 MR Service，密码为 manager，点击 OK 即可进入维修界面。待所有后台进程启动完毕，需要等待约 5 分钟，然后可以进入 FSF 界面，进行自检。

5.3.2 在屏幕左下角，点击 Start → FSF Service Application，可以打开 FSF 界面，出现 "IST：A security device was not found, if a session is granted, only a subset of function will be available. Do you want to continue" 界面时，点击 YES 继续。

在 User Name 旁的空格内输入用户名(可以是任意长度字符)；

在 General Remark 旁的空格内输入备注信息(可以是任意长度字符)。

在 Type of Action 旁的选项中选任意选项；

在 Reason For Action 旁的空格中输入原因(可以是任意长度的字符)；

在 Description of Action 旁的空格中输入故障描述(可以是任意长度的字符)；

点击窗口右下方的 OK，进入下一个菜单。

5.3.3 选择 Adjustments → Test and Tuning procedures → Installation Procedures，选择 Quick checks → CDAS self test，然后按 Next 即进行 CDAS 自检。

5.3.4 当进度条到达 100% 时，表示自检完成，点击 OK 后，出现自检结果，全部自检项目都应该是 Passed.

5.4 环境要求。

5.4.1 机房操作间配备温湿度仪，以便及时观察温湿度变化。

5.4.2 保证空调正常运行，确保室温控制在要求范围：18 ~ 22℃。

5.4.3 保证湿度控制在 40% ~ 60% 之间。

5.4.4 供电稳定：如果进入夏季，各个地区都会进入用电高峰，拉闸限电现象时有发生。如有通知，应及时通告相关科室按正常关机程序关机并关闭设备电源。当重新来电后，应等待 10 ~ 15 分钟，等供电稳定后再重新开机。如停电时间过长，应先观察室温变化，待室内温度基本稳定后再开机，禁止使用医院自发电。

5.5 制冷系统的日常检查。

5.5.1 每天检查冷头是否工作，压缩机压力是否正常，不同型号压缩机正常工作压力如下：

HC - 8E：310 ~ 340PSI；

F50：1.9 ~ 2.2MPA；

F40：268 ~ 305PSG。

5.5.2 每天检查并记录液氦液面，10K 冷头约十天以上掉 1 个百分点；冷头停止工作后，液氦每天消耗约两个百分点；

5.5.3 4K 冷头液氦零消耗；

5.5.4 建议液面到 55% 左右添加液氦；

5.5.5 LCC 冷却机柜内冷却液的检查，梯度线圈(GC)回路与梯度放大器(GA)回路的冷却液静态压力应该在 1.5～2.5 bar，GC 流量在 20 L/min，GA 流量在 35 L/min。

5.6 线圈的使用。

5.6.1 线圈属于消耗品，搬动线圈时要轻拿轻放，不要将造影剂洒落到线圈上。

5.6.2 线圈不能直接接触病人身体，中间需加厚绝缘软垫以免产生漏电流。

5.6.3 使用线圈时连接线保持拉直，不要绕成闭环。

5.6.4 已使用一个线圈扫描时，扫描床上不能再放其他没有连接的线圈。

5.6.5 当系统提示线圈连接不好时尝试使用另外的插座。

5.6.6 注意线圈插头正确使用，避免弄弯接头的连接针。

5.7 日常维护。

5.7.1 定期清洁数据采集柜、病人通风过滤网。

5.7.2 定期检查并清理磁体孔内床下是否有硬币、发卡、别针等金属物品。

5.7.3 定期清洁磁体孔内和线圈表面的造影剂。

5.7.4 扫描间损坏的灯泡及时更换，防止干扰图像质量。

5.7.5 注意保护屏蔽门弹簧片，损坏的要及时更换，否则可能造成屏蔽门漏信号，影响图像质量。

5.7.6 建议每周大关机，大开机一次。

5.8 常见故障解决方法。

5.8.1 Hospital airflow insufficient. 梯度风机未开启，重新开启梯度风机。

5.8.2 Magnet materials make FO shift. 查找病人或磁体孔内是否有金属异物。

5.8.3 Spectrometer not available call philips service. 或 not all resource available：主机和 DACC 柜通信不正常，可通过重启 DACC 和主机解决，或大关机。

5.8.4 The coil disconnect or no coil available：重新插拔线圈连接线。

5.8.5 如果冷头意外停止工作(磁体间无法听到冷头正常工作的响声)，首先检查水冷机和压缩机是否工作正常。

5.9 安全提示。

5.9.1 显著位置处张贴警示标志，严格按照磁共振检查流程操作检查病患。

5.9.2 严禁有心脏起搏器或体内有金属植入体的病患进入检查室或靠近磁体。

5.9.3 严禁将各类有磁性的金属物体、电子仪器等带入检查室或靠近磁体。

5.9.4 严禁未经授权的人员擅自拆卸系统部件、接触带电元器部件。

5.9.5 设立紧急通道和应急预案，在出现紧急意外事件(如冒烟、明火、失超等)时，应立即按下紧急断电按钮，手动拖出病床，撤离病患等所有人员从紧急通道疏散到安全区域，并联系相关部门。

5.10 每日开关机前应观察记录的数据。

5.10.1 磁体压力及液氦液面。

5.10.2 压力正常范围 3.9～4.1PSI。

5.10.3 液氦液面不应低于55%，且短期(1~2天)的变化不应超过2%。

5.10.4 水冷机工作状态是否正常，显示温度是不是报错，冷头正常工作的声音(小鸟叫声)是否存在。

5.10.5 磁体间、操作间和设备间的温湿度是否正常(温度18~22℃，湿度40%~60%)，一旦超出范围应尽快调整、维修空调以保证系统正常运行。

5.11 每日关机后应检查的项目

5.11.1 检查线圈是否已经拔下。

5.11.2 病人检查床是否回到起始位置。

5.11.3 离开前再次确认冷头正常工作的声音(小鸟叫声)是否存在。

6. 相关文件

无。

7. 使用表单

无。

8. 流程图

无。

9. 修订记录

无。

第三十九节　GE 磁共振成像仪开关机操作流程

名称：GE 磁共振成像仪开关机操作流程	编号：ST－OPE－0039	类别：操作流程	总页数：4
拟稿人：×××	审核人：×××		批准人：×××
发布部门：设备器材科	版本号：V1.0		生效日期：××××－××－××

1. 目的

为了规范 GE MR 开关机的操作，特制定本操作流程。

2. 范围

影像中心 GE MR 操作使用人员、设备器材科 GE MR 维护维修人员。

3. 定义

MR 是利用核磁共振现象制成的一类用于医学检查的成像设备。GE 磁共振成像仪如图 3－40 所示。

4. 职责

GE MR 操作使用及维护维修人员培训合格后，严格按照本流程使用该

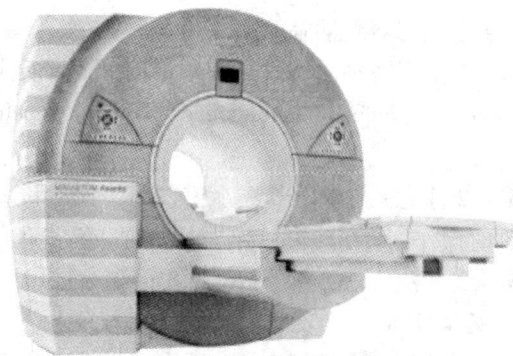

图 3－40　GE 磁共振成像仪

设备。

5. 作业内容

5.1 系统开机。

5.1.1 转动设备间梯度柜下方的旋钮开关从 0 到 1，接通电源，然后按下 EMO RESET 绿色按键，接通射频放大器电源。

5.1.2 按下操作台下计算机电源开关，主机启动后进行自检，根据出现的对话框提示，输入用户名 sdc 及密码 adw2.0，然后回车，自检待设备间射频放大器上的 OPERATE 指示灯亮时，可以进行正常的扫描工作。

5.1.3 建议：开机后最好先做一个水模扫描，以确认设备正常工作，再做病人的检查。

5.2 系统关机。

5.2.1 请确认病床退出磁体孔径，位于最外和最高端，即病床处于 Home 位置。

5.2.2 退出应用界面：点击右键，在 SERVICE TOOLS 中点击 System Shutdown，然后点击 YES，主机电源会自动关闭。

5.2.3 断开电源开关：在设备间梯度柜按下 POWER OFF 红色按键，旋钮开关会从 1 弹回到 0 位置，系统断电。

5.2.4 注意：水冷机和氦压机电源及电源开关不需要断开，需长期保持其在闭合状态。

5.3 病人检查。

5.3.1 审读病人检查申请单，了解病人一般资料，明确检查目的和要求。

5.3.2 患者进入检查室前，要求患者除去身上一切金属物品、磁性物品及电子器件，禁止装有心脏起搏器者做此项检查，向患者认真讲述检查过程及注意事项，以消除其恐惧心理，争取患者的合作。

5.3.3 进入检查室对病人进行摆位，并做必要的呼吸训练。

5.3.4 录入病人资料（MRI 号、姓名、性别、年龄、检查部位），输入相关体重，输入检查部位缩写字母，点击 Start Exam 进入部位选择。

5.3.5 检查时严格按照各部位的成像方法，力求正确、高质量完成每例检查，获得最佳的成像。

5.3.6 点击 End Exam→Complete 结束检查。

5.4 定期保养超期临时解决步骤。

5.4.1 由于各种因素没有在预定时间完成定期保养（PM），每天开机会出现"This system is overdue for planned maintenance . Have you scheduled planned maintenance with service"的提示。

5.4.2 注意：定期保养提示窗口用于提示设备需进行一定的校准和测试，此解决步骤仅用于临时操作，请在此窗口弹出时及时联系工程师，对设备进行全面的保养。

5.4.3 解决方法：在提示框的 Operator initial 红色区域输入医生姓名，在 Next PM Date 输入下次保养时间。

5.4.4 选择 Yes 关闭窗口，下次开机就不会再次出现此提示窗口。

5.5 浏览日志及报错信息。

5.5.1 选择浏览器左上方红色区域的长条框，右侧弹出窗口中选择第二个按钮 View Log。

5.5.2 点击按钮 Select Viewing Level，并在弹出窗口中选 ALL，OK 确认。

5.5.3 通过选择 Prior 和 Next 可以浏览最近和以前的日志, 包括与操作和维修相关的日志。

5.6 TPS RESET。

因错误或系统异常情况下安全恢复系统正常运行的一种方法, 当系统提示时, 需要进行 TPS 程序操作。TPS 代表收发信息和存储信号, 在原始数据收集之后进行重新复位。

注意: 在扫描或图像重建进行 TPS 复位将停止当前扫描或丢失图像, 系统将在两分钟左右时间完成全部进程, 此期间将不能进行新建病人等操作。

5.6.1 选择维修工具桌面图标。

5.6.2 在弹出窗口的左下角点击 TPS Reset 按钮。

5.6.3 弹出窗口中点 OK 确认进行 TPS 操作。

5.6.4 检查状态显示框将提示: "TPS successfully reset", 选择 OK, 系统复位成功。

5.7 急停复位的处理步骤。

紧急停止按钮是在扫描病人时出现病人身体异常等突发情况下采取的紧急停止扫描装置的措施。由于各种因素而按下了键盘或者磁体控制面板上的急停开关, 会导致设备部分断电, 磁体控制面板无显示。

恢复设备到正常状态, 按以下步骤操作:

5.7.1 设备间梯度柜找到设备电源开关, 接通电源, 并按下绿色按钮。

5.7.2 如磁体面板上仍无显示, 请在磁体面板上按 Home 键, 床板退到 Home 位, 面板显示为 0。

5.7.3 参见 TPS RESET 步骤操作进行 TPS RESET。

5.8 更改系统时间。

系统时间在主机设备出现异常情况下可能会导致变化, 以下方法介绍如何快捷更改系统显示时间。

注意: 更改系统时间仅可在系统闲置时进行更改, 请保证操作时没有进行扫描并且图像已完全生成。

5.8.1 选择浏览器左上方红色框中维修图标, 再选择下方的 C Shell, 会弹出对话框。

5.8.2 将鼠标箭头移入对话框, 按照对话框提示的顺序键入命令。

命令一: su –

命令二: 在 Password 连续输入 Operator, 输入时字母不显示。

命令三: Date 03202030 后面输入所要更改的日期时间, 格式是: 月日时分。

5.9 病人床进出升降及故障处理。

5.9.1 床尾四个脚踏开关的功能从左到右分别是连接、脱离、上、下, 使用相应功能踏板可以进行连接、脱离、液压控制扫描床上下。

5.9.2 在 Dock 两边有上下两组控制踏板, 为电机控制上下。

5.9.3 当检查床需要脱离时, 确认已经释放四个轮锁开关, 再踩踏脱离踏板。如出现意外情况或由于故障因素需要紧急脱离检查床, 可用力拉紧急情况释放拉杆, 即可脱开。

5.9.4 如果由于停电造成设备断电, 床无法运动, 可以手动拉出床板, 用力转动床板尾部的圆形把手拉出床。

5.10 线圈使用注意事项。

5.10.1 打开线圈时要完全打开相应的卡扣，垂直拔出；合上时应垂直插到位置再扣好相应卡扣，否则易出现图像伪影，造成线圈上下部连接处插头或插座的物理折损。

5.10.2 换病人时要先将线圈插头拔下，打开线圈。新病人躺好后扣好上部线圈，再插入线圈插头。做到不带电拆分线圈，以免造成线圈伪影。

5.10.3 捆绑不要过度用力，轻绑即可，否则易使内部断裂。

5.10.4 柔软线圈在日常使用中由于摆放习惯等，很可能造成局部受力过度而影响图像质量。在日常使用过程中可叮嘱病人不要用力过度压线圈。

5.10.5 更换线圈时要放牢固线圈电缆及插头再移动，以免突然滑落摔坏线圈插头，影响使用，尤其注意腹部等线圈线很长的线圈。

5.10.6 移动线圈时抓牢线圈，不要提拉线圈电缆；连接线圈插头时保持水平滑入，避免倾斜顶断插针。

5.10.7 连接正常后，插座上有绿色指示灯亮；如果连接后亮红灯，说明没有连接好或者线圈有问题。

5.10.8 线圈要轻拿轻放，每天下班前将线圈插头拔掉，长时间通电损伤线圈，影响使用寿命。连接线圈插头时不要让线圈电缆缠绕受力，发现及时释放受力。

5.11 安全提示。

5.11.1 显著位置处张贴警示标志，严格按照磁共振检查流程操作检查病患。

5.11.2 严禁有心脏起搏器或体内有金属植入体的病患进入检查室或靠近磁体。

5.11.3 严禁将各类有磁性的金属物体、电子仪器等带入检查室或靠近磁体。

5.11.4 严禁未经授权的人员擅自拆卸系统部件、接触带电元器部件。

5.11.5 设立紧急通道和应急预案，在出现紧急意外事件(如冒烟、明火、失超等)时，应立即按下紧急断电按钮，手动拖出病床，撤离病患等所有人员从紧急通道疏散到安全区域，并联系相关部门。

5.12 每日开关机前应观察记录的数据。

5.12.1 磁体压力及液氦液面。

5.12.2 压力正常范围 3.9 ~ 4.1PSI。

5.12.3 液氦液面不应低于55%，且短期(1~2天)的变化不应超过2%。

5.12.4 水冷机工作状态是正常显示温度而不是报错，冷头正常工作的声音(小鸟叫声)是否存在。

5.12.5 磁体间、操作间和设备间的温湿度是否正常(温度 18 ~ 22℃，湿度 40% ~ 60%)一旦超出范围应尽快调整、维修空调以保证系统正常运行。

5.13 每日关机后应检查的项目。

5.13.1 检查线圈是否已经拔下。

5.13.2 病人检查床是否回到起始位置。

5.13.3 离开前再次确认冷头正常工作的声音(小鸟叫声)是否存在。

6. 相关文件

无。

7. 使用表单

无。

8. 流程图

无。

9. 修订记录

无。

第四十节 西门子 CT 开关机操作流程

名称：西门子 CT 开关机操作流程	编号：ST – OPE – 0040	类别：操作流程	总页数：2
拟稿人：×××	审核人：×××	批准人：×××	
发布部门：设备器材科	版本号：V1.0	生效日期：××××－××－××	

1. 目的

为规范西门子 CT 开关机操作步骤，特制定本流程，以保证其使用安全性及有效性。

2. 范围

影像中心西门子 CT 操作使用人员、设备器材科西门子 CT 维护维修人员。

3. 定义

电子计算机断层扫描（Computed Tomography，CT），利用精确准直的 X 射线束与灵敏度极高的探测器一同围绕人体某一部位作一个接一个的断层扫描，具有扫描时间快，图像清晰等特点。对颅内肿瘤、外伤性颅内血肿与脑损伤、脓肿、肉芽肿、脑梗死与脑出血、椎管内肿瘤、椎间盘脱出等病变的诊断较为可靠。西门子 CT 外观如图 3 –41 所示。

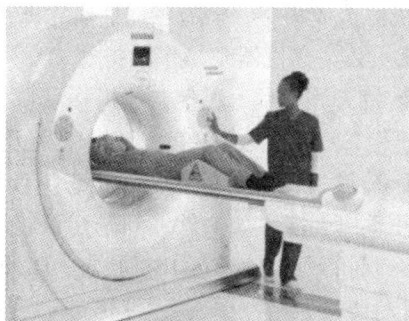

图 3 –41 西门子 CT

4. 职责

西门子 CT 操作使用及维护维修人员培训合格后，严格按照本流程使用该设备。

5. 作业内容

5.1 系统开机。

5.1.1 闭合总电源。

5.1.2 闭合 PDU 的主开关。

5.1.3 打开 UPS 开关。

5.1.4 按下控制盒后面的系统启动键，相应的 LED 开始闪烁。机架和计算机打开。Syngo 启动窗口显示在屏幕上。

5.1.5 进入 Syngo 系统后，启动"检查"程序，校正系统是检查的一部分。如果产生环状伪影，请重复进行"检查"程序。

5.1.6 "检查"程序完毕后，进入病人检查程序，进行准备登记病人。

5.2 系统关机。

5.2.1 退出并降低检查床。

5.2.2 退出病人检查程序，退出 syngo 系统。

5.2.3 关闭副台工作站。

5.2.4 关闭主计算机。

5.2.5 关闭 PDU，按两次"Power"关闭按钮。

5.2.6 关闭电源柜开关。

5.3 停电处理。

5.3.1 计划性停电前，先按系统关机步骤关闭系统，再关闭医院配电箱电源开关。

5.3.2 非计划性停电，所有开关复位。待电力恢复后，先打开医院配电箱电源开关，后按系统开机步骤开机。

5.4 日常维护。

5.4.1 机房环境。

➤ 建议室内温度在 18 ~ 22℃，机房需配置除湿机。温湿度计由医院自己提供并需定期检查准确性。

➤ 相对湿度控制在 40% ~ 65%。

➤ 保持机房环境干净清洁，机房要求洁净，防止扬尘和杂物（建议病人戴鞋套或换拖鞋以防带入灰尘），定期清洁机盖。如有血迹或污物，需及时清理并用拧干的湿布擦干净，以防渗入机器造成损害。若有渗入，请立即关闭机架电源并及时与设备主管工程师联系。

5.4.2 观察机器及操作维护。

➤ 每天开机前，观察电源柜指示灯，输出需要保持稳定才能开机（稳压器输出在 380V 左右，单相 220V），如偏差大于 20V，需及时与主管工程师联系。

➤ 建议机器平时保持常开状态。计算机每天重启（Restart）一次，机架可以不关闭，但一周必须重启一次。如遇软件问题建议将主机重启。

➤ 保持系统 24 小时开机状态，以便 Linux、Windows 等设备操作系统自动执行计划任务（如自动清除原始数据，病毒扫描，磁盘碎片整理程序）。

5.4.3 预热球管和空气校正。

➤ 每日扫描患者前，必须执行一次预热球管过程。当系统停止操作超过 2 小时，也必须通过预热使球管恢复到正常工作温度。

➤ 空气校正是正常系统维护的一部分，需要至少每隔一天执行一次。

6. 相关文件

《产品操作手册》。

7. 使用表单

无。

8. 流程图

无。

9. 修订记录

无。

第四十一节　飞利浦 CT 开关机操作流程

名称：飞利浦 CT 开关机操作流程		编号：ST - OPE - 0041	类别：操作流程	总页数：3
拟稿人：×××	审核人：×××		批准人：×××	
发布部门：设备器材科	版本号：V1.0		生效日期：××××-××-××	

1. 目的

为规范飞利浦 CT 开关机操作步骤，特制定本流程，以保证其使用安全性及有效性。

2. 范围

影像中心飞利浦 CT 操作使用人员、设备器材科飞利浦 CT 维护维修人员。

3. 定义

电子计算机断层扫描（Computed Tomography，CT），利用精确准直的 X 射线束与灵敏度极高的探测器一同围绕人体某一部位作一个接一个的断层扫描，具有扫描时间快，图像清晰等特点。对颅内肿瘤、外伤性颅内血肿与脑损伤、脓肿、肉芽肿、脑梗死与脑出血、椎管内肿瘤、椎间盘脱出等病变的诊断较为可靠。飞利浦 CT 如图 3 -42 所示。

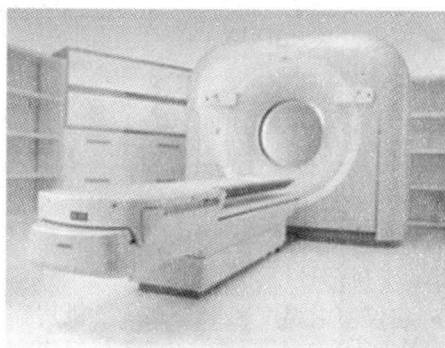

图 3 -42　飞利浦 CT

4. 职责

飞利浦 CT 操作使用及维护维修人员培训合格后，严格按照本流程使用该设备。

5. 作业内容

5.1 系统开机。

5.1.1 开启墙壁电源，闭合稳压器总开关(稳压器为选购件，部分稳压器还需闭合稳压输出开关)。

5.1.2 闭合 PDU 的主开关。

5.1.3 闭合 PDU 上其余所有的开关，注意："Stator"先开"Rotor"后开。

5.1.4 机架将自动上电并初始化。

5.1.5 打开 UPS 开关。

5.1.6 控制台背后有个开关，请确认已闭合(黄灯亮)。

5.1.7 开启主计算机。

5.1.8 开启 CIRS 服务器电源。按下每个装置上的"Power"按钮。

5.1.9 打开监视器，打开 Dell 计算机的电源，等待 Windows 登录窗口出现。

5.1.10 当计算机就绪时，会显示 Windows 登录提示。请键入 User Name(默认为 CT)。单击"OK"，或按"Enter"键(不需要密码)。

5.1.11 当屏幕显示启动机架时，将扫描控制盒上的钥匙旋转至"START"位置，然后释放，钥匙自动转回至"ON"位置。

5.1.12 进入"Gantry Init"状态，提示框消失后就可以进行日常工作。

5.2 系统关机。

5.2.1 关闭机架和主计算机。

➤ 将扫描控制盒上的钥匙转到"OFF"（关）位置。机架将在大约1分钟后关机。

➤ 如果要放弃关机，请将钥匙转回到"ON"（开启）位置。

➤ 在左下角点击"Log Out"，或者在 Directory 界面下，点击左下角的"Log Out"。

➤ 在弹出的窗口点"YES"，系统将退回至 Windows 登录界面。

➤ 选择"Shutdown"（关机）。单击"OK"（确定）。主计算机（Dell 工作站）将关闭。

5.2.2 关闭 CIRS 计算机。

➤ 找到机柜内的 CIRS 服务器。

➤ 按两次"Power"按钮。若三分钟后服务器仍不关机，请按住"Power"按钮，直到灯熄灭。

5.2.3 关闭 PDU。

➤ 关 PDU 下面一排开关："Rotor"先关，"Stator"后关。

➤ 关主开关：MAIN INPUT。

5.3 停电处理。

5.3.1 计划性停电前，先按系统关机步骤关闭系统，再关闭医院配电箱电源开关。

5.3.2 非计划性停电，所有开关复位。待电力恢复后，先打开医院配电箱电源开关，后按系统开机步骤开机。

5.4 日常维护。

5.4.1 机房环境。

➤ 建议室内温度在 18~22℃，机房需配置除湿机。温湿度计由医院自己提供并需定期检查准确性。

➤ 相对湿度控制在 40%~65%。

➤ 保持机房环境干净清洁，机房要求洁净，防止扬尘和杂物（建议病人戴鞋套或换拖鞋以防带入灰尘），定期清洁机盖。如有血迹或污物，需及时清理并用拧干的湿布擦干净，以防渗入机器造成损害。若有渗入，请立即关闭机架电源并及时与设备主管工程师联系。

5.4.2 观察机器及操作维护。

➤ 每天开机前，观察电源柜指示灯，输出需要保持稳定才能开机（稳压器输出在 380 V 左右，单相 220 V），如偏差大于 20 V，需及时与主管工程师联系。

➤ 建议机器平时保持常开状态。计算机每天重启（Restart）一次，机架可以不关闭，但一周必须重启一次。如遇软件问题建议将主机重启。

➤ 保持系统 24 小时开机状态，以便 Linux、Windows 等设备操作系统自动执行计划任务（如自动清除原始数据，病毒扫描，磁盘碎片整理程序）。

5.4.3 预热球管和空气校正。

➤ 每日扫描患者前，必须执行一次预热球管过程。当系统停止操作超过 2 小时，也必须通过预热使球管恢复到正常工作温度。

➤ 空气校正是正常系统维护的一部分，需要至少每隔一天执行一次。

6. 相关文件

《产品操作手册》。

7. 使用表单

无。

8. 流程图

无。

9. 修订记录

无。

第四十二节　GE CT 开关机操作流程

名称：GE CT 开关机操作流程	编号：ST－OPE－0042	类别：操作流程	总页数：3
拟稿人：×××	审核人：×××		批准人：×××
发布部门：设备器材科	版本号：V1.0		生效日期：××××－××－××

1. 目的

为规范 GE CT 开关机操作步骤，特制定本流程，以保证其使用安全性及有效性。

2. 范围

影像中心 GE CT 操作使用人员、设备器材科 GE CT 维护维修人员。

3. 定义

电子计算机断层扫描（Computed Tomography，CT），利用精确准直的 X 射线束与灵敏度极高的探测器一同围绕人体某一部位作一个接一个的断层扫描，具有扫描时间快，图像清晰等特点。对颅内肿瘤、外伤性颅内血肿与脑损伤、脓肿、肉芽肿、脑梗死与脑出血、椎管内肿瘤、椎间盘脱出等病变的诊断较为可靠。GE CT 如图 3－43 所示。

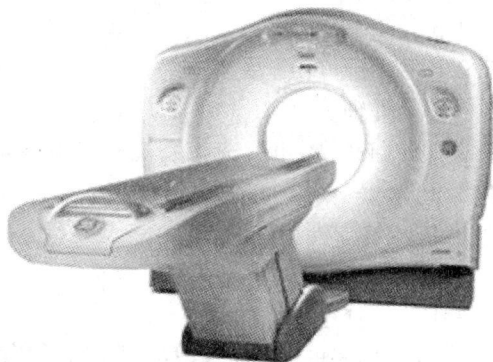

图 3－43　GE CT

4. 职责

GE CT 操作使用及维护维修人员培训合格后，严格按照本流程使用该设备。

5. 作业内容

5.1 系统开机。

5.1.1 先闭合操作台下方的开关，待显示屏上出现"OC initializing Please wait…"。

5.1.2 显示屏出现" Fastcal has not been performed within the last 24 hour."（在过去的 24 小时内尚未执行过快速空气校正）提示框，点击"OK"。

5.1.3 显示屏上出现"No scan have been take since tube warm up should be run."（球管需要预热才可进行扫描）提示框，点击"OK"。

5.1.4 球管预热：

➤ 单击扫描监视器的右下角"Daily Prep"（日常准备）键。

➤ 在弹出的显示框中，单击"TUBE WARM UP"（球管加热），单击"Accept & Run Tube Warmer – up（接受并执行球管加热）。

➤ 待键盘上的"Start Scan"键亮起后，按下"Start Scan"键。

➤ 待球管加热结束后，单击"QUIT"（退出）或进入5.1.5（快速空气校正）。

5.1.5 快速空气校正：

➤ 单击扫描监视器的右下角"Daily Prep"（日常准备）键。

➤ 在弹出的显示框中，单击"FAST CAL"（快速空气校正）。

➤ 键盘上的"Start Scan"键亮起后，按下"Start Scan"键。

➤ 待快速空气校正结束后，单击"QUIT"（退出）。

提示：开机后、球管未曝光连续2小时以上，需进行球管加热；为保证图像质量，建议每日进行一次快速空气校正。

5.2 系统关机。

5.2.1 按下右侧屏幕上方的红色"SHUT DOWN"（关闭）键。

5.2.2 在弹出的对话框中，选择"SHUT DOWN"（关闭）键，单击右侧屏幕上方的红色"SHUT DOWN"（关闭）键。

5.2.3 如果要重新启动，则在弹出的对话框中，选择默认的"RESTART"（重新启动）。

5.2.4 在突然停电情况下，应确保控制台开关按钮处于OFF状态。

5.2.5 关闭PDU开关。

5.2.6 关闭配电柜开关。

5.3 停电处理。

5.3.1 计划性停电前，先按系统关机步骤关闭系统，再关闭医院配电箱电源开关。

5.3.2 非计划性停电，所有开关复位。待电力恢复后，先打开医院配电箱电源开关，后按系统开机步骤开机。

5.4 日常维护。

5.4.1 机房环境。

➤ 建议室内温度在18~22℃，机房需配置除湿机。温湿度计由医院自己提供并需定期检查准确性。

➤ 相对湿度控制在40%~65%。

➤ 保持机房环境干净清洁，机房要求洁净，防止扬尘和杂物（建议病人戴鞋套或换拖鞋以防带入灰尘），定期清洁机盖。如有血迹或污物，需及时清理并用拧干的湿布擦干净，以防渗入机器造成损害。若有渗入，请立即关闭机架电源并及时与设备主管工程师联系。

5.4.2 观察机器及操作维护。

➤ 每天开机前，观察电源柜指示灯，输出需要保持稳定才能开机（稳压器输出在380V左右，单相220V），如偏差大于20V，需及时与主管工程师联系。

➤ 建议机器平时保持常开状态。计算机每天重启（Restart）一次，机架可以不关闭，但一周必须重启一次。如遇软件问题建议将主机重启。

➤ 保持系统24小时开机状态，以便Linux、Windows等设备操作系统自动执行计划任务（如自动清除原始数据，病毒扫描，磁盘碎片整理程序）。

5.4.3 预热球管和空气校正。

➤ 每日扫描患者前，必须执行一次预热球管过程。当系统停止操作超过 2 小时，也必须通过预热使球管恢复到正常工作温度。

➤ 空气校正是正常系统维护的一部分，需要至少每隔一天执行一次。

6. 相关文件

《产品操作手册》。

7. 使用表单

无。

8. 流程图

无。

9. 修订记录

无。

第四十三节　西门子 DSA 开关机操作流程

名称：西门子 DSA 开关机操作流程		编号：ST－OPE－0043	类别：操作流程	总页数：2
拟稿人：×××	审核人：×××		批准人：×××	
发布部门：设备器材科	版本号：V1.0		生效日期：××××－××－××	

1. 目的

为了规范西门子 DSA 开关机操作步骤，特制定本流程。

2. 范围

介入手术室及神经外科西门子 DSA 操作使用人员、设备器材科西门子 DSA 维护维修人员。

3. 定义

数字减影血管造影（Digital Subtraction Angiography，DSA）是通过计算机把血管造影片上的骨与软组织的影像消除，仅在影像片上突出血管的一种摄影技术。其特点是图像清晰，分辨率高，为观察血管病变，血管狭窄的定位测量，诊断及介入治疗提供了真实的立体图像，为各种介入治疗提供了必备条件。西门子 DSA 如图 3－44 所示。

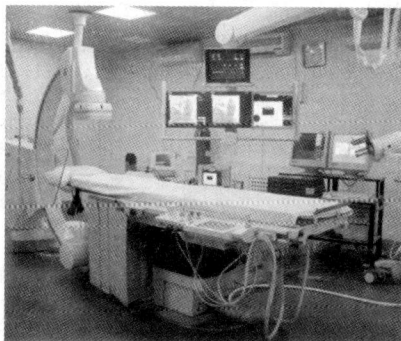

图 3－44　西门子 DSA

4. 职责

西门子 DSA 操作使用及维护维修人员培训合格后，严格按照本流程使用该设备。

5. 作业内容

5.1 系统开机。

5.1.1 先按操作室桌面上的开机 BOX 上的开机按钮，按住大约 2 秒钟松开，机器自动开机。

5.1.2 在主机屏幕上可看到 BIOS 自检、Windows 启动和 Syngo 启动过程，整个软件启动时间大约需要 5 分钟。

5.1.3 当听到系统硬件发出"咔咔咔"自检声音时（为缩光器自检），软件进入正常 Syngo 操作界面且正下方图标没有任何报错，即说明整个系统启动正常完成，可对系统进行操作。

5.1.4 踩下透视脚闸，检查是否有射线射出。有射线射出，显示屏会显示图像，可正常使用。

5.2 系统关机。

5.2.1 请确认 C 臂和床分离，病床处于合适高度，即病床处于 Transfer 位置。

5.2.2 选择主菜单中 System 下子菜单 End Session，在弹出窗口中点选 Shut Down，在弹出对话框"Do you really want to shut down the system?"中点选 OK 按钮确认，随后系统将自动进行关闭。

5.2.3 系统硬件电源将会先切断，然后等待 Syngo 自动关闭。

5.2.4 注意：不许关闭设备间配电箱电源，请长期保持其在闭合状态。以维持球管和平板的温度在合适范围内。

5.3 停电处理。

5.3.1 计划性停电前，先按系统关机步骤关闭系统，再关闭医院配电箱电源开关。

5.3.2 遇到非计划性停电，电力恢复后。先打开医院配电箱电源开关，注意平板需预热半小时或根据系统提示进行预热，最后根据需要按系统开机步骤正常打开系统。

5.4 日常维护。

5.4.1 保持检查室、设备室和操作室的环境温湿度（温度要求在 18～22℃，湿度要求在 40%～60%），如超出正常范围，需及时采取调整空调设置等措施。

5.4.2 保持球管水冷机的液位高度，保持平板冷却系统的冷却液液面高度。

5.4.3 开机或运行中如有异常，观察 Syngo 界面正下方图标或者治疗室的 DDIS 屏幕是否有报错信息，如有，记录下弹出窗口中对应时间的出错或报警信息。

5.4.4 如涉及图像质量问题，需保留原始有问题的图像，并建议保留其他同类正常图像备用做参考。

5.4.5 墙上红色 STOP 按钮和其他房间同样红色 STOP 按钮为紧急按钮，而并不是紧急电源按钮，切勿随意触碰。

5.5 安全提示。

5.5.1 显著位置处张贴射线警示标志。

5.5.2 严禁孕妇及婴幼儿靠近治疗室。

5.5.3 设立紧急通道和应急预案，在出现紧急意外事件（如冒烟、明火、射线泄露等）时，应立即按下紧急断电按钮，手动拖出病床，撤离病患等所有人员从紧急通道疏散到安全区域，并联系西门子售后部门及其他相关部门。

5.6 每日开关机前应观察记录的数据。

治疗室、操作间和设备间的温湿度是否正常（温度 20～22℃，湿度 35%～65%）一旦超出范围应尽快调整、维修空调以保证系统正常运行。

5.7 每日关机后应检查的项目。

5.7.1 检查 C 臂和床的位置。

5.7.2 检查铅屏等防护用品的完好。

5.7.3 检查高压注射器是否清洁归位。

6. 相关文件

《产品操作手册》。

7. 使用表单

无。

8. 流程图

无。

9. 修订记录

无。

第四十四节　C 型臂 X 线机操作流程

名称：C 型臂 X 线机操作流程		编号：ST－OPE－0044	类别：操作流程	总页数：3
拟稿人：×××	审核人：×××		批准人：×××	
发布部门：设备器材科	版本号：V1.0		生效日期：××××－××－××	

1. 目的

为了规范 C 型臂 X 线机操作流程，特制定本规程。

2. 范围

全院 C 型臂 X 线机操作人员，设备器材科 C 型臂 X 线机维护维修人员。

3. 定义

C 型臂 X 线机是通过影像增强器在显示器屏幕上直接显示被检查部位的 X 线图像。C 型臂 X 线机如图 3－45 所示。另外，附相关功能图示于该节最后。

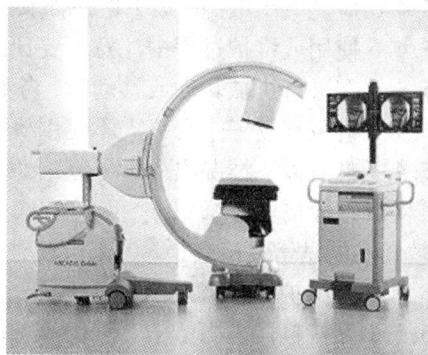

图 3－45　C 型臂 X 线机

4. 职责

C 型臂 X 线机操作人员及维护维修人员培训合格后，可参考此指引进行操作。

5. 作业内容

5.1 环境要求。

C 臂机系统的供电电源应带有可靠接地线的三眼插座。电源电压要求 220～240 V，50～60 Hz。环境温度：18～30℃；湿度：20%～75%，无凝结；气压：70～106 kPa。

5.2 操作规程。

注意：使用 C 型臂时，必须待手术自动防护门关闭后，医务人员方可踩脚闸曝光，保证医务及公众人员的辐射安全。

5.2.1 首先连接设备工作站推车和 C 臂主机的连接电缆。

5.2.2 连接好手术室墙上 220V 电源，打开 C 臂电源开关（推车侧面）。

5.2.3 系统自检成功后，登记病人——键盘上 PATIENT REGISTER。

5.2.4 在 EXAM INATION 任务卡里选择检查部位，模式选 DR 拍片，或是 PLUSE FLUO-ROSCOPY（脉冲透视），踩脚闸左键 FLUO 透视曝光，踩脚闸右键 RAD 采集曝光。

5.2.5 图像后处理在 A 显示器的 VIEWING 任务选项里完成，B 显示器的 REFERENCE 用于对照。

5.2.6 DR 图像拍完后自动保存，透视图像最后一张按 A - B 保存。

5.2.7 所有保存的病人图像均通过键盘上的 PATIENT BROWSER 调阅。

5.2.8 术后将机器处于最低平衡位置，先关闭工作站软件系统，再关闭电源，断开 C 臂连接电缆，将设备移动到手术室指定的位置。

5.3 常见问题及排查。

5.3.1 开机无反应：检查电源线及仪器两部分之间的连接情况是否正常。

5.3.2 没有图像输出：查看选择的部位及设置的条件是否正确；急停按钮是否被按下。

5.3.3 问题无法立即排除的，联系设备器材科进行维修。

5.4 注意事项与使用禁忌。

5.4.1 机器属于放射设备，对人体有一定程度的伤害，使用过程中务必做好防护措施。

5.4.2 透视时尽量使影像增强器贴近被检查部位。

5.4.3 连接大电缆头时务必对准两个红点，切勿暴力操作，否则可能损坏电缆针脚。

5.4.4 关机后需等上 10 秒以后才能再次开机。

5.4.5 应先关闭电源，拔下电源插头，再拔下大电缆。机器开机时不能拔下大电缆。

5.4.6 使用或维护过程中注意不要让液体溅入或渗入机器内部。

5.4.7 在进行机械转动或移动时，务必确认刹车已释放。

5.4.8 避免连续三个月以上不使用机器，有可能导致损坏。

5.4.9 具有以下情况之一者不适合做 X 射线检查：①孕妇和其他不宜接触 X 射线病员（如再生障碍性贫血等）；②严重心、肝、肾功能衰竭；③病情严重难以配合者；④含碘对比剂过敏者不能做增强检查；⑤各部位检查的特殊禁忌证。

5.5 日常维护保养。

5.5.1 保持机器表面清洁。表面消毒推荐使用通用的表面消毒剂溶液（乙醛和/或两性的表面活性剂）。

5.5.2 放射球管每年需进行计量校准。

6. 相关文件

无。

7. 使用表单

无。

8. 流程图

无。

9. 修订记录

无。

附：C 型臂 X 线机相关图示说明如图 3 - 46 所示：

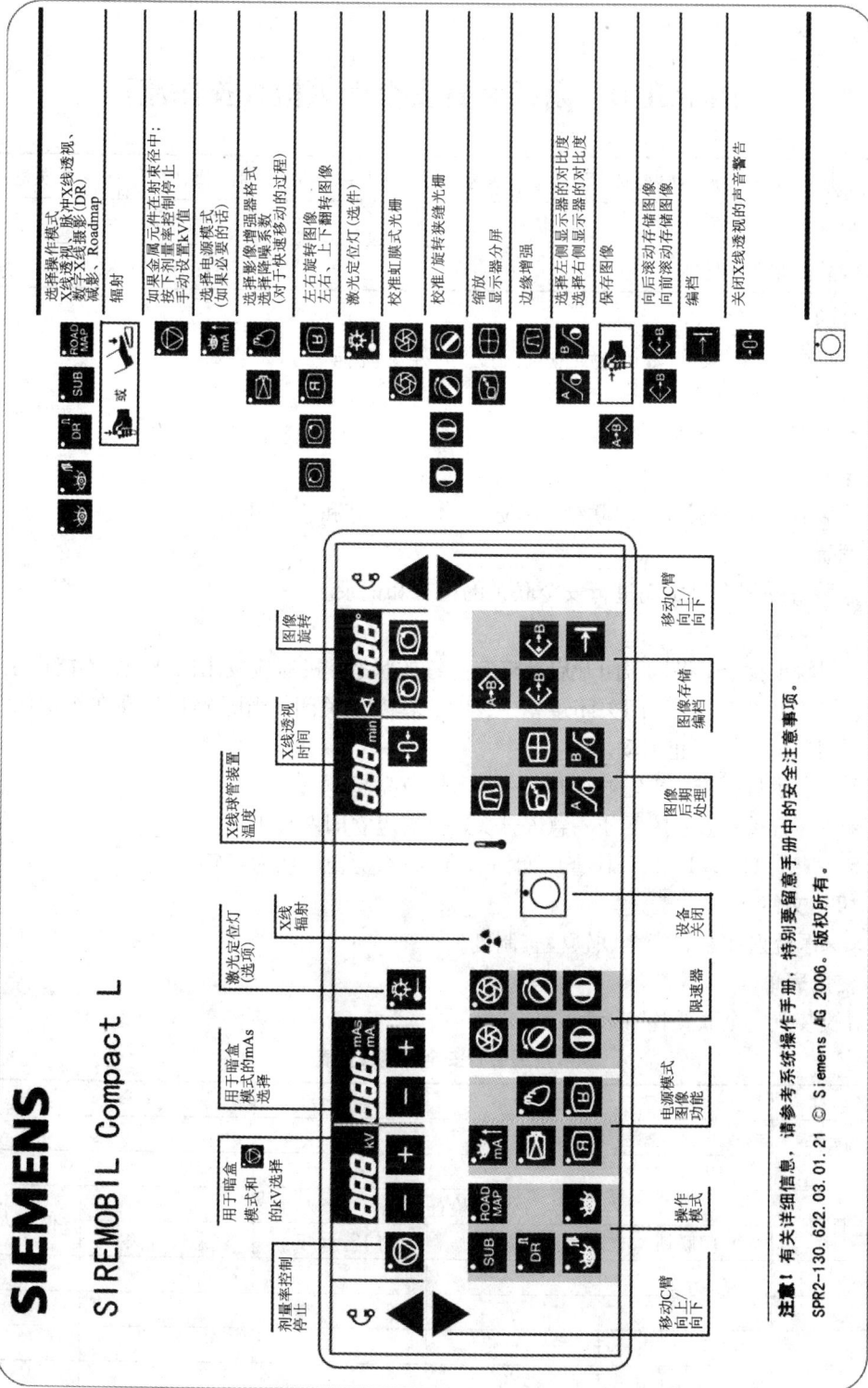

图 3–46 C 型臂 X 线机相关功能图

第四十五节　射线装置安全连锁检查操作流程

名称：射线装置安全连锁检查操作流程		编号：ST－OPE－0045	类别：操作流程	总页数：1
拟稿人：×××	审核人：×××		批准人：×××	
发布部门：设备器材科	版本号：V1.0		生效日期：××××－××－××	

1. 目的

《××医院射线装置安全联锁检查制度》的配套流程。

2. 范围

射线装置的操作人员。

3. 定义

射线装置安全联锁包括门联锁、门防撞、门警示灯和急停开关。

4. 职责

射线装置操作人员定期进行安全联锁的检查和记录。

5. 作业内容

5.1 门联锁检查：将机房门开启至略有门缝的状态，机器应发出门联锁，不能产生射线。

5.2 门防撞检查：机房门关闭过程中，确认其安全关闭，当障碍物出现在机房门关闭路径上，机房门应立即停止运动。

5.3 门警示灯检查：产生射线时，门警示灯应亮起。

5.4 急停开关检查：按下任一急停开关，机器应立即停止工作。

5.5 检查周期：5.1～5.3检查周期为1月，5.4检查周期为半年。

6. 相关文件

《××医院射线装置安全联锁检查制度》。

7. 使用表单

"射线装置安全联锁检查表"。

射线装置安全联锁检查表

设备名称			档案号		
设备位置					

检查日期	检查内容				检查人签名
	门联锁	门防撞	门警示灯	急停开关	

8.流程图

无。

9.修订记录

无。

第四十六节　呼吸机杀菌消毒操作流程

名称：呼吸机杀菌消毒操作流程		编号：ST－OPE－0046	类别：操作流程	总页数：1
拟稿人：×××	审核人：×××		批准人：×××	
发布部门：设备器材科	版本号：V1.0		生效日期：××××－××－××	

1.目的

为指引呼吸机杀菌消毒,特制定此制度。

2.范围

医院呼吸机相关使用人员,设备器材科呼吸机杀菌消毒操作人员。

3.定义

呼吸机杀菌消毒是指通过科学合理的方式对呼吸机的管道进行清洁消毒处理,是有效预防医院感染的措施之一。

4.职责

医院呼吸机相关使用人员,设备器材科呼吸机杀菌消毒操作人员在培训合格后,可参考此操作指引进行操作。

5.作业内容

5.1 紫外线照射一小时。

5.2 呼吸机表面。

5.2.1 屏幕、按键、吊臂、电源线、空气氧源管道、湿化器用麦瑞斯消毒巾擦拭或 500 mg/L 含氯消毒液擦拭(交替使用)。

5.3 呼吸机配件。

5.3.1 呼气阀(膜):75% 酒精浸泡 30 分钟,待干。

5.3.2 流量传感器:供应室消毒(低温消毒)。

5.3.3 加热导丝、温度探头:麦瑞斯消毒巾擦拭。

5.3.4 空气进口、风扇过滤网:清水清洗、晾干。

5.4 登记消毒记录。

6.相关文件

无。

7.使用表单

无。

8. 流程图

无。

9. 修订记录

无。

第四十七节　Trilogy 直线加速器开关机操作流程

名称：Trilogy 直线加速器开关机操作流程		编号：ST－OPE－0047	类别：操作流程	总页数：2
拟稿人：×××	审核人：×××		批准人：×××	
发布部门：设备器材科	版本号：V1.0		生效日期：××××－××－××	

1. 目的

为规范 Trilogy 直线加速器开关机操作步骤，特制定本流程，以保证其使用安全性及有效性。

2. 范围

Trilogy 直线加速器操作人员，设备器材科 Trilogy 直线加速器维护维修人员。

3. 定义

直线加速器是生物医学上的一种用来对肿瘤进行放射治疗的粒子加速装置。Trilogy 直线加速器如图 3－47 所示。

4. 职责

Trilogy 直线加速器操作人员及维护维修人员培训合格后，在此流程指引下进行开关机操作。

5. 作业内容

5.1 开机。

5.1.1 控制室。

5.1.1.1 开通风机电闸，转自动模式。

5.1.1.2 依次开 OBI 和 4DITC 计算机及显示器。

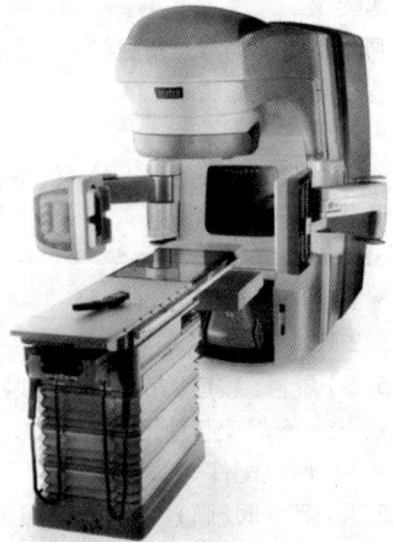

图 3－47　Trilogy 直线加速器

5.1.1.3 开加速器控制台计算机的显示器，按 F2 进行自检后，将加速器主机钥匙从 STANDBY 转至 ON。

5.1.2 机房。

5.1.2.1 查看地上是否有水迹、油迹。

5.1.2.2 查看 STAND 中水温、水压、空气压力、SF6 压力数据。

5.1.2.3 将加速器光栏角度归零，转动臂架一圈后归零，查看有无异常。

5.1.3 控制室。

5.1.3.1 打开 4DITC 计算机，打开 MLCHyper，输入小写 wr，开始 MLC 自检。

5.1.3.2 MCL 自检完成后，打开 Treatment，点击 Standby，保持 MLC 待命。

5.1.3.3 加速器晨检，常用能量每天一次，不常用能量每周一次，结束后打印晨检报告。

5.1.3.4(OBI)打开控制台 X – ray generator 开关。

5.1.3.5(OBI)打开 OBI 应用程序，点 Download Axes，按 Motion + Auto Go 伸出 KVS 和 KVD，进行球管预热。

5.2 OBI 工作异常时，可能需要重启，方法如下。

5.2.1 重启 OBI 计算机。

5.2.2 依次关闭 Supervisor②、①电源开关，约 10 秒后，开启①、②电源。

5.3 关机。

5.3.1 4DITC：点击 Treatment 中的 Standby，待 MLC 复位后点出 Exit Standby。

5.3.2 退出各操作界面，关闭 4DITC 和 OBI 计算机。

5.3.3 加速器：按 F1 键操作界面，将加速器主机钥匙扳至 Standby。

5.3.4 通风机：转至停止模式，关闭电闸。

5.3.5 进机房将臂架角度转至 120°，光栏角度转至 90°。

5.3.6 关闭显示器，照明灯，退出机房，关门。

6. 相关文件

无。

7. 使用表单

无。

8. 流程图

无。

9. 修订记录

无。

第四十八节　空气压缩机维修保养操作流程

名称：空气压缩机维修保养操作流程		编号：ST – OPE – 0049	类别：操作流程	总页数：1
拟稿人：×××	审核人：×××		批准人：×××	
发布部门：设备器材科	版本号：V1.0		生效日期：×××× – ×× – ××	

1. 目的

为规范空气压缩机维修保养操作步骤，特制定本流程。

2. 范围

空气压缩机维护保养人员。

3. 定义

空气压缩机是压缩空气的气压发生装置。空气压缩机如图 3 – 48 所示。

图 3 – 48　空气压缩机

4. 职责

空气压缩机维护保养人员培训合格后，在此指引下进行空气压缩机维护保养操作。

5. 作业内容

5.1 熟悉空气压缩机的原理、主要技术性能和参数、附件结构的安全性。

5.2 掌握空气压缩机的操作方法、维护保养、常见故障现象及其产生原因和排除方法。

5.3 定期巡查并进行记录。

5.4 开机前，判明各部件的安装是否正确、润滑油面是否在规定的刻度上，并用手转动飞轮 2 ~ 3 圈，查找有无妨碍转动的现象。电动机的转向应符合空气压缩机的转向要求（转向在防护盖上有标识），用手动启动运转时声响正常，不应有碰声和杂音。如无异常的响声和漏气等不良现象，即可正常运转使用。停机时先把减压阀关闭，使空气压缩机无负荷之后断开电源。

5.5 空气压缩机运转时各级压力应在所需的范围内，温度在规定的范围内，注意机油的温度是否正常，油量是否在规定的范围内，油量不足时应加油，注意不要产生漏油漏气现象。每周应检查机器的紧固件情况，有松脱现象应紧固，每月应检查排气阀、阀片、弹簧等情况。在空气压缩机新使用的三个月，每月换一次机油。每次换机油时，应清洗一次空气压缩机。

6. 相关文件

无。

7. 使用表单

无。

8. 流程图

无。

9. 修订记录

无。

第四十九节　FLUKE ESA615 电气安全分析仪操作流程

名称：FLUKE ESA615 电气安全分析仪操作流程	编号：ST – OPE – 0049	类别：操作流程	总页数：3
拟稿人：×××	审核人：×××		批准人：×××
发布部门：设备器材科	版本号：V1.0		生效日期：×××× – ×× – ××

1. 目的

医用电气设备往往直接与人体接触，甚至设备的部分电极植入体内，从而存在一定的电击风险，一旦发生电气安全事故，可引发一系列生理效应，从较轻的刺痛感到严重的电击灼伤，甚至危急生命。因此，对医疗设备需定期开展电气安全检测工作，保障设备用电安全。

2. 范围

适用于医疗设备通用电气安全的检测。

3. 定义

电气安全分析仪可用于现场和实验室对医疗设备进行电气安全测试使用，可快速简洁地进行自动测试。可进行基本的电气安全测试，包括电源电压、接地(保护接地)电阻、绝缘电阻、设备漏电流以及导联(患者)漏电流等。还可提供 ECG 模拟和点对点的电压、电流和电阻测试。FLUKE ESA615 电气安全分析仪如图 3 - 49 所示。

图 3 - 49　FLUKE ESA615 电气安全分析仪

4. 职责

FLUKE ESA615 电气安全分析仪操作使用人员培训合格后，严格按照本流程定期进行医疗设备电气安全检测工作。

5. 作业内容

5.1 电源电压测试。

5.1.1 将分析仪电源线插头插入插座，被检设备电源线连接至分析仪，按下分析仪开关键，进入开启界面。

5.1.2 按"SET UP"软键，选择"Standard"，选择检测标准(常选 IEC60601 - 1)。

5.1.3 按面板"V"软键，进入测试界面。

5.1.4 观察并记录分析仪上电源电压示数，判断是否符合要求。

5.2 接地电阻测试。

5.2.1 按面板"Ω"软键，进入测试界面。

5.2.2 取出一条测试线，一端插入分析仪"V/Ω/A"(红色)插口，另一端与鳄鱼夹相连，夹在"0/Null"接线柱上，按下面板 F4 软键，完成归零。

5.2.3 从"0/Null"接线柱上取下鳄鱼夹，令其夹住被检除颤器的保护性接地柱。

5.2.4 观察并记录分析仪上接地电阻示值，判断是否符合要求。

(注意：为接地电阻读数更为准确，测量前清洁被检设备接地柱表面。)

5.3 绝缘电阻测试。

5.3.1 按面板"MΩ"软键，进入测试界面。

5.3.2 按下"More"F4 软键，再按下"Change Voltage"F3 软键，将测试电压切换至 250V。

5.3.3 按下 F4 软键返回测试界面，再按下 F1，按下"TEST"软键，高压指示灯(红)亮起，开始测试。

5.3.4 观察并记录分析仪绝缘电阻示值，判断是否符合要求。

5.4 接地漏电流测试。

5.4.1 被检除颤器处于开机状态(如有蓄电池建议取出)。

5.4.2 按面板"μA"软键,进入测试界面。

5.4.3 通过屏幕右侧"POLARITY"软键,选择极性正常(NORMAL)或反相(REVERSE)。

5.4.4 通过屏幕右侧"NEUTRAL"软键,选择零线闭合(CLOSED)或开路(OPEN)。

5.4.5 检测记录表中正常状态1:"POLARITY"选择极性正常(NORMAL),"NEUTRAL"选择零线闭合(CLOSED),观察并记录分析仪示值,判断是否符合要求。

5.4.6 检测记录表中正常状态2:"POLARITY"选择极性反相(REVERSE),"NEUTRAL"选择零线闭合(CLOSED),观察并记录分析仪示值,判断是否符合要求。

5.4.7 检测记录表中单一故障状态——正向断零:"POLARITY"选择极性正常(NORMAL),"NEUTRAL"选择零线开路(OPEN),观察并记录分析仪示值,判断是否符合要求。

5.4.8 检测记录表中单一故障状态——反向断零:"POLARITY"选择极性反相(REVERSE),"NEUTRAL"选择零线开路(OPEN),观察并记录分析仪示值,判断是否符合要求。

5.5 外壳漏电流测试。

5.5.1 被检除颤器处于开机状态(如有蓄电池建议取出)。

5.5.2 将鳄鱼夹夹住被检除颤器的外壳金属部分。

5.5.3 按面板"μA"软键,再按F2,进入外壳漏电流测试界面。

5.5.4 通过屏幕右侧"POLARITY"软键,选择极性正常(NORMAL)或反相(REVERSE)。

5.5.5 通过屏幕右侧"NEUTRAL"软键,选择零线闭合(CLOSED)或开路(OPEN)。

5.5.6 通过屏幕右侧"EARTH"软键,选择地线闭合(CLOSED)或开路(OPEN)。

5.5.7 检测记录表中正常状态1:"POLARITY"选择极性正常(NORMAL),"NEUTRAL"选择零线闭合(CLOSED),"EARTH"选择地线闭合(CLOSED),观察并记录分析仪示值,判断是否符合要求。

5.5.8 检测记录表中正常状态2:"POLARITY"选择极性反相(REVERSE),"NEUTRAL"选择零线闭合(CLOSED),"EARTH"选择地线闭合(CLOSED),观察并记录分析仪示值,判断是否符合要求。

5.5.9 检测记录表中单一故障状态——正向断零:"POLARITY"选择极性正常(NORMAL),"NEUTRAL"选择零线开路(OPEN),"EARTH"选择地线闭合(CLOSED),观察并记录分析仪示值,判断是否符合要求。

5.5.10 检测记录表中单一故障状态——正向断地:"POLARITY"选择极性正常(NORMAL),"NEUTRAL"选择零线闭合(CLOSED),"EARTH"选择地线开路(OPEN),观察并记录分析仪示值,判断是否符合要求。

5.5.11 检测记录表中单一故障状态——反向断零:"POLARITY"选择极性反相(REVERSE),"NEUTRAL"选择零线开路(OPEN),"EARTH"选择地线闭合(CLOSED),观察并记录分析仪示值,判断是否符合要求。

5.5.12 检测记录表中单一故障状态——反向断地:"POLARITY"选择极性反相(REVERSE),"NEUTRAL"选择零线闭合(CLOSED),"EARTH"选择地线开路(OPEN),观察并记录分析仪示值,判断是否符合要求。

5.6 患者漏电流测试(导联对地)。

5.6.1 被检除颤器处于开机状态(如有蓄电池建议取出)。

5.6.2 将被除颤器与人体接触的导联线连接至分析仪对应接口。(若接口不匹配,可采用分析仪附件转换接头。)

5.6.3 按面板"μA"软键,再按 F4,进入应用部分设定界面。

5.6.4 通过"▲"和"▼"软键,选择对应的应用部分组合,按 F1 确认,进入患者漏电流测试界面。

5.6.5 检测记录表中正常状态 1、正常状态 2、单一故障状态下正向断零、正向断地、反向断零、反向断地的设置方法同步骤 5.5,分别读取相应示值,判断是否符合要求。

5.7 患者辅助漏电流测试(导联对导联)。

5.7.1 被检除颤器处于开机状态(如有蓄电池建议取出)。

5.7.2 按 F4 返回漏电流测试界面,再按 F3 进入患者辅助漏电流测试界面。

5.7.3 通过"◀"和"▶"软键切换导联,在每一个导联下均读取正常状态 1、正常状态 2、单一故障状态下正向断零、正向断地、反向断零、反向断地的示值,取所有导联中各个测试状态的最大值记录至检测表格对应位置,并判断是否符合要求。

5.7.4 正常状态 1、正常状态 2、单一故障状态下正向断零、正向断地、反向断零、反向断地的设置方法同步骤 5.5。

6. 相关文件

无。

7. 使用表单

"医疗设备通用电气安全检测原始记录"。

8. 流程图

无。

9. 修订记录

无。

医疗设备通用电气安全检测原始记录表

使用科室			
被检设备名称		制造厂家	型号规格
检测仪器	医用电气安全分析仪	制造厂家	

质控计划名称		
医院资产编号		设备出厂序列号
型号规格		

检测依据	医疗设备通用电气安全质量检测技术规范
	医院资产编号
	设备出厂序列号

定性检查

		P	F
电源线	网电源插头是否破损、褪色，插针有无变形		
	电源接口处是否接触良好		
	电源软电线是否老化、变色		
设备	设备外壳是否损坏		
	设备的部件如刻度盘、开关等是否损坏或丢失		
	设备表面是否有毛屑、纤维等异物		
	设备的内部是否有异常响声		
	是否有烧焦味，设备局部是否已变色		
	所有必要的标签是否完整清晰地在设备上粘贴		
电池	直流电池供电设备的电池充电是否正常		
	充电指示灯是否正常		

定量检测

		检测结果	允许值
电源部分	电源电压(V)		(220±22)V
	保护接地阻抗(电源—外壳)(mΩ)		≤300mΩ
	绝缘阻抗(电源—外壳)(MΩ)		≥10MΩ
	对地漏电流(μA) 正常状态	1: 2:	≤500μA
	对地漏电流(μA) 单一故障状态	正向断零: 反向断零:	≤1000μA
	外壳漏电流(μA) 正常状态	1: 2:	≤100μA
	外壳漏电流(μA) 单一故障状态	正向 断零: 断地: 反向 断零: 断地:	≤500μA
应用部分	患者漏电流(μA) 正常状态	1: 2:	□B型 □BF型 ≤100μA □CF型 ≤10μA
	患者漏电流(μA) 单一故障状态	正向 断零: 断地: 反向 断零: 断地:	≤500μA ≤50μA
	患者辅助漏电流(μA) 正常状态	1: 2:	≤100μA ≤10μA
	患者辅助漏电流(μA) 单一故障状态	正向 断零: 断地: 反向 断零: 断地:	≤500μA ≤50μA

检测结果	合格□　不合格□
检测说明	

注释　(1)环境条件：是否符合检测要求。

(2)P=Pass，F=Fail。

(3)检测结果中正常状态，1格表示正常状态；2格表示正常状态，电源反向，这两种状态的允许值相同。

(4)如果被检设备是II类设备则不需要检测保护接地阻抗和对地漏电流。

检测日期：　年　月　日　　检测人员：

第五十节　FLUKE IDA－5 输液设备分析仪操作流程

名称：FLUKE IDA－5 输液设备分析仪操作流程	编号：ST－OPE－0050	类别：操作流程	总页数：2
拟稿人：×××	审核人：×××		批准人：×××
发布部门：设备器材科	版本号：V1.0		生效日期：××××－××－××

1. 目的

输液泵/注射泵通过准确控制输液流速，使药物用量精准、速度均匀地安全进入人体，是临床救治中必不可少的仪器。依照《医疗器械使用质量监督管理办法》及三甲评审核心条款中急救类、生命支持类装备完好率100%的要求，对输液泵/注射泵定期开展质量检测工作，以保证其使用安全性及有效性。

2. 范围

用于全院输液泵/注射泵的流量、堵塞压力报警及输液管路气泡探测等功能参数的质量检测。

3. 定义

输液设备分析仪可以准确、迅速地测试输液泵和注射泵。IDA－5 基于 IEC60601－2－24 标准要求实现对输液设备的全面测试：瞬时流量、平均流量、阻塞压力和双流量测试。FLUKE IDA－5 输液设备分析仪如图 3－50 所示。

4. 职责

FLUKE IDA－5 输液设备分析仪操作使用人员培训合格后，严格按照本流程定期进行输液泵/注射泵质量检测工作。

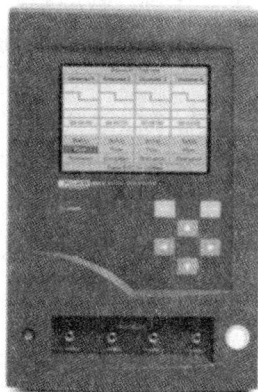

图 3－50　FLUKE IDA－5 输液设备分析仪

5. 作业内容

5.1 流量测试。

5.1.1 管路连接：

利用管路连接输注泵与分析仪通道接口。

利用管路连接通道废液排出口与废液收集器。

5.1.2 开机，按下"ENTER"键，进入参数设置界面。

参数设置界面：共有四个通道，利用左右按键移动"SetUp"光标可以选择某一通道，按下"ENTER"键即可进入该通道测试项目界面。

5.1.3 选定通道，进入测试项目界面，利用上下按键，移动光标至"FLOW"，按下"EN-TER"键，进入流量测试界面。

5.1.4 等待数秒屏幕左下方由"Wait"变为"Prime"后，利用输注泵的快推模式进行预灌注，以排除测试管路中的气泡。观察屏幕左侧红色信号条，当其全部更新为蓝色并保持稳定，同时屏幕左下方由"Prime"变为"AutoStart"后，停止快推，此刻分析仪已做好测试前准备。

5.1.5 在输注泵上设置相应流量值，按下"开始"按键，在分析仪选择"AutoStart"按下

"ENTER"键。

5.1.6 分析仪感测到水流时将自动开始测量，并在屏幕上显示实时数据，包括平均流速、容积、测量时间、瞬时流速、背压。

观察屏幕下方，移动光标至"Graph"，按下"ENTER"键，进入流量曲线图显示界面。

观察屏幕右下方，移动光标至"Ave/Inst"，按下"ENTER"键，可以切换是显示平均流速、还是瞬时流速，或同时显示平均流速和瞬时流速的曲线图。

移动光标至"View Detail"，按下"ENTER"键，返回至数据显示界面。

待状态平稳后，观察并记录分析仪平均流速数值，与所设置流速数值相比，判断是否符合要求

5.1.7 移动光标至"End"按下"ENTER"键，根据需要可选择"Save"保存结果，也可选择"Delete"删除结果。

5.2 阻塞压力报警功能测试。

5.5.1 返回参数设置界面，选择通道，进入该通道测试项目界面。

5.5.2 移动光标至"Occlusion"，按下"ENTER"键，进入阻塞压力报警功能测试界面。

5.5.3 等待数秒屏幕左下方由"Wait"变为"Start"。在输注泵上设置相应流量值，按下"开始"按键，在分析仪选择"Start"后，按下"ENTER"键，开始阻塞压力报警功能测试。

5.5.4 分析仪将阻塞管路，以产生阻塞压力，分析仪屏幕上显示实时数据，包括当前压力值、测试时间、峰值压力、达到峰值压力所用时间。

5.5.5 随着压力值不断攀升，最终输注泵阻塞压力报警被触发，分析仪屏幕将会保持峰值压力数值及达到峰值压力所用时间，观察并记录峰值压力数值及达到峰值压力的时间，与厂家产品说明书中给出的数值相对比，判断是否符合要求。

5.5.6 不同的输注泵产品会设定不同挡位的阻塞压力报警，需测定每个挡位的阻塞压力报警值。

6. 相关文件

无。

7. 使用表单

"输液泵质量检测原始记录表"；

"注射泵质量检测原始记录表"；

"双通道注射泵质量检测原始记录表"。

8. 流程图

无。

9. 修订记录

无。

输液泵质量检测原始记录表

使用科室				
检测依据	输液泵/注射泵质量检测技术规范		质控计划名称	
项目类别				
		被检设备		检测仪器
设备名称	输液泵	输液管路		输液设备分析仪
品牌				
型号规格				
医院资产编号				
设备出厂序列号				

[C]检查、检验、记录			
外观检查	泵铭牌应完好，设备相关信息应完整	□符合	□不符合
	泵的外壳应无影响其正常工作或电气安全的机械损伤，泵管槽内应洁净无污渍	□符合	□不符合
	输液管等配件应齐全	□符合	□不符合
	过滤器和通风口保持清洁	□符合	□不符合
开机检查	开关正常，各种按键或调节旋钮应能正常对设备相关参数进行设置	□符合	□不符合
	有正确的时间日期	□符合	□不符合
	亮度正常	□符合	□不符合
记录、流程和资质	使用人员接受操作规程的培训，并经考核合格	□符合	□不符合
	使用泵时，需要进行使用登记记录，信息至少包括：装备名称、规格型号、使用日期、使用人员	□符合	□不符合
	需要有输液泵使用操作规程	□符合	□不符合

[B]保养,维护,记录			
保养维护	按照设备服务手册的说明,定期进行消毒擦拭		□符合　□不符合
	按照设备服务手册的说明,对电池进行保养		□符合　□不符合
	更换破损老化的配件,耗材如输液软管,输液针头等		□符合　□不符合
	维护保养记录,信息至少包括:保养内容,保养日期,保养人员等		□符合　□不符合
[A]性能检测、校准、记录			
流量检测	流量测试点	25 mL/h(22.5～27.5)	100 mL/h(90～110)
			测试结果
	平均流量		允许测量误差±10%　□符合　□不符合
阻塞报警检测 测试流量:	阻塞报警设置值(产品说明书)	H	报警时间(min)　报警压力(mmHg)
		M	
		L	测试结果
			允许测量误差:±20% 或者±100mmHg　□符合　□不符合
报警系统检测	堵塞	即将空瓶	□符合　□不符合　□不适用
	输液管路安装不妥	气泡报警	□符合　□不符合　□不适用
	电源线脱开	开门报警	□符合　□不符合　□不适用
			□符合　□不符合　□不适用
检测说明			

检测日期:　年　月　日　　检测人员:

注射泵质量检测原始记录表

使用科室				
检测依据	输液泵/注射泵质量检测技术规范			
项目类别		质控计划名称		
设备名称	注射泵	被检设备	输液管路	检测仪器 输液设备分析仪
品牌				
型号规格				
医院资产编号				
设备出厂序列号				

		[C]检查、检验、记录	
外观检查	□符合 □不符合	泵铭牌应完好，设备相关信息应完整	
	□符合 □不符合	泵的外壳应无影响其正常工作或电气安全的机械损伤，泵管槽内应洁净无污渍	
	□符合 □不符合	输液管等配件应齐全	
	□符合 □不符合	过滤器和通风口保持清洁	
	□符合 □不符合	开关正常，各种按键或旋钮应能正常对设备相关参数进行设置	
开机检查	□符合 □不符合	有正确的时间日期	
	□符合 □不符合	亮度正常	
记录、流程和资质	□符合 □不符合	使用人员接受操作规程的培训，并经考核合格	
	□符合 □不符合	使用泵时，需要进行使用登记记录，信息至少包括：装备名称、规格型号、使用日期、使用人员	
	□符合 □不符合	需要有输液泵、注射泵使用操作规程	

[B]保养、维护、记录

保养维护	内容	结果
	按照设备服务手册的说明，定期进行消毒擦拭	□符合 □不符合
	按照设备服务手册的说明，对电池进行保养	□符合 □不符合
	更换破损老化的配件、耗材如输液软管、输液针头等	□符合 □不符合
	维护保养记录，信息至少包括：保养内容、保养日期、保养人员等	□符合 □不符合

[A]性能检测、校准、记录

流量检测	流量测试点	5 mL/h(4.5~5.5)	25 mL/h(22.5~27.5)	测试结果 允许测量误差±10%
	平均流量			□符合 □不符合

阻塞报警检测 测试流量：	阻塞报警设置值（产品说明书）	报警时间（min）	报警压力（mmHg）	测试结果 允许测量误差：±20% 或者±100mmHg
	H			□符合 □不符合
	M			
	L			

报警系统检测			结果
	堵塞	即将空瓶	□符合 □不符合 □不适用
	输液管路安装不妥	气泡报警	□符合 □不符合 □不适用
	电源线脱开	开门报警	□符合 □不符合 □不适用

检测说明：

检测日期：　年　月　日　　检测人员：

双通道注射泵质量检测原始记录表

使用科室		
检测依据	输液泵/注射泵质量检测技术规范	
项目类别	质控计划名称	
设备名称	双通道注射泵	
品牌		
型号规格		
医院资产编号		
设备出厂序列号		
被检设备	输液管路	
检测仪器	输液设备分析仪	

[C]检查、检验、记录

外观检查	泵铭牌应完好，设备相关信息应完整	□符合 □不符合
	泵的外壳应无影响其正常工作或电气安全的机械损伤，泵管槽内应洁净无污渍	□符合 □不符合
	输液管等配件应齐全	□符合 □不符合
	过滤器和通风口保持清洁	□符合 □不符合
开机检查	开关正常，各种按键或调节旋钮应能正常对旋转设备相关参数进行设置	□符合 □不符合
	有正确的时间日期	□符合 □不符合
	亮度正常	□符合 □不符合
记录、流程和资质	使用人员接受操作规程的培训，并经考核合格	□符合 □不符合
	使用泵时，需要进行使用登记记录，信息至少包括：装备名称、规格型号、使用日期、使用人员	□符合 □不符合
	需要有输液泵、注射泵使用操作规程	□符合 □不符合

[B]保养、维护、记录

保养维护	按照设备服务手册的说明，定期进行消毒擦拭	□符合 □不符合
	按照设备服务手册的说明，对电池进行保养	□符合 □不符合
	更换破损老化的配件、耗材如输液软管、输液针头等	□符合 □不符合
	维护保养记录，信息至少包括：保养内容、保养日期、保养人员等	□符合 □不符合

【A】性能检测、校准、记录

		5 mL/h(4.5~5.5)		25 mL/h(22.5~27.5)	测试结果 允许测量误差±10%
通道 1	流量检测	流量测试点			
		平均流量			□符合 □不符合
	阻塞报警检测 测试流量:	阻塞报警设置值 (产品说明书)		报警压力（mmHg）	测试结果 允许测量误差：±20% 或者±100mmHg
		H			□符合 □不符合
		M			□符合 □不符合
		L			□符合 □不符合
	报警系统检测	堵塞	□符合 □不符合 □不适用	即将空瓶	□符合 □不符合 □不适用
		输液管路安装不妥	□符合 □不符合 □不适用	气泡报警	□符合 □不符合 □不适用
		电源线脱开	□符合 □不符合 □不适用	开门报警	□符合 □不符合 □不适用
通道 2	流量检测	流量测试点			测试结果 允许测量误差±10%
		平均流量			□符合 □不符合
	阻塞报警检测 测试流量:	阻塞报警设置值 (产品说明书)		报警压力（mmHg）	测试结果 允许测量误差：±20% 或者±100mmHg
		H			□符合 □不符合
		M			□符合 □不符合
		L			□符合 □不符合
	报警系统检测	堵塞	□符合 □不符合 □不适用	即将空瓶	□符合 □不符合 □不适用
		输液管路安装不妥	□符合 □不符合 □不适用	气泡报警	□符合 □不符合 □不适用
		电源线脱开	□符合 □不符合 □不适用	开门报警	□符合 □不符合 □不适用

检测说明

检测日期：   年   月   日   检测人员：

第五十一节　FLUKE Impulse 7000DP除颤器/经皮起搏器分析仪操作流程

名称：FLUKE Impulse 7000DP 除颤器/经皮起搏器分析仪操作流程	编号：ST – OPE – 0051	类别：操作流程	总页数：2
拟稿人：×××	审核人：×××	批准人：×××	
发布部门：设备器材科	版本号：V1.0	生效日期：××××－××－××	

1. 目的

除颤器是一种通过胸壁对心脏施以电脉冲，使心室纤颤或心动过速的病人恢复正常心律的医疗电子设备，为重症监护室、手术室、急救室、救护车上常用的重要急救设备。依照《医疗器械使用质量监督管理办法》及三甲评审核心条款中急救类、生命支持类装备完好率100%的要求，对除颤器定期开展质量检测工作，以保证其使用安全性及有效性。

2. 范围

适用于全院心脏除颤器和心脏除颤监护仪中释放能量、充电时间、同步延迟时间、心律等功能参数的质量检测。

3. 定义

除颤器/经皮起搏器分析仪可确保除颤器、自动除颤器（AED）、经皮起搏器等正常工作并发挥其最佳性能。除颤器可检测除颤能量、充电时间、同步除颤测试、AED 性能测试。起搏器可检测电流、脉率、脉宽按需和异步模式、灵敏度测试、不应期测试等。FLUKE Impulse 7000DP 除颤器如图 3 – 51 所示。

图 3 – 51　FLUKE Impulse 7000DP 除颤器

4. 职责

FLUKE Impulse 7000DP 除颤器/经皮起搏分析仪操作使用人员培训合格后，严格按照本流程定期进行除颤器质量检测工作。

5. 作业内容

5.1 释放能量测试。

5.1.1 开机，进入自检程序。

5.1.2 主屏显示"Select a function"时，按下左上方"DEFIB"软键，进入除颤器测试主界面。

5.1.3 按下"Energy"F1 软键，进入释放能量测试界面。

5.1.4 手握除颤手柄，使电极片紧贴除颤器输入部分，调节释放能量值后，对除颤器进行充电。

5.1.5 充电结束后，按下放电按钮。

5.1.6 分析仪感测放电，并在屏幕上显示释放能量数值，观察并记录数值，与所设置能量值相比，判断是否符合要求。

5.2 充电时间测试。

5.2.1 按下"Back"F5 软键，返回至除颤器检测主界面。

5.2.2 按下"Charge Time"F3 软键，进入充电时间测试界面。手握除颤手柄，使电极片紧贴除颤器输入部分，并将除颤能量调节至最大。

5.2.3 按下分析仪"Measure"F3 软键后，分析仪倒数计秒开始。

5.2.4 当倒数计秒达到零时，蜂鸣器响起，立即按下除颤器充电按钮，分析仪开始累积充电时间。

5.2.5 当除颤器充电结束，立即放电，充电时间计时结束。

5.2.6 分析仪屏幕显示充电时间数值，观察并记录数值，判断是否符合要求。

5.3 同步模式测试。

5.3.1 按下"Back"F5 软键，返回至除颤器检测主界面。

5.3.2 按下"Sync"F2 软键，进入同步延迟时间测试界面。

5.3.3 检查被测除颤器是否具有同步触发功能，若有，开启同步触发功能。

5.3.4 手握除颤手柄，使电极片紧贴除颤器输入部分，设置除颤器能量值后，进行充电。

5.3.5 充电结束，一直按住放电按钮。当除颤器识别到 R 波后会进行放电，分析仪感应放电，并显示延迟时间数值。

5.3.6 观察并记录同步延迟时间，判断是否符合要求。

5.4 内部放电测试。

5.4.1 将除颤器手柄放回原位，选择较小能量值。

5.4.2 按下充电按钮。

5.4.3 充电完成后，不做任何放电操作。

5.4.4 等待一段时间后，查看被检除颤器是否进行内部放电。

5.4.5 如有内部放电则该检测项目合格，否则即为不合格。

5.5 心率示值误差测试。

5.5.1 "Select a function"界面，按下左上方"ECG"软键，进入心电模拟功能界面。

5.5.2 分析仪可通过除颤输入端，也可通过心电导联模拟心电信号。若选择心电导联则将心电导联线按照标识连接至分析仪心电导联连接部分。若选择除颤输入端则手握除颤手柄，使电极片紧贴除颤器输入部分。

5.5.3 按下"Normal Sinus"F1 软键，进入正常窦性心律模拟界面。

5.5.4 按下"Rate"F1 软键，通过上下键，调整心律速率。

5.5.5 观察并记录除颤器屏幕显示的心律示值，与分析仪所设定的心率值相比，判断是否符合要求。

6. 相关文件

无。

7. 使用表单

"除颤器质量检测原始记录表"。

8. 流程图

无。

9. 修订记录

无。

除颤器质量检测原始记录表

使用科室			
检测依据		质控计划名称	除颤器质量检测技术规范
项目类别	被检设备	检测仪器	
设备名称	除颤器	除颤器分析仪	
品牌			
型号规格			
医院资产编号			
设备出厂序列号			

【C】检查、检验、记录

清洁消毒	□符合 □不符合	每次使用后，利用湿软巾和消毒剂对除颤器、除颤手柄、除颤板和电缆进行清洁和消毒。长期备用的除颤器，应每周进行清洁消毒
外观检查	□符合 □不符合	附件齐全、电缆接头良好，且无影响其电气性能的机械损伤（如心电导联线绝缘层脱落、电缆划伤、磨损、缠绕、打死结）
	□符合 □不符合	仪器标识清晰完整
	□符合 □不符合	非一次性使用的除颤电极应表面光洁，不得有影响正常工作的毛刺和过多的腐蚀斑点
	□符合 □不符合	其他辅助用品整洁完备且在有效期内，如导电膏、电极片等
开机检查	□符合 □不符合	开关正常，各种功能按键（旋钮）预置能量控制器和指示，均满足技术要求，可正常工作
	□符合 □不符合	若使用充电电池供电，保证电池电量为75%或以上
	□符合 □不符合	时间日期正确
	□符合 □不符合	每周定时做好除颤仪自检，并记录，每次使用除颤仪之前也进行自检并记录
	□符合 □不符合	使用人员接受操作规程的培训，并经考核合格
记录、流程和资质	□符合 □不符合	使用除颤器时，需要进行使用登记记录，信息至少包括：装备名称、规格型号、使用日期、使用人员
	□符合 □不符合	需要有除颤器使用操作规程和除颤器故障应急预案

[B]保养、维护、记录

保养维护	内容	测试结果
	至少每月一次进行开机检测，操作检查，放电操作检查及电池保养	□符合 □不符合
	每24个月更换一次电池	□符合 □不符合
	按照设备服务手册，完成该型号特定的预防性维护	□符合 □不符合
	定期更换破损老化的配件	□符合 □不符合
	维护保养记录，信息至少包括：保养内容、保养日期、保养人员等	□符合 □不符合

[A]性能检测、校准、记录

	标称值	测量值	误差	测试结果
释放能量（J）允许误差 ±15%或±4J（取最大值）	10			□符合 □不符合
	30			
	50			
	100			
	200			
	360			

充电时间（s）≤20s	内部放电	□符合 □不符合

同步模式	□有同步触发功能 □无同步触发功能	同步延迟时间（ms）：≤60ms	□符合 □不符合

心率示值	设定值	30（28~32）	60（57~63）	100（95~105）	120（114~126）	180（171~189）
	测量值					
		□符合 □不符合	□符合 □不符合	□符合 □不符合	□符合 □不符合	□符合 □不符合

声光报警	报警限检查	静音检查	测试结果
	□符合 □不符合	□符合 □不符合	□符合 □不符合

由具有掌握除颤器的质量与安全控制相关技术并通过相关培训的人员进行性能检测操作

检测说明

检测日期： 年 月 日 检测人员：

第五十二节　FLUKE ProSim 8 生命体征模拟器操作流程

名称：FLUKE ProSim 8 生命体征 模拟器操作流程		编号：ST－OPE－0052	类别：操作流程	总页数：3
拟稿人：×××	审核人：×××		批准人：×××	
发布部门：设备器材科	版本号：V1.0		生效日期：××××－××－××	

1. 目的

监护仪可实时了解患者的生命状态，并根据病人的危急程度进行及时报警，是危重患者救治所必需的仪器。依照《医疗器械使用质量监督管理办法》及三甲评审核心条款中急救类、生命支持类装备完好率100％的要求，对多参数监护仪定期开展质量检测工作，以保证其使用安全性及有效性。

2. 范围

适用于全院多参数监护仪中心电、呼吸、无创血压和血氧饱和度等功能参数的质量检测。

3. 定义

生命体征模拟器为整个患者监护仪设备群提供快速全面的预防性维护测试，可测试心电图（包括胎儿心电图与心率失常）、呼吸、体温、有创血压、血氧饱和度、无创血压、心输出量/心导管，并能模拟 Rainbow 多波长波形。FLUKE ProSim 8 生命体征模拟器如图 3 － 52 所示。

图 3 － 52　FLUKE ProSim 8 生命体征模拟器

4. 职责

FLUKE ProSim 8 生命体征模拟器操作使用人员培训合格后，严格按照本流程定期进行多参数监护仪质量检测工作。

5. 作业内容

5.1 心电测试。

5.1.1 心电导联连接：注意导联与接口匹配。

5.1.2 开机，进入主屏，设置心电参数：

按下右上方"ECG"软键，进入心电功能界面。

选择"波组"，按下"ENTER"软键，进入波组界面，通过上下按钮选中相应波形后，按下"ENTER"软键。

选择"心率"，按下"ENTER"软键，进入心率界面，通过上下按钮调节心率后，按下"ENTER"软键。

5.1.3 观察并记录监护仪心率示值,与所设置心率值相比,判断是否符合要求。

5.2 呼吸率测试。

5.2.1 按下右上方"SPECIFAL FUNC"软键,进入特殊功能界面,选择"呼吸",按下"EN-TER"软键,进入呼吸界面。

5.2.2 选择"速率",按下"ENTER"软键,通过上下按钮调整速率,按下"ENTER"软键(注意:速率设置值应小于当前心率设置值)。

5.2.3 观察并记录监护仪呼吸率示值,与所设置呼吸率值相比,判断是否符合要求。

5.3 血氧饱和度测试。

5.3.1 线路连接:监护仪血氧指夹夹于生命体征模拟器模拟手指上。

5.3.2 设置血氧饱和度参数:

按下右上方"SPO_2"软键,进入血氧饱和度功能界面。

调整血氧指夹的位置和方向,使屏幕下方绿色信号条尽可能长。

选择"SPO_2测试值",按下"ENTER"软键,进入血氧饱和度设置界面,通过上下按钮调节血氧饱和度值后,按下"ENTER"软键。

选择"类型",根据被测设备选择相应的厂家血氧曲线(无该厂家时可选择默认的"Nell-cor")。

5.3.3 观察并记录监护仪血氧饱和度示值,与所设置血氧饱和度值相比,判断是否符合要求。

5.4 无创血压测试(动态模拟)。

5.4.1 管路连接:利用三通连接监护仪、生命体征模拟器和袖带,袖带套于模拟手臂(根据情况可选择成人、新生儿)之上。

5.4.2 设置无创血压(动态)参数:

按下右上方"NIBP"软键,进入无创血压界面。

选择"压力",按下"ENTER"软键,进入压力设置界面,通过上下左右按钮调节收缩压和舒张压数值后,按下"ENTER"软键。

选择"脉量",按下"ENTER"软键,进入脉量设置界面,通过上下按钮调节脉量。一般情况,成人脉量调节为 0.65 mL,新生儿脉量调节为 0.3 mL。脉量设定后,按下"ENTER"软键。

选择"波",按下"ENTER"软键,进入设置界面,可选成人、新生儿波形。

5.4.3 开启监护仪无创血压功能。

5.4.4 观察并记录监护仪无创血压示值,与所设置无创血压值相比,判断是否符合要求。

5.5 无创血压测试(静态测试)。

5.5.1 管路连接:同步骤5.4。

5.5.2 在"无创血压"界面,按屏幕下方的"测试"F1软键,进入无创血压静态测试界面

5.5.3 选择"血压计",按下"ENTER"软键,按下F1软键,压力归零后,按下F5软键返回无创血压静态测试界面。

5.5.4 泄漏测试:

选择"泄漏测试",按下"ENTER"软键,进入泄漏测试界面。

通过上下按钮调整目标压力,建议设为 250 mmHg 以上。

按下方"测试用时"F2软键,调整测试用时(默认为2分钟,不得少于1分钟)。

进入监护仪维修模式,关闭NIBP阀门(具体见监护仪手册)。

按"开始"F1软键。

等待测试时间。

倒计时结束,生命体征模拟器计算出泄漏率。

观察并记录泄漏率数值,与规定泄漏率数值对比,判断是否符合要求。

5.5.5 选择"血压计",按下"ENTER"软键,按下F1软键,压力归零后,按下F5软键返回无创血压静态测试界面。

5.5.6 压力源测试:

选择"压力源",按下"ENTER"软键,进入压力源界面。

通过上下按钮调整目标压力。

进入监护仪维修模式,关闭NIBP阀门(具体见监护仪手册)。

按"开始"F1软键。

气路加压,保持。

在保持的状态下,同时观察和记录模拟器与监护仪的压力读数,判断是否符合要求。

按下"停止"F5软键。

打开NIBP阀门。

6. 相关文件

无。

7. 使用表单

"多参数监护仪质量检测原始记录表"。

8. 流程图

无。

9. 修订记录

无。

多参数监护仪质量检测原始记录表

使用科室		
检测依据	多参数监护仪质量控制检测技术规范	
项目类别		
设备名称	多参数监护仪	质控计划名称：多参数监护仪质量控制检测技术规范
品牌		检测仪器：多参数生命体征模拟器
型号规格		
医院资产编号		
设备出厂序列号		

	[C]检查、检验、记录	
外观检查	设备铭牌应完好，设备相关信息应完整	□符合 □不符合
	设备干净整洁，设备外观应无影响其正常工作或电气安全的机械损伤	□符合 □不符合
	对于有插件的监护仪，应确保插件与主机接触良好，并确定安全锁定	□符合 □不符合
	确保附件完好：如导联线，血压袖带，血氧探头，血氧探头应无外观损坏或者断路现象；记录盒内应有记录纸	□符合 □不符合
	开关正常，各种按键或调节旋钮应能正常对设备相关参数进行设置	□符合 □不符合
	报警功能及取消报警功能均能正常，合理设置监护仪的参数报警上下限和打开心律失常报警检测功能	□符合 □不符合
开机检查	监护仪的电源指示灯应正常（如交流电指示等有显示），以防止设备内置电池电量耗尽后设备自动关机	□符合 □不符合
	有正确的时间日期	□符合 □不符合
	亮度正常	□符合 □不符合

记录、流程和资质	使用人员接受操作规程的培训，并经考核合格	□符合　□不符合
	使用多参数监护仪时，需要进行使用登记记录，信息至少包括：装备名称、规格型号、使用日期、使用人员	□符合　□不符合
	需要有多参数监护仪使用操作规程	□符合　□不符合

[B]保养、维护、记录

保养维护	按照设备服务手册的说明，定期进行消毒擦拭	□符合　□不符合
	按照设备服务手册的说明，对电池进行保养	□符合　□不符合
	更换破损老化的零件、耗材如导联线等，一次性使用的零件必须丢弃，不能洗净后再用	□符合　□不符合
	维护保养记录，信息至少包括：保养内容、保养日期、保养人员等	□符合　□不符合

[A]性能检测、校准、记录

心率 (次/min)	设定值	30(28~32)	60(57~63)	100(95~105)	120(114~126)	180(171~189)	允许误差：±5%
	测量值						□符合　□不符合 □不适用
呼吸率 (次/min)	设定值	15	20	40	60	80	允许误差：±5%
	测量值						□符合　□不符合 □不适用

检测项目		75/45(55)	100/65(77)	120/80(93)	150/100(117)	180/120(140)	判定
无创血压（mmHg）	设定值	75/45(55)	100/65(77)	120/80(93)	150/100(117)	180/120(140)	1. 最大误差：±10mmHg □符合 □不符合 □不适用 2. 重复性误差：（3次收缩压/舒张压最大值与最小值之差）≤8.5mmHg □符合 □不符合 □不适用
	测量值1						
	测量值2						
	测量值3						
血氧饱和度（%）	设定值	85	88	95	98	100	允许误差：±3% □符合 □不符合 □不适用
	测量值						

项目	设定值	测量值	判定
无创血压静态示值（mmHg）设定值150mmHg	模拟器测量值 监护仪测量值		允许误差：±4mmHg □符合 □不符合 □不适用
无创血压气密性	250	泄漏率测量值	泄漏率≤6mmHg/min □符合 □不符合 □不适用
声光报警	报警限检查　□符合 □不符合 静音检查　□符合 □不符合		□符合 □不符合 □不适用
检测说明			

检测日期：　　年　月　日　　检测人员：

第五十三节　FLUKE QA – ES – III 电刀分析仪操作流程

名称：FLUKE QA – ES – III 电刀分析仪操作流程	编号：ST – OPE – 0053	类别：操作流程	总页数：4
拟稿人：×××	审核人：×××	批准人：×××	
发布部门：设备器材科	版本号：V1.0	生效日期：××××–××–××	

1. 目的

高频电刀通过有效电极尖端产生的高频高压电流对组织进行加热，实现对肌体组织的分离和凝固，以达到切割和止血的目的。因频率高、接触面积小、电流密度大，高频电刀属高风险医疗设备，因此需定期开展质量检测工作，以保证其使用安全性及有效性。

2. 范围

适用于全院频率在 300 kHz 以上，5MHz 以下高频电刀中输出功率、高频漏电流、回路阻抗报警等功能参数的质量检测。

3. 定义

电刀分析仪用以确保高频电刀的性能和安全性，可全面检测高频电刀的各项指标，包括输出功率、高频漏电流、回路阻抗监测、功率分布曲线、血管闭合性等。FLUKE QA – ES – III 电刀分析仪如图 3 – 53 所示。

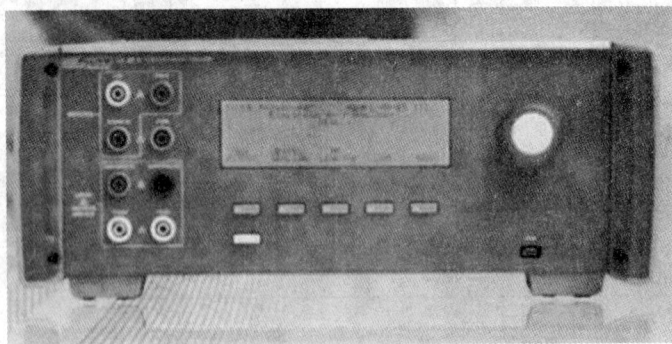

图 3 – 53　FLUKE QA – ES – III 电刀分析仪

4. 职责

FLUKE QA – ES – III 电刀分析仪操作使用人员培训合格后，严格按照本流程定期进行高频电刀质量检测工作。

5. 作业内容

5.1 单极模式输出功率测试。

5.1.1 开机，进入高频电刀测试主界面(MENU1)。

5.1.2 线路连接：

➤ 红色连接线一端插入分析仪的"VARIABLE HI"(红色)插口，另一端与鳄鱼夹对接后，利用鳄鱼夹夹住单极刀柄头。

➤ 蓝色连接线(ESU DISPERSIVE SAFETY LEAD 4625987)黑色端插入分析仪的"VARIA-BLE LO"(黑色)插口，另一端插入高频电刀负极板插头处。

5.1.3 菜单选择：点击 F1"GEN OUTPUT"软键，进入测试界面。

5.1.4 设置额定负载及延迟时间：

➤ 输出功率测试需要在电刀的额定负载下进行，每台电刀各个工作模式(电切、电凝)下的额定负载会在机器上有相应的标识。

➤ 转动分析仪灰色旋钮，将"Load"调至相应数值。

➤ 再次按下 F1 软键，屏幕中小箭头指向"Delay"，转动灰色旋钮可对"Delay"(延迟)进行设置，此处"Delay"(延迟)是指从开关激活和参数开始测量之间的用时。

5.1.5 在电刀上设置输出功率测试值。

5.1.6 按下刀柄相应模式(电切、电凝)按钮，触发。

5.1.7 测量：

➤ 单次测量：按下分析仪的"START SINGLE"F3 软键，测量数据将在延迟时间后显示在屏幕上并停留，记录"Power"数值。

➤ 连续测量：按下分析仪的"STRAT CONT"F4 软键，测量数据将连续显示在屏幕上，观察并记录"Power"数值，与设置功率值相比，判断是否符合要求。

注意：该项目测试中务必依照电刀要求在分析仪上设置额定负载。

5.2 双极模式输出功率测试。

5.2.1 线路连接：

利用两条红色连接线将分析仪的"VARIABLE HI"(红色)插口和"VARIABLE LO"(黑色)插口分别与电刀双极相连。

5.2.2 设置额定负载及延迟时间：同检测步骤 5.1.4

5.2.3 在电刀上设置输出功率测试值。

5.2.4 触发(利用刀柄开关或脚踏开关)。

5.2.5 测量：同检测步骤 5.1.7。

注意：该项目测试中务必依照电刀要求在分析仪上设置额定负载。

5.3 单极模式下手术电极漏电流测试。

5.3.1 线路连接：

➤ 取出黑色连接线一端插入分析仪的"VARIABLE LO"(黑色)插口，另一端与鳄鱼夹对接后夹住电刀接地端子。

➤ 红色连接线一端插入分析仪的"VARIABLE HI"(红色)插口，另一端与鳄鱼夹对接后夹住单极刀柄头。

5.3.2 进入测试界面：按下"BACK"软键，返回至主界面(MENU 1)，再按下"HF LEAK-AGE"F3 软键，进入高频漏电流检测界面。

5.3.3 在电刀上设置输出功率：依据电刀标识，将输出功率设置为不同模式(电切、电凝)下的最大输出功率。

5.3.4 按下刀柄相应模式(电切、电凝)按钮,触发。

5.3.5 测量:按下分析仪"START SINGLE"F3 软键,进行单次测量,按下"STRAT CONT"F4 软键,进行连续测量,观察并记录"Current"数值,与给出的漏电流数值相比,判断是否符合要求。

注意:该项目测试中务必将电刀的输出功率设置为最大值。

5.4 单极模式下中性电极漏电流测试。

5.4.1 线路连接:

➢ 保持接地连接不变。

➢ 将之前插入电刀负极板插头处的蓝色连接线(ESU DISPERSIVE SAFETY LEAD 4625987)的黑色一端插入分析仪的"VARIABLE HI"(红色)插口。

5.4.2 同检测步骤5.3.3~5.3.5所述方法,分别进行不同模式(电切、电凝)下中性电极漏电流测试。

注意:该项目测试中务必将电刀的输出功率设置为最大值。

5.5 双极漏电流测试。

5.5.1 线路连接:

➢ 将电刀的双极用两条红色连接线分别连接至两个"FIXED"(白色)插口。

➢ 蓝色连接线(ESU DISPERSIVE SAFETY LEAD 4625987)黑色端插入分析仪的"VARIA-BLE LO"(黑色)插口,另一端插入高频电刀负极板插头处。

➢ 测量第一个电极:利用黑色连接线,一端插入"VARIABLE HI"(红色)插口,另一端插入与第一个"FIXED"插口相连的红线插入口。

➢ 测量第二个电极:黑色连接线一端仍保持插入"VARIABLE HI"(红色)插口,将与第一个"FIXED"插口相连的一端拔出,插入与第二个"FIXED"插口相连的红线插入口。

➢ 取出黑色连接线两端分别相连鳄鱼夹,一端夹到电刀接地端子,另一端夹到分析仪接地端子。

5.5.2 在电刀上设置输出功率:双极模式下最大功率。

5.5.3 触发(利用刀柄开关或脚踏开关)。

5.5.4 测量:按下分析仪"START SINGLE"F3 软键,进行单次测量,按下"STRAT CONT"F4 软键,进行连续测量,观察并记录"Current"数值,与给出的漏电流数值相比,判断是否符合要求。

注意:该项目测试中务必将电刀的输出功率设置为最大值。

5.6 回路阻抗报警检测。

5.6.1 线路连接:

➢ 将蓝色连接线(ESU CQM SAFETY LEAD 4625993)一端连接至电刀中性电极,另一端,红色头插入分析仪"CQM"(灰色)插口,黑色头插入"VARIABLE LO"(黑色)插口。

5.6.2 进入测试界面:

➢ 按下"BACK"软键,返回至主界面(MENU 1),再按下"CQM"F4 软键,进入回路阻抗测试界面。

5.6.3 电刀设置为单极模式。

5.6.4 设置负载与延迟：

➤ 按 F1 软键并使用分析仪灰色旋钮设置"Resistance"及"Auto Time"。

"Auto Time"建议设为 2 秒

"Resistance"表示电阻起始值。开始测试时，检测值由此起始值开始逐步上升，直至升高到电刀报警。可适当调高起始值，以减少等待时间。

5.6.5 测量：

➤ 按下"STRAT AUTO"F4 软键，开始自动测量。

当电刀报警器响起时，再次按下"STOP AUTO"F4 软键，停止测量。

➤ 观察并记录报警响起时的电阻值，与厂家说明书给出的电阻值相比较，判断是否满足要求。

6. 相关文件

无

7. 使用表单

"高频电刀质量检测原始记录表"。

8. 流程图

无。

9. 修订记录

无。

高频电刀质量检测原始记录表

使用科室				
检测依据		高频电刀质量检测技术规范		
项目类别				
设备名称	被检设备			检测仪器
品牌	高频电刀			高频电刀分析仪
型号规格				
医院资产编号				
设备出厂序列号				
	[C]检查、检验、记录			
外观检查	高频电刀铭牌、资产信息标识应完好，额定功率和额定负载等设备相关信息应完整	□符合	□不符合	
	设备外壳应无影响其正常工作或电气安全的机械损伤	□符合	□不符合	
	电刀电极、中性电极、脚踏板等配件应齐全，重复使用附件线缆完好无损	□符合	□不符合	
	一次性使用耗材按照耗材管理有记录在案	□符合	□不符合	
开机检查	开机正常，各种按键或调节旋钮应能正常对设备相关参数进行设置	□符合	□不符合	
	正确的时间日期，声光指示正常	□符合	□不符合	
	附件连接有正常的指示	□符合	□不符合	
记录流程和资质	使用人员接受操作规程的培训，并经考核合格	□符合	□不符合	
	使用高频电刀时，需要进行使用登记记录，信息至少包括：装备名称、规格型号、使用日期、使用人员；或遵守手术室设备使用记录的规范要求	□符合	□不符合	
	需要有高频电刀使用操作规程	□符合	□不符合	

[B]保养、维护、记录

保养维护		
按照设备服务手册的说明，定期进行消毒擦试	□符合	□不符合
更换破损老化的配件	□符合	□不符合
由具有高频电刀质量与安全控制相关技术资质的人员完成上述工作，并填写维护保养记录，信息至少包括：保养内容、保养日期、保养人员等	□符合	□不符合

[A]性能检测、校准、记录

最大允许误差　输出功率±20%，高频漏电流≤150mA（单极），高频漏电流≤60mA（双极）

输出功率（W）（±20%）						测试结果
单极电切	设定功率（W）	75	150	220	300	单极模式测试结果 □符合 □不符合 □不适用
	测量功率（W）					
单极电凝	设定功率（W）	30	60	90	120	□符合 □不符合 □不适用
	测量功率（W）					
双极电切	设定功率（W）	12.5	25	37.5	50	双极模式测试结果 □符合 □不符合 □不适用
	测量功率（W）					
双极电凝	设定功率（W）	12.5	25	37.5	50	□符合 □不符合 □不适用
	测量功率（W）					

高频漏电（mA）		单极模式（≤150mA）		双极模式（≤60mA）	
	手术电极高频漏电	□符合 □不符合	电极1		□符合 □不符合 □不适用
	中性电极高频漏电	□符合 □不符合	电极2		□符合 □不符合 □不适用

接触电阻监测	□符合 □不符合	声光报警功能	□符合 □不符合
检测结论	□符合 □不符合	情况说明	"填入文字"

检测日期：　年　月　日　检测人员：

第五十四节　FLUKE INCU II 婴儿培养箱/辐射保暖台分析仪操作流程

名称：FLUKE INCU II 婴儿培养箱/辐射保暖台分析仪操作流程		编号：ST－OPE－0054	类别：操作流程	总页数：2
拟稿人：×××	审核人：×××		批准人：×××	
发布部门：设备器材科	版本号：V1.0		生效日期：××××-××-××	

1. 目的

婴儿培养箱是综合了临床医学、机械、计算机自动控制、传感器等各学科的先进技术，为早产儿和病婴提供了一个空气净化温湿度适宜，一个类似母体子宫的优良环境。其空间温湿度可根据医嘱设定，婴儿体温、空间温度、空间湿度都有数字显示，超出正常值，有声光报警，确保了本机的可靠性和安全性。依照《中华人民共和国国家计量规范——婴儿培养箱校准规范》的要求，对多参数监护仪定期开展质量检测工作，以保证其使用安全性及有效性。

2. 范围

用于新生儿科婴儿培养温度、气流、噪声及湿度等功能参数的质量检测。

3. 定义

婴儿培养箱/辐射保暖台分析仪遵循 IEC 60601－2－19、IEC 60601－2－20、IEC 60601－2－21 及中国计量校准规范（JJF1260—2010），可同时进行温度、气流、噪声和湿度的测试。测试结果和参数可以在一个大型易读 LCD 屏幕上实时监控，也可通过无线连接方式传递到计算机。FLUKE INCU II 婴儿培养箱如图 3－54 所示。

图 3－54　FLUKE INCU II 婴儿培养箱

4. 职责

FLUKE INCU II 婴儿培养箱/辐射保暖台分析仪操作使用人员培训合格后，严格按照本流程定期进行婴儿培养箱质量检测工作。

5. 作业内容

5.1 准备工作。

5.1.1 被测婴儿培养箱开机，调温度到32℃进行预热。

5.1.2 根据被测设备选择相应的温度探头，并安装。注意：检测婴儿培养箱要选择对流式传感器，并按颜色标识进行连接。

5.1.3 声音、气流和湿度探头插入到仪器部。

5.1.4 将放置垫置于婴儿培养箱正中间。

5.1.5 将插好探头的分析仪放在放置垫相应位置，然后卸下并配置温度探头支架和传感器。T1－T4 置于床垫四角区域的中心，使用可拆卸探头支架；T5 位于中间。声音、湿度和气流探头插入到设备中央的其他三个插孔。

5.2 测试设置。

5.2.1 开机自检，进入主菜单界面。

5.2.2 光标移动到"1.保育箱"，按下"F1"，弹出温度传感器类型选择窗口，光标移动到"1.温度探头"，按"SELECT"，然后光标移动到"完成"，按"SELECT"，进入到一般测试界面。

5.2.3 按"F3"，进入采样率设置，光标和"SELECT"键配合，将各个参数的采样率设置为"120 秒"，然后按"F4"返回一般测试界面。

5.3 进行测试。

5.3.1 按"TEST"键进入测试界面。

5.3.2 测试30分钟后停止测试，按"F3"保存测试数据，根据要求填写"测试环境""技术人员姓名""保育箱 ID""位置"。

5.4 数据分析。

5.4.1 电脑安装"INCU II Mini Plug－In"插件和"Excel－Add－In"文件。

5.4.2 打开"INCU II Mini Plug－In"插件，用 USB 或者蓝牙方式把分析仪和电脑进行连接，将测试结果文件导入电脑。

5.4.3 打开"Excel－Add－In"文件，点击"Open"，通过 Ansur—INCU II 路径，选择具体的测试结果文件。

5.4.4 读取数据结果，根据数据填写"婴儿培养箱质量检测原始记录"。

6. 相关文件

无。

7. 使用表单

"婴儿培养箱质量检测原始记录"。

8. 流程图

无。

9. 修订记录

无。

婴儿培养箱质量检测原始记录

使用科室		
检测依据	婴儿保育设备质量检测技术规范	
项目类别		
设备名称	婴儿培养箱	
品牌		
型号规格		
医院资产编号		
设备出厂序列号		
质控计划名称		
检测仪器	婴儿培养箱分析仪	
被检设备	婴儿培养箱	

[C]检查、检验、记录

外观检查	设备铭牌应完好，设备相关信息应完整	□符合　□不符合
	设备干净整洁，设备外观应无影响其正常工作电气安全的机械损伤	□符合　□不符合
	确保附件完好	□符合　□不符合
开机检查	开关正常，各种按键或调节旋钮应能正常对设备相关参数进行设置	□符合　□不符合
	报警功能正常：断电报警、风机报警、通风报警、温度报警等	□符合　□不符合
	有正确的时间日期	□符合　□不符合
记录、流程和资质	使用人员接受操作规程的培训，并经考核合格	□符合　□不符合
	使用婴儿培养箱时，需要进行使用登记记录，信息至少包括：装备名称、规格型号、使用日期、使用人员	□符合　□不符合
	需要有婴儿培养箱使用操作规程	□符合　□不符合

[B]保养、维护、记录

保养维护	按照设备服务手册的说明，定期进行消毒擦拭	□符合　□不符合
	更换破损老化的配件，耗材如导联线等，一次性使用的零件必须丢弃，不能洗净后再用	□符合　□不符合
	每年进行至少一次电气安全检测，并记录在案	□符合　□不符合
	由具有相关技术资质相关人员完成上述工作，并填写维护保养记录，信息至少包括：保养日期、保养内容、保养人员等	□符合　□不符合

【A】性能检测、校准、记录

项目	测量值	判定标准	结果
Tx 显示温度			
T5s 温度			
控制温度 Tk(℃)		温度 T1 测量 平均值 T1a(℃)／温度 T2 测量 平均值 T2a(℃)／温度 T3 测量 平均值 T3a(℃)	
显示温度 平均值 Txa(℃)		温度 T4 测量 平均值 T4a(℃)／温度 T5 测量 平均值 T5a(℃)(平均培养箱温度)	
温度偏差 (|Txa－T5a|≤0.8)		均匀性 (|T1a/2a/3a/4a－T5a|max≤0.8)	□符合 □不符合
波动度 (|T5s－T5a|max≤0.5)		温控偏差 (|Tk－T5a|≤1.5)	□符合 □不符合
超调量 (T5－36℃≤2)		空气流速 (m/s) (≤0.35)	□符合 □不符合
报警激活状态 (≤80dB)		噪声正常状态 (≤60db)	□符合 □不符合

接触温度

金属部分≤40℃	□符合 □不符合	床垫部分≤43℃	□符合 □不符合

报警功能及其他参数检查

湿度设置值	湿度测试值	湿度偏差 ≤10% RH	
	□符合 □不符合	□符合 □不符合	
断电报警 □符合 □不符合	超温报警 □符合 □不符合	风机报警 □符合 □不符合 □不适用	

检测结论　□符合 □不符合

备注：

检测日期：　年　月　日　检测人员：

第五十五节　Thermo HERAcell CO$_2$ 培养箱 150i 操作流程

名称：Thermo HERAcell CO$_2$ 培养箱 150i 操作规程	编号：ST – OPE – 0055	类别：操作流程	总页数：7
拟稿人：×××	审核人：×××		批准人：×××
发布部门：设备器材科	版本号：V1.0		生效日期：××××－××－××

1. 目的

CO$_2$ 培养箱广泛应用于细胞、组织培养和某些特殊微生物的培养，是实验室的常规仪器，规范培养箱的使用，有利于减少细胞污染的可能，保证培养样本的安全，延长培养箱的使用寿命。

2. 范围

CO$_2$ 培养箱广泛应用于细胞、组织培养和某些特殊微生物的培养，常见于细胞动力学研究、哺乳动物细胞分泌物的收集、各种物理、化学因素的致癌或毒理效应、抗原的研究和生产、培养杂交瘤细胞生产抗体、体外授精(IVF)、干细胞、组织工程、药物筛选等研究领域。

3. 定义

CO$_2$ 培养箱广泛应用于细胞、组织培养和某些特殊微生物的培养，是实验室及临床研究中必不可少的仪器。Thermo HERAcell CO$_2$ 培养箱 150i 如图 3 – 55 所示。

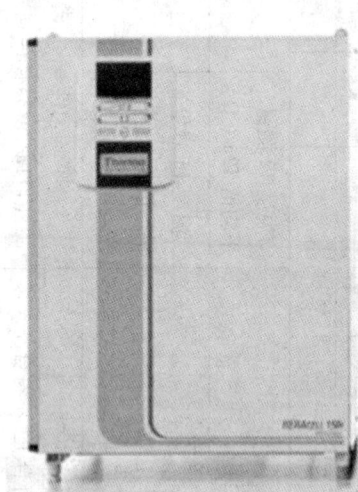

图 3 – 55　**Thermo HERAcell CO$_2$ 培养箱 150i**

4. 职责

操作使用人员培训合格后，严格按照本流程进行 Thermo HERAcell CO$_2$ 培养箱 150i 上机操作。

5. 操作内容。

5.1 显示面板信息(图 3 – 56)。

操作面板可分为三个功能区：

➢ 3 个数字分别表示温度、O$_2$ 浓度、CO$_2$ 浓度(完全配置)。

➢ 9 个按键用于功能操作选择或输入数据(完全配置)。

➢ 9 个液晶显示表明所选功能操作或工作状态。

对于没有 O$_2$ 控制的培养箱，操作面板上没有 O$_2$ 设定，也没有 O$_2$ 浓度的数值。

5.2 开始工作。

请按以下步骤操作：

a. 向水槽中加满水，注意不要超过最高水位；

b. 确保各种气体连接阀开启；

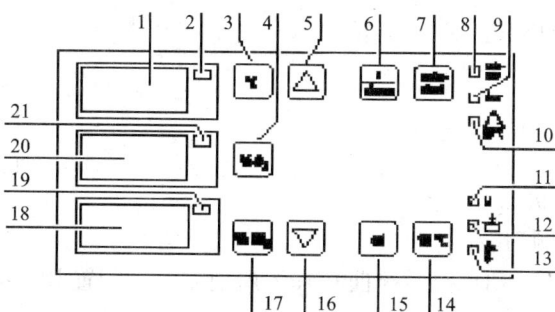

图 3 - 56 面板信息

1—温度显示；2—显示加热；3—设置温度值的按键；4—设置 O_2 浓度的按键；5—增值按键；
6—读取错误代码/停止报警音的按键；7—自启动按键；8—显示自启动状态；9—显示开门状态；
10—显示 ContraCon 消毒状态；10—显示 ContraCon 消毒状态；11—显示较低的湿度状态；
12—显示低水位；13—超温保护激活状态显示；14—开始 ContraCon 消毒过程按键；
15—设置功能按键；16—减值按键；17—设置 CO_2 浓度的按键；18— CO_2 浓度显示；
19— CO_2 输入指示；20— O_2 浓度显示；21— O_2 输入指示

c. 打开电源开关；

d. 设定所需温度、CO_2、O_2 值；

e. 打开门至报警器响；

f. 开始自启动过程；

g. 关门；

h. 温度控制系统调节温度至设定值，箱内湿度增加；

i. 当温度和湿度恒定时，CO_2/O_2 控制系统开始工作；

j. "auto - start" 指示灯灭；

k. CO_2/O_2 浓度达到设定值；

l. 仪器准备工作完成；

m. 放入培养样品。

5.2.1 启动培养箱。

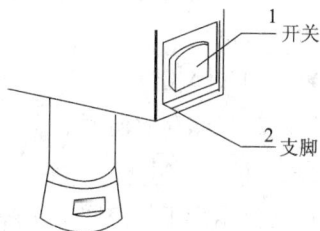

根据开门方向的不同，电源开关（1）位于仪器前方一侧的支脚（2）上方。

➤ 开机：按下电源开关（1），电源指示灯亮。

➤ 关机：按下电源开关（1），电源指示灯灭。

开机后应进行自动检测。

5.2.2 自动检测功能控制

5.2.2.1. 开机。

▶按下电源开关。

○操作面板上所有指示器发亮，所有数字显示为"8"，表示自动检测过程开始。

○温度显示为 3 位数字：

P1：操作及显示面板；

P2：测量器；

P3：主板；

Pn：参数值。

CO_2 显示软件/仪器状态。

5.2.2.2. 完成自检测功能。

温度显示当前温度值，CO_2 显示当前 CO_2 浓度值。对于配置 IR 传感器的仪器，在约 5 分钟的加热过程中 CO_2 显示"IR"。O_2 显示"run"表示测量过程前的预热，约 5 分钟后，显示实际 O_2 浓度值。

☞ 注：出厂设置

出厂前，各项参数如下设置：

温度：37℃

CO_2浓度：0.0%

O_2 浓度：21%（选配）

由于大气中 O_2 浓度为 21%，因此当 O_2 浓度设置为 21% 时，O_2 控制未被激活。

5.2.3 设置运行温度。

5.2.3.1. 显示正常温度值。

▶按下 ℃ 按键：

温度显示为当前实际温度。

5.2.3.2. 输入所需温度值。

按增值或减值按键选择所需温度，若持续按键，则数值会迅速增加或减少。

增加温度值　　　　　　　　　降低温度值

▶按 ℃ 和 △ 键　　　　　　　▶按 ℃ 和 ▽ 键

5.2.3.3. 储存此温度值。

▶松开 ℃ 和 △/▽ 按键

温度显示为工作空间的实际温度。

5.2.4 O_2 浓度设定。

5.2.4.1. 显示 O_2 浓度。

▶按下 O₂ 按键。

O_2 显示为当前实际 O_2 浓度。

5.2.4.2. 输入所需 O_2 浓度。

根据不同的培养要求，HERAcell 培养箱提供了两种 O_2 浓度范围供用户选择：

控制范围 1：1 ~ 21%

控制范围 2：5 ~ 90%

➤ 注：若所需 O_2 浓度低于 21%，仪器需连接 N_2 输入装置，若所需 O_2 浓度高于 21%，仪器需连接 O_2 输入装置。

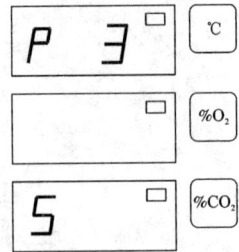

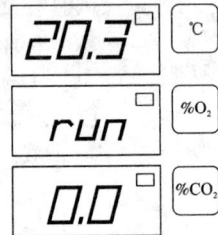

按增值或减值按键选择所需 O_2 浓度，若持续按键，则数值会迅速增加或减少。

增加 O_2 浓度　　　　　　　　　　　　　降低 O_2 浓度

▸按 $\boxed{O_2}$ 和 $\boxed{\triangle}$ 键　　　　　　　　　▸按 $\boxed{O_2}$ 和 $\boxed{\triangledown}$ 键

5.2.4.3. 储存此 O_2 浓度。

▸　松开 $\boxed{O_2}$ 和 $\boxed{\triangle}$ / $\boxed{\triangledown}$ 按键：

O_2 浓度显示为工作空间的实际 O_2 浓度。

5.2.5　CO_2 浓度设定。

5.2.5.1. 显示 CO_2 浓度。

▸按下 $\boxed{\%CO_2}$ 按键。

CO_2 显示为当前实际 CO_2 浓度。

5.2.5.2. 输入所需 CO_2 浓度。

按增值或减值按键选择所需 CO_2 浓度，若持续按键，则数值会迅速增加或减少。

增加 CO_2 浓度：

▸按 $\boxed{\%CO_2}$ 和 $\boxed{\triangle}$ 键

降低 CO_2 浓度

▸按 $\boxed{\%CO_2}$ 和 $\boxed{\triangledown}$ 键

5.2.5.3. 储存此 CO_2 浓度。

▸　松开 $\boxed{\%CO_2}$ 和 $\boxed{\triangle}$ / $\boxed{\triangledown}$ 按键

CO_2 浓度显示为工作空间的实际 CO_2 浓度。

5.2.6. 设置高/低相对湿度。

如果由于箱内相对湿度过高，容器外表面易有冷凝水形成，则可以选择较低的相对湿度。

☞注：出厂时相对湿度设置为高相对湿度。

选择"0"挡，工作空间相对湿度为95%；

选择"1"挡，工作空间相对湿度为90%。

系统需要一定时间改变工作空间的相对湿度，选择低湿度可有效防止容器外表面冷凝水的形成。

5.2.6.1. 激活设置功能。

▸　按住 $\boxed{cal}$ 按键约5秒钟后松开；

○　操作面板上所有指示灯闪烁。

5.2.6.2. 显示当前状态。

▸　按住 $\boxed{\text{auto-sutrt}}$ 按键；

○温度显示屏显示当前湿度状态（高湿度）：

$\boxed{\text{rH0}}^{\boxed{}}\boxed{℃}$

5.2.6.3. 改变当前状态。

按以下键在两种湿度状态间切换：

▸按 $\boxed{\text{auto-sutrt}}$ 和 $\boxed{\triangle}$ 键

或

▶按 autosutrt 和 △ 键；

温度显示屏显示新的湿度状态（低湿度） rHI ☐ ℃ 。

5.2.6.4. 储存此新状态。

▶ 按 cal 按键；

○温度、O_2、CO_2 显示屏分别显示实际数值：

20.3 ☐ ℃

21.0 ☐ %O_2

5.0 ☐ %CO_2

○新的湿度状态被储存。黄色的"低湿度状态"显示屏亮。

5.3 关机。

⚠ 如果室内空间受到污染，细菌可能进入箱内环境。在关机时，仪器必须进行灭菌处理。

a. 取出培养样品及其他附件；

b. 将水槽中的水泵出；

c. 加约 350 mL 新水，开始 ContraCon 消毒过程，消毒过程结束后关闭电源，切断气体输入；

d. 擦干仪器内部；

e. 关闭电源开关；

f. 拔下电源插头；

g. 关闭阀门，切断气体输入；

h. 断开气体软管与仪器的连接关闭电源后，持续开门一段时间。

5.4 清洁与灭菌。

5.4.1. 灭菌过程。

在使用过程中，操作者应定期对仪器进行清洁灭菌，保证提供良好的培养环境。

ContraCon 消毒过程：用于对整个箱体内空间，包括所有的隔板、支架、传感器等自动高温湿热消毒，ContraCon 消毒过程持续约 9 小时。

日常消毒：使用标准的消毒剂擦拭箱体内表面及各个附件，以达到清洁灭菌效果。

禁止使用的消毒剂：

⚠ 某些溶剂会腐蚀塑料制品，如强酸强碱，因此不要使用浓度大于 10% 的碳氢化合物及强酸强碱。

⚠ 氯化物溶剂会腐蚀不锈钢，禁止使用！

⚠ 大于 10% 的酒精溶液易挥发与空气混合形成易燃易爆气体，当用此类消毒剂时注意远离电源及热源！

应在通风良好的室内使用。

消毒结束后，擦干所有表面。

远离火源及易爆危险品。

5.4.2. 日常擦拭消毒。

将水槽中的水泵出：

①将水泵放在水槽偏后的位置，吸水泵头向下；

②将出水管插入合适的容器中；

③接通水泵电源；

④将水泵出；

⑤切断电源，取出水泵；

⑥用干布将剩余的水擦净。

5.4.3. 清洁工作表面及附件：

①用温热的消毒剂擦拭；

②用干净的布及充分的水擦拭表面；

③将水槽中的水清除，充分擦干所有表面及附件。

6. 相关文件

无。

7. 使用表单

无。

8. 流程图

显示面板信息，如图 3 - 57 所示。

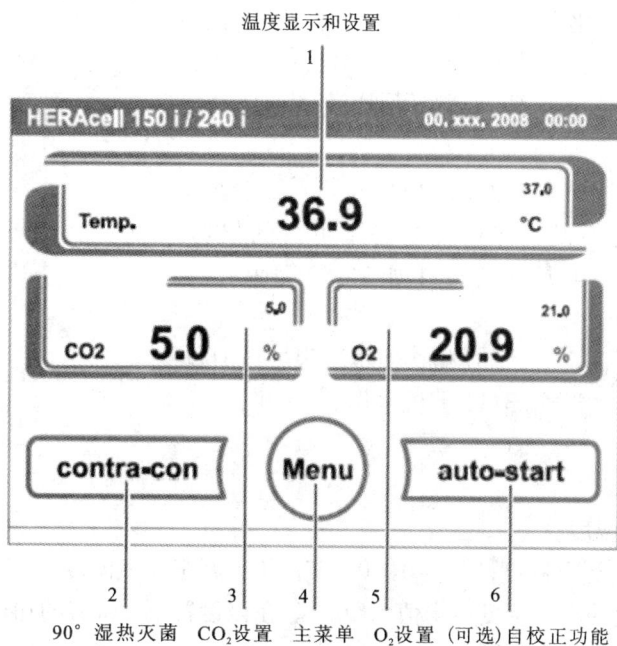

温度显示和设置

1

HERAcell 150 i / 240 i　　　　00, xxx, 2008　00:00

Temp.　　　　　**36.9**　　37,0　°C

CO2　**5.0**　5,0 %　　　O2　**20.9**　21,0 %

contra-con　　　(Menu)　　　auto-start

2　　　3　　　4　　　5　　　6

90°湿热灭菌　CO$_2$设置　主菜单　O$_2$设置（可选）自校正功能

图 3 - 57　150i 培养箱显示面板信息

9. 修订记录

无。

第五十六节 Thermo Forma 水套式 CO_2 培养箱 3111 操作流程

名称：Thermo Forma 水套式 CO_2 培养箱 3111 操作规程	编号：ST – OPE – 0056	类别：操作流程	总页数：5
拟稿人：×××	审核人：×××		批准人：×××
发布部门：设备器材科	版本号：V1.0		生效日期：××××－××－××

1. 目的

CO_2 培养箱广泛应用于细胞、组织培养和某些特殊微生物的培养，是实验室的常规仪器，规范培养箱的使用，有利于减少细胞污染的可能，保证培养样本的安全，延长培养箱的使用寿命。

2. 范围

CO_2 培养箱广泛应用于细胞、组织培养和某些特殊微生物的培养，常见于细胞动力学研究、哺乳动物细胞分泌物的收集、各种物理、化学因素的致癌或毒理效应、抗原的研究和生产、培养杂交瘤细胞生产抗体、体外授精（IVF）、干细胞、组织工程、药物筛选等研究领域。

3. 定义

CO_2 培养箱广泛应用于细胞、组织培养和某些特殊微生物的培养，是实验室及临床研究中必不可少的仪器。Thermo Forma 水套式 CO_2 培养箱 3111 如 3 – 59 图所示。

4. 职责

操作使用人员培训合格后，严格按照本流程进行 Thermo Forma 水套式 CO_2 培养箱 3111 上机操作。

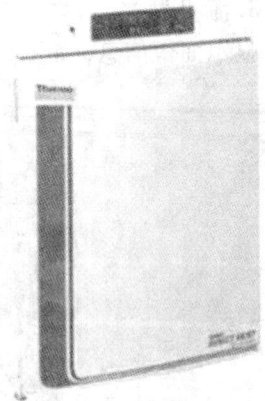

图 3 – 58 Thermo Forma 水套式 CO_2 培养箱 3111

5. 操作内容。

5.1 启动培养箱。

5.1.1 设置运行温度。

3111 型培养箱的运行温度范围为 10.0 ~ 55.0℃，高于环境温度 5℃ 时，所有设备均会运行制冷电路。培养箱的出厂温度设定值为 10℃。在该设置下，所有的加热器和警报均关闭。

改变温度设定值的步骤如下：

a. 按下模式键，直至设置指示器点亮。

b. 按右键直至信息中心里显示"温度××.×"。

c. 按上下键直至显示所需的温度设定值。

d. 按回车键输入设定值。

e. 按下模式键直至运行指示器点亮或至另一参数设置。

5.1.2 超温设定值设置。

⚠️　独立的超温电路仅用于保护培养箱。当温度过高时，它不能保护或抑制细胞培养或箱内用户设备的最高温度。

工厂设定的超温值为 40.0℃，它可以在 +0.5℃ 至 60.0℃ 之间改变。如果温度设定值比超温设定值要高，这时超温设定值自动增至比温度设定值高 1℃，建议超温设定值比温度设定值高 1.0℃。

设置超温设定值：

a. 按下模式键，直至设置指示器点亮。

b. 按右键至 Otemp ××.× 显示在信息中心。

c. 按上下键直至显示所需的超温温度设定值。

5.1.3 设置 CO_2 设定值。

所有型号的培养箱，其 CO_2 设定值的范围均在 0.0% 至 20.0% 范围内。工厂以 0.0% 的 CO_2 设定值装运培养箱。在该设置下，所有 CO_2 控制及警报都将关闭。

欲更改 CO_2 设定值可进行以下操作：

● 按下模式键，直至设置指示器点亮。

● 按下右箭头，直至信息中心里显示"CO_2 ××.×"。

● 按上下箭头，直至显示所需的 CO_2 设定值。

● 按回车键保存设定值。

● 按下模式键，直至运行指示器点亮进入运行模式或按右/左键至下一/上一参数。

5.2 校正。

5.2.1 温度校正。

将校正工具放置在箱内中央，置于空气流通处，不要靠着隔板，并使箱内温度稳定。

温度稳定期：

启动：在运行前使箱内温度在 24 小时内保持稳定。

运行设备：运行前使箱内温度达到设定值后，至少稳定 2 小时。

a. 按下模式键直至 CAL 指示器点亮。

b. 按下右箭头，直至信息中心里出现"TEMPCAL ××.×"。

c. 按上下箭头，使显示与校正工具相匹配。

d. 按下回车键将校正存储至存储器。

e. 按下模式键，返回运行模式，或按右/左箭头至下一/上一参数。

5.2.2 热传导 CO_2 系统校正。

3111 型培养箱有一个热传导(T/C) CO_2 传感器，培养箱大气中的热传导率不仅受 CO_2 浓度的影响，而且受培养箱大气中 O_2 浓度，空气温度和水蒸气浓度的影响。O_2 浓度，空气温度，绝对湿度等必须保持恒定以确保热传导率仅受 CO_2 浓度变化的影响。

改变温度或从高湿度改变为室内环境湿度时，必须重新对 CO_2 控制进行校正。

T/C CO_2 传感器稳定期：

启动：在 37° 的温度下，CO_2 传感器已在工厂经过校正。用一个单独的仪器检查 CO_2 浓度前，需要稳定室内的温度、湿度，以及 CO_2 水平 12 小时以上。

现有操作：保证室门关闭。温度及 CO_2 显示达到设定值后，需要稳定室内大气 12 小时以上。

a. 保证依照上述概括的稳定期。

b. 使用一个单独的仪器，通过采样口对培养室内的气体进行采样。气体采样至少进行三次，确保仪器精度。

c. 按下模式键，直至 CAL 指示器点亮。

d. 按下右箭头，直至信息中心里显示"CO_2 CAL ××.×"。

e. 按上/下箭头改变显示，以符合单独的仪器。

f. 按下回车键存储校正。

g. 按下模式键返回运行模式，或按右/左箭头键至下一/上一参数。

5.2.3 校正相对湿度。

所有的 3110 系列培养箱都可以配有一个直接读取相对湿度的传感器。仅用于读取箱内相对湿度，对相对湿度的控制没有作用。

相对湿度稳定期：

a. 启动－在运行前，使箱中的温度和相对湿度稳定 12 小时。

b. 运行单元－在运行前温度达到设定值时，使相对湿度稳定 2 小时。

c. 将一个精确的单个仪器放置在箱内中央。使相对湿度至少稳定 30 分钟。

d. 按下模式键直至 CAL 显示点亮。

e. 按下右箭头直至显示"RHCAL××.×"。

f. 按下/上箭头，使显示与单个仪器相吻合。

g. 按下回车键存贮校正。

h. 按下模式键返回运行模式。

如果一个可靠的 RH（相对湿度）测量设备不可用，则须将显示校正至典型水平。

a. 按照上述概括的 RH（相对湿度）稳定期。

b. 在一个完全增湿盘和稳定温度下，室内的相对湿度将达到 95%。

c. 按照相对湿度传感器调整的步骤 3～5，调整显示至 95%。

d. 该校正法应精确到 5%。

5.3 清洁维护。

➢ 勿使用漂白剂或任何带有高浓度的次氯酸钠的消毒液。

➢ 使用消毒液，蒸馏或去除水中的矿物质。

➢ 避免将清洁剂溅到 CO_2 传感器上。

➢ 勿使用带粉尘的手套来进行组织培养。

➢ 即使是 70% 的酒精溶液也是挥发可燃的。请在通风良好的无火环境使用。假如用酒精消毒的部件，请勿暴露在明火或其他危险环境中，运行前酒精完全挥发。

培养箱内部消毒：

a. 关闭培养箱开关并拔出插头。

b. 移除支架、出入口过滤器及边侧导管片。移除鼓风机叶片后的温度传感器及气样过滤导管。若设备配备有可选 RH 传感器，则将其从顶端导管的夹子中旋下。

c. 将过滤器与气样过滤器导管分离。小心地将 HEPA 过滤器卸下并移除。

d. 旋下蝶型螺母，固定住内部的顶端导管。小心地将顶端导管移下并关闭温度传感器、气样过滤器导管(以及 RH 传感器)。

e. 用消毒液清洗支架、导管、蝶型螺母以及塞子并且用消毒水洗净。选件：蒸汽灭菌器支架、导管及蝶形螺母。

f. 首先推动最靠近前端叶片的黑色夹杆，移除鼓风机叶片。然后将叶片转向右侧，将其从鼓风机叶轮板处分离。由于校正孔呈匙孔形状，可能需要一些操作。

g. 移除剩余蝶型螺母，然后从鼓风机叶轮上拉出。如果要使用新的叶轮和叶片，则将旧的放在一边。如果还要重新使用旧的叶轮和叶片，则用消毒液清洗所有部件并用消毒水洗净。

h. 首先推动室体顶板处的黑色夹片，移除鼓风机叶轮板。然后把板转向左侧，将其从校正钥匙孔处分离。如上所述进行清洗，或高压灭菌。

i. 用消毒液从顶部开始向下清洗柜体内部。清洗内门里外两侧。柜体和门必须用消毒水洗净，直至去除消毒液。洗净柜体后，喷洒 70% 的酒精。

j. 通过校正较大一端的钥匙孔并将其左转锁定，重新安装鼓风机叶片板。在顶板向下处拉动黑色夹杆。

Figure 5-2

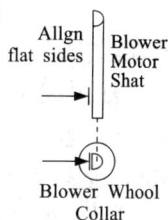

Allgn flat sides — Blower Motor Shat

Blower Whool Collar

k. 将鼓风机叶轮安装到马达铰链上，校正每侧的 d 型平面。用蝶形螺母固定鼓风机叶轮。要确保叶轮能够顺畅地旋转。

l. 将鼓风机叶片定位到鼓风机叶轮处的叶片板上钥匙孔的较大一端。右转叶片，将其锁定在钥匙孔内。拉动最靠近设备前端的黑色夹杆。

m. 通过导管内适当的孔，供给温度传感器、气样导管(以及 RH 传感器，如适用)，在提升至室体顶端时安装顶部导管 。切勿拉动导管处的金属扣环。

n. 将安装柱螺柱及鼓风机叶片定位到顶部导管的适当孔内并安装蝶型螺母，固定导管。

o. 将气样过滤器安装到顶部软管通道。

p. 小心地拉下温度传感器及气样过滤器导管，直至它们可以插入鼓风机叶片后的适当孔内(插入约 1 英寸)。如适用，则将可选 RH 传感器放置到顶部导管上相应的夹子处。

q. 安装 HEPA 过滤器。

r. 安装左右导管，以及带有过滤器的出入口塞子，为它们喷洒 70% 的酒精(勿要浸入)。

s. 安装支架并喷洒 70% 的酒精。

t. 插入培养箱并打开电源。返回服务前，需要该设备空转 24 小时。

6. 相关文件

无。

7. 使用表单

无

8. 流程图

显示面板信息，如图 3 - 59 所示。

A. 静音：使音频警报静音。

B. 警报指示器：当培养箱处于警报状况下时，会不停闪烁。

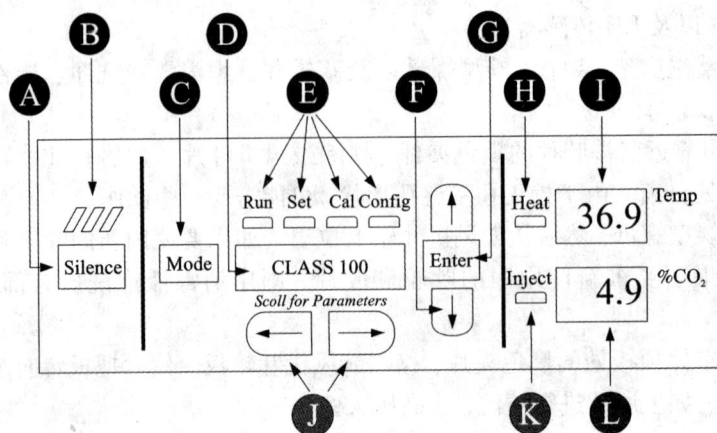

图 3-59 3111 型培养箱显示面板信息

C. 模式选择开关：选择运行、设定值、校正及系统配置模式。

D. 信息中心：显示系统状态。

E. 模式选择指示器：

Run：运行菜单；

Set：设定值菜单；

Cal：校正菜单；

Config：配置菜单。

F. 上下箭头：增加或减小数字参数值，切换选择参数值。

G. 回车：确认校正设置更改。

H. 加热指示器：当加热器通电时点亮。

I. 温度显示：可进行设置，连续显示温度，RH（相对湿度）（带有 RH 选件），或在温度与湿度（带有 RH 选件）间切换。

J. 滚动参数按键：通过所选择的参数改变操作员。

K. 喷气指示器：当气体被注入培养箱时，该指示器点亮。如果 CO_2 与 O_2 的比值（%）显示（L 项）持续显示 CO_2 时，该指示器指示仅需注入 CO_2。注入 CO_2 或氮气都将导致该指示器点亮。

L. % CO_2 显示：可进行设置，连续显示 CO_2。

9. 修订记录

无。

第五十七节　Thermo Scientific Heratherm
微生物培养箱 IGS180 操作流程

名称：Thermo Scientific Heratherm 微生物培养箱 IGS180 操作规程	编号：ST－OPE－0057	类别：操作流程	总页数：4
拟稿人：×××	审核人：×××		批准人：×××
发布部门：设备器材科	版本号：V1.0		生效日期：××××－××－××

1. 目的

微生物学是一门典型的生命科学。研究微生物的结构、功能与环境的交互作用涉及许多不同的应用，所有这些应用都有一个共同的要求：精确培养。微生物培养箱是实验室的常规仪器。规范培养箱的使用，有利于保证培养样本的安全，延长培养箱的使用寿命。

2. 范围

微生物培养箱适用于卫生、农畜、水产等科研、院校实验和生产部门，是水体分析和 BOD 测定细菌、霉菌、微生物的培养、保存、植物栽培、育种实验的专用恒温，恒温振荡设备。

3. 定义

微生物培养箱适用于卫生、农畜、水产等科研、院校实验和生产部门，是水体分析和 BOD 测定细菌、霉菌、微生物的培养、保存、植物栽培、育种实验的专用恒温，恒温振荡设备。

4. 职责

操作使用人员培训合格后，严格按照本流程进行操作。

5. 操作内容

5.1 开机。

5.1.1 将培养箱的电源插头插接在有保护接地的交流电源插口。

在正面显示屏上出现准备就绪符号（在 D3 项的菜单栏中的右符号）发亮。

5.1.2 按住开关键两秒钟。

在开机之后，培养箱执行初始化常规。在初始化结束之后，显示屏发亮，在温度显示区（D1）显示出工作腔的当前温度。培养箱使用准备就绪。

5.2 设定温度额定值。

在 Heratherm 培养箱，只需触按数次键即可直接设定所需的工作腔温度。在确认对额定温度的更改之后，可以在温度显示区（D1 项）跟踪观察。如下表：

🌡	触按 MEHU 激活菜单栏，然后用 ▶▶ 选择温度图标，触按 MEHU 确认
49.3℃	在闪烁的温度显示区用 ▶▶ 或者 ◀◀ 设置新的温度额定值，用 MEHU 确认设置
	显示返回默认画面。 在工作腔测量到的实际温度以及在温度显示区显示出的温度开始发生变化，直到温度达到新调节的设定值

5.3 定时开关机。

采用菜单栏中的定时器功能，可以设定"倒数计时"的开机定时器和关机定时器，这样用户可以定时控制培养箱的开机或者关机。

5.3.1 设定倒数计时关机。

⊕	触按 MEHU 激活菜单栏，然后用 ▶▶ 选择定时器图标，触按 MEHU 确认
OFF	显示区中出现选项 OFF 关机定时器是用 MEHU 选取
00:00h ↓ 1:30h	用 ▶▶ 或者 ◀◀ 设置直到培养箱关机的小时和分钟，分别用 MEHU 确认
⊕	显示返回默认画面。 在菜单的发亮定时器符号 ⊕ 中有转动的指针

5.3.2. 设定倒数计时开机。

⊕	触按 MEHU 激活菜单栏，然后用 ▶▶ 选择定时器图标，触按 MEHU 确认
OFF	显示区中出现选项 OFF 关机定时器是用 MEHU 选取
On	选项开机定时器 ON 的选择是用 ▶▶ ，确认通过触按 MEHU 。

	用 ▶▶ 或者 ◀◀ 设置直到培养箱关机的小时和分钟，分别用 MEHU 确认
	显示返回默认画面。 在菜单的发亮定时器符号 ⊛ 中有转动的指针

5.4 关机。

当需要较长时间停用培养箱，亦即至少几天需要停用时。

5.4.1 将有培养组织的容器、所有附件和其他物体从工作腔取出。

5.4.2 根据"清洁和消毒灭菌"指引进行清洗和消毒工作腔。

5.4.3 在清洗和消毒培养箱之后，在操作面板将培养箱关机。

5.4.4 拔出电源插头，并采取措施防止意外地重新插接。

5.4.5 在培养箱关机之前，对工作腔必须连续通风。使玻璃门和外门保持在敞开状态，并采取措施防止门被意外地关上。

5.5 清洁和消毒灭菌。

5.5.1 外表面：用含有普通清洁剂的温水和抹布彻底清除表面上的沉积物。用干净抹布和清水将表面擦净。然后用清洁的干抹布将表面擦干。

注意：

不能使用腐蚀性清洁剂。

不要将清洁剂喷洒到控制面板上和培养箱背面的接口中。在用温抹布清洁培养箱时，要时刻注意不会有湿气进入上述组件中。

5.5.2 腔体消毒。

5.5.2.1 将所有样品从工作腔中取出放置到安全的地方。

5.5.2.2 将消毒剂喷洒到工作腔和其他配件的表面，或者擦抹消毒剂。

5.5.2.3 根据消毒剂制造商的说明等其作用一段时间。

5.5.2.4 用无菌水冲洗经清洁的表面 3~5 次，以便彻底清除残余的清洁剂。

5.5.2.5 用无菌软布将经清洁的表面擦干。

6. 相关文件

无。

7. 使用表单

无。

8. 流程图

显示面板信息，如图 3-60 所示。

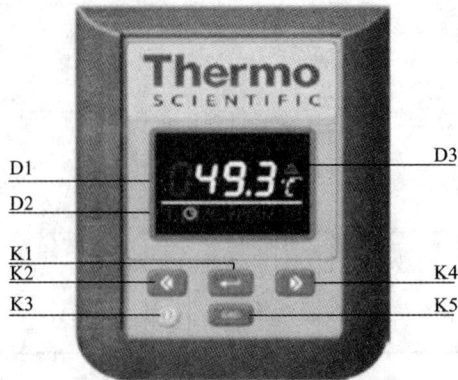

图 3 – 60 微生物培养箱显示面板信息

特征	项	功能
	D1	用摄氏度或者华氏度为单位持续地显示出工作腔的温度。如果温度低于105℃或221℉，则显示的温度小数点后有一位，如果高于该温度，则显示的温度不带小数点 在设置定时器时，在此显示出闪烁的时间输入区，其格式为 hh：m（各位两位数的小时：分钟） 在故障情况下，这里闪烁显示故障代码；此外，红色报警符号 D3 发亮
	D2	带有代表可调参数图标的菜单栏。红色边框标记当前用按钮菜单（K1）和箭头键左（K2）及右（K4）所选择的菜单项。 提示：如果一个菜单项不能被选择，说明其代表的功能不属于您设备的配置内容
	D3	报警符号：在故障情况下，红色报警符号发亮。同时 D1 显示区中闪烁显示出故障代码。可以通过触按 ESC 键确认报警
	K1	按钮菜单/输入 第一次触按按钮：激活菜单栏，第一个菜单项用红色边框突出显示 第二次按动按钮：选取当前处于活动状态（有红色边框）的菜单项；同时可以在 D1 进行输入 第三次按动按钮（在更改了设定值之后）：确认在此之前的输入或者选择
	K2	左方向键 在第一次触按菜单/输入键之后： • 在菜单中向左边换到下一符号（参见 D2 项） 在选择了菜单项之后： • 降低需要调节的参数值，例如在 D1 项的温度额定值。持续按住该键数秒钟，选择的值会快速变化 • 从 D1 位置的多功能显示屏中当前激活的菜单项向左跳到下一选项，例如从定时器的工作状态 OFF（关闭）跳到 ON（打开）

图标	项	功能
⏻	K3	开关键 按住该键2秒钟将培养箱关机。除了位于右外侧的菜单项D2中的准备就绪符号以外,显示屏熄灭 如果工作腔的温度超过50℃(122℉),则温度显示D1用暗光显示出工作腔的温度
⏩	K4	右按钮 在第一次触按菜单/输入键之后: •在菜单中向右切换到下一符号(参见D2项) 在选择了菜单项之后: •提高需要调节的参数值,例如在D1项的温度额定值。持续按住该键数秒钟,选择的值会快速变化 •从D1位置的多功能显示屏中当前激活的菜单项向右跳到下一选项,例如从定时器的工作状态ON(打开)跳到OFF(关闭)
ESC	K5	Escape键 返回到前一级菜单水平或者标准显示。在退出当前菜单项之前,会有要求用户保存更改后设定的提示

9. 修订记录

无。

第五十八节　Thermo Forma 900 系列医用低温冰箱操作流程

名称:ThermoForma 900 系列医用低温冰箱操作规程	编号:ST - OPE - 0058	类别:操作流程	总页数:4
拟稿人:×××	审核人:×××		批准人:×××
发布部门:设备器材科	版本号:V1.0		生效日期:××××-××-××

1. 目的

医用低温冰箱广泛应用于保存病毒、病菌、血浆、疫苗、红细胞、白细胞、皮肤、骨骼、细菌、精液、生物制品等,是实验室的常规必备仪器,规范医用低温冰箱的使用,有利于减低冰箱的损伤,保证所保存样本的安全,延长冰箱的使用寿命。

2. 范围

医用低温冰箱广泛应用于保存病毒、病菌、血浆、疫苗、红细胞、白细胞、皮肤、骨骼、细菌、精液、生物制品等,是实验室的常规必备仪器。

3. 定义

医用低温冰箱广泛应用于保存病毒、病菌、血浆、疫苗、红细胞、白细胞、皮肤、骨骼、细菌、精液、生物制品等，是实验室的常规必备仪器。Thermo Forma 900 系列医用低温冰箱如图 3 - 61 所示。

4. 职责

操作使用人员培训合格后，严格按照本流程进行 Thermo Forma900 系列医用低温冰箱操作。

5. 操作内容

5.1 启动低温箱。

在低温箱正确安装并接通电源后，即可进行系统设置。在设置模式下可对以下参数进行设置：控制温度，高温报警设置点，低温报警设置点，（可选）备份系统设置点。保存箱的默认设置如下表所示：

图 3 - 61　Thermo Forma 900 系列
医用低温冰箱

默认设置	温度
控制温度	- 80
高温报警值	- 70
低温报警值	- 90
备用系统启动值	- 60

注：如控制温度值被更改且低温和高温报警设置值与控制温度相差 10°C 以内，报警值被自动调整，使其保持与控制温度相差至少 10°C。

根据周围的环境温度，- 86℃ 直立式超低温保存箱的操作温度范围为 - 50 ~ - 86℃。出厂时保存箱的温度设置点为 -80℃。按照以下步骤可更改其操作温度的设置：

a. 按下模式按键，直到设置温度指示灯亮起。

b. 按下向上/向下箭头按键，直到显示所需的温度设置点。

c. 按下确认键，保存设置点。

d. 按下模式按键，直到运行模式的运行指示灯亮起。

如果不对按键进行任何操作，5 分钟后保存箱将自动返回到运行模式。

5.2 使用提示。

➢ 向直立式低温箱内储藏物品时，应首先从靠近温度传感器的底层开始存放，并且一次添加一层搁板。低温箱将尽快恢复各层间至温度设置点。

➢ 低温箱内放入冷冻物品可以对整体性能有所帮助，例如冰冻的水壶。

➢ 确保真空泄压口无结霜和结冰，可使低温箱内迅速恢复压力方便再次开门。

5.3 清洁维护。

5.3.1 清洁柜体表面。

使用肥皂、水或实验室通用消毒剂擦拭低温箱表面，最后用清水彻底冲洗干净并用软布擦干。

注意：清洁时，机组控制电气区域注意不要使用过多的水，以免引起触电或损坏控制元件。

5.3.2 清洁空气过滤网。

空气过滤网每年至少清洁 4 次。

a. 抓住低温箱左下角，打开前下侧门。

b. 找到门上的格栅。抓住格栅中间部位，向外轻拉，取下格栅。

c. 使用水和温和清洁剂清洗过滤网。

d. 用毛巾擦干过滤网。

e. 把过滤网安装回格栅，并将格栅复位。

5.3.3 清洁冷凝器。

冷凝器应每年至少清洁 1 次

a. 抓住低温箱左下角，打开前下侧门。

b. 使用吸尘器清洁冷凝器，小心不要损坏冷凝器翅片。

根据低温箱使用环境条件不同，可适当调整清洁冷凝器频率。

5.3.4 低温箱除霜。

a. 移除低温箱内存放的所有物品，将其放入另一个低温箱内。

b. 关闭低温箱，断开电源连接。

c. 关闭电池开关。

d. 打开所有的门，在内腔底部放上毛巾。

e. 等待结霜融化、脱落。

f. 用软布擦去结霜。

g. 除霜过程结束后，使用不含氯清洁剂清洁内表面。使用清水彻底冲洗，用软布擦干。

h. 插入电源线，打开电源开关。

i. 将电池电源开关调为待机模式。

j. 再向低温箱内存放物品之前，低温箱应空置并运行一晚上。

6. 相关文件

无。

7. 使用表单

无。

8. 流程图

显示面板信息，如图 3 - 62 所示。

➢ 温度显示屏：显示机组箱体内温度（单位：℃）。

➢ Mode：用于选择 Run，Set Temperature，Set High Alarm，Set Low，Alarm，Calibrate，Back - up 模式。

➢ 报警指示灯：低温箱有报警时，指示灯闪烁发出警告。

➢ Silence：将报警声静音。

➢ 表 3：报警指示灯 。

➢ 报警信息面板：显示当前机组的报警情况。

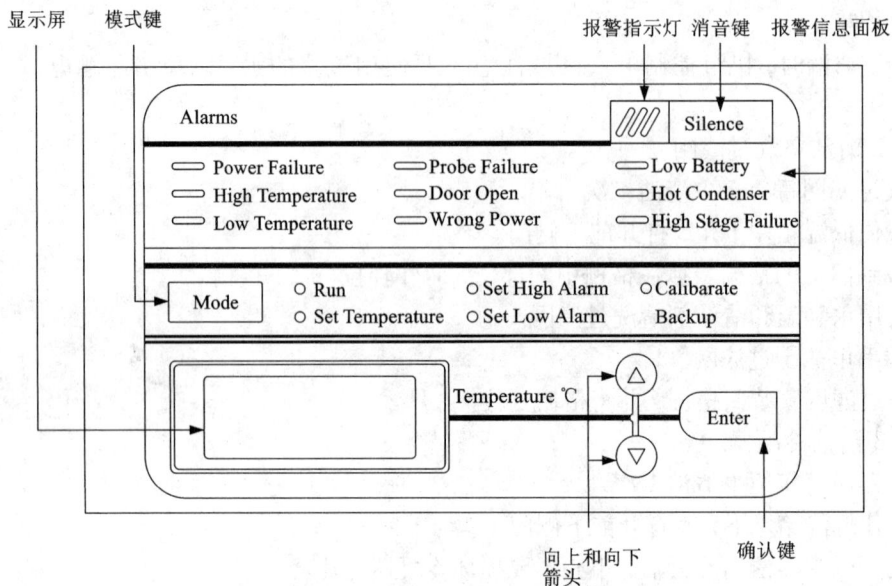

图 3 - 62 900 医用冰箱显示面板信息

➢ △▽上/下键：增加或减少当前的值，或切换选择的功能。

➢ Enter：将数值保存至内存。

9. 修订记录

无。

第五十九节 Thermo Forma 88000 系列医用低温冰箱操作流程

名称：Thermo Forma 88000 系列医用低温冰箱操作规程		编号：ST - OPE - 0059	类别：操作流程	总页数：6
拟稿人：×××		审核人：×××		批准人：×××
发布部门：设备器材科		版本号：V1.0		生效日期：××××-××-××

1. 目的

医用低温冰箱广泛应用于保存病毒、病菌、血浆、疫苗、红细胞、白细胞、皮肤、骨骼、细菌、精液、生物制品等，是实验室的常规必备仪器，规范医用低温冰箱的使用，有利于减低冰箱的损伤，保证所保存样本的安全，延长冰箱的使用寿命。

2. 范围

医用低温冰箱广泛应用于保存病毒、病菌、血浆、疫苗、红细胞、白细胞、皮肤、骨骼、细菌、精液、生物制品等，是实验室的常规必备仪器。

3. 定义

医用低温冰箱广泛应用于保存病毒、病菌、血浆、疫苗、红细胞、白细胞、皮肤、骨骼、细菌、精液、生物制品等,是实验室的常规必备仪器。Thermo Forma 88000 系列医用低温冰如图 3 – 63 所示。

4. 职责

操作使用人员培训合格后,严格按照本流程进行 Thermo Forma88000 系列医用低温冰箱操作。

5. 操作内容

5.1 初始启动。

要启动冰箱,就要执行以下步骤:

5.1.1. 将冰箱插头插入电源插座。

5.1.2. 将冰箱后面右下方的电源开关旋至 ON 位置。

5.1.3. 当冰箱通电时,您会看到有一个 logo 显示在前面的屏幕上并持续约 25 秒,然后出现"区域设置"屏幕。

此屏幕向您说明首选的显示语言以及日期、时间和温度显示偏好。如果需要选择除英语外的其他显示

图 3 – 63　Thermo Forma 88000 系列
医用低温冰箱

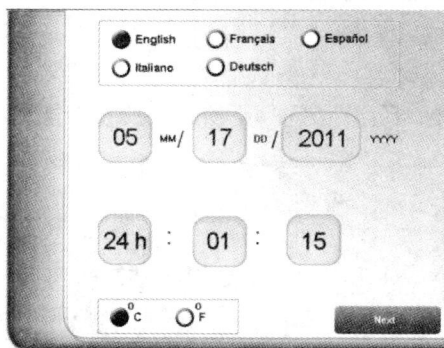

图 3 – 64　区域设置屏幕图

语言,则按正确的单选按钮。如果您想将显示温度从摄氏度改成华氏度,则按 $^\circ F$ 单选按钮。

要设置日期、时间和 24 小时制/AM – PM 的显示格式,则按动想更改的显示值。然后就会出现向上和向下箭头,您可使用这些箭头更改数值。

每次在更改数值时,此屏幕和所有其他屏幕上就会出现一个复选标记图标。在离开此屏幕进行导航之前,始终确保按此复选标记图标,以确认更改。

按复选标记图标,确认更改。当一切就绪后,按 Next(下一步)。

然后,就会出现一系列屏幕,要求您确认:

● 冰箱正确接地并连接专用的电源。

● 设备有足够的间隙。

● 设备水平。

● 环境条件在可接受的范围内。

5.2 操作概述。

一旦您成功完成初始启动程序，冰箱就会开始正常运行并仅执行必要的操作，包括：

5.2.1 设置运行和报警设定值。

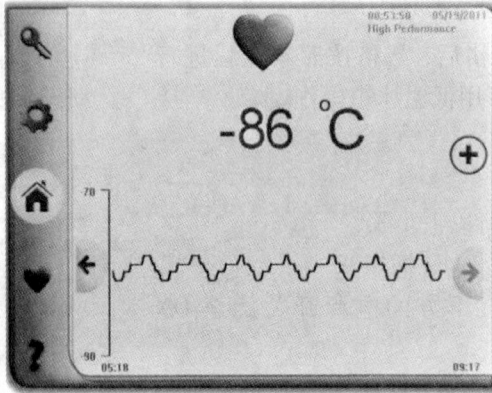

图 3 – 65　主屏幕图

5.2.2 激活 CO_2 或 LN2 备用系统(如安装)。左图为 Home Screen(主屏幕)默认屏幕。此屏幕显示当前箱体温度、绿色的当前温度设定值和显示最近读数的图表。顶部的心形颜色表明冰箱机能：红色表示严重警报情况，黄色表示值得注意的情况，蓝色表示正常。心形闪烁表示警报激活或者错误状态。

5.3 使用主工具条。

主屏幕左侧蓝条上的图标可让您访问如下所示的所有功能。

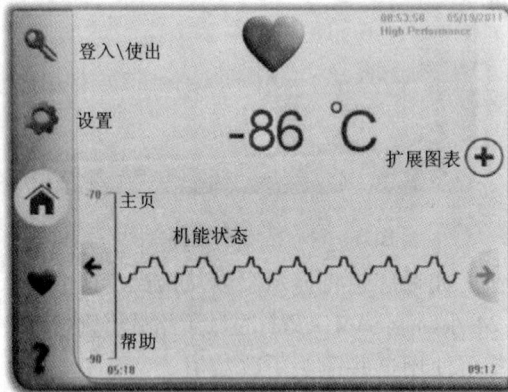

图 3 – 66　主屏幕图中文说明

5.4 设置温度值。

要设置温度设定值：

a. 按下图所示主工具条上的"Setting/设置"图标，就会显示以下屏幕：

b. 按"Freezer Setting/冰箱设置"图标，显示以下屏幕：

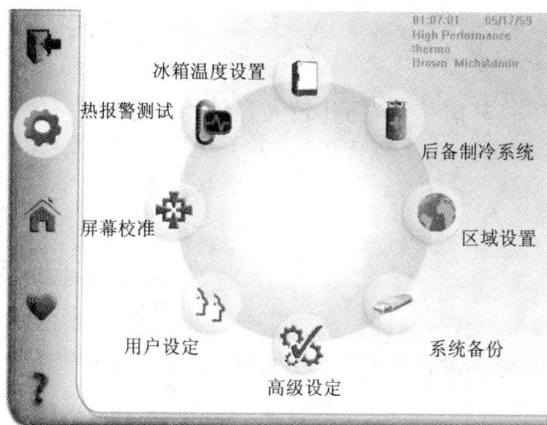

图 3-67　设置功能图　　　　　　　　　　图 3-68　冰箱设置图

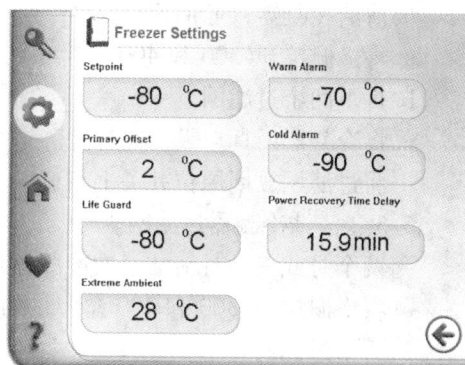

c. 按所示值可调节此屏幕上的所有参数。然后，按一下此区域，就会出现向左和向右箭头，同时会出现复选标记图标，以确认更改。使用箭头增加或减少数值。

d. 每次在更改数值时，此屏幕和所有其他屏幕上就会出现一个复选标记图标。在离开此屏幕进行导航之前，始终确保按此复选标记图标，以确认更改。

e. 按右下方的返回箭头，返回到上一级屏幕。

当显示诸如此类的二级屏幕时，如果在 5 分钟内用户没有输入信息，显示屏就会自动返回到主屏幕。

● Primary Set Point（主设定值）：箱体工作温度。最小值为 -50°C，最大值为 -86°C。出厂默认值为 -80°C。

● Primary Offset（主要偏差）：用于校准。范围为 -10°C 至 +7°C。默认值为 0。

校准者注意事项：当外部探针置于冰箱对照探针附近时，进行现场温度校准的客户可以看到温度相差 2°C。这种偏差是由于优化了控制系统而形成的，从而确保整个腔体内的温度均匀性。

● Life Guard（排障）：内部（第二阶段贮槽）高温警报设置。范围为 70°C 至 98°C。默认值为 94°C。

● Extreme Ambient（极端环境）：环境高温警报设置。范围为 32°C 至 40°C。默认值为 37°C。

● Warm Alarm（热警报）：-40°C 至设定值的 5°C 以内。注意距离热启动状态 12 小时内禁用热警报。

● Cold Alarm（冷警报）：-99°C 至设定值的 5°C 以内。

● Time Delay（延时）：停电后，一旦启动就指定延迟时间。范围为 0 到 20 分钟，每级为 6 秒；默认值为 0。

5.5 清洁与维护。

5.5.1. 清洁冷凝器。

至少每六个月清洁一次冷凝器，如果实验区多灰尘，则应更频繁进行清理。

有两个冷凝器过滤网：一个主过滤网和一个用于将额外的气流送入冷凝器的下级过

滤网。

要清洁冷凝器，完成下列步骤：

a. 将格栅拉开（300 和 400 盒容量的型号）或将其滑移至右侧（较大容量的型号）。

b. 拆下两个过滤网。

c. 将冷凝器用真空吸尘器清理。

d. 将过滤网放回原位并关上格栅。

5.5.2 清洁冷凝器过滤网。

每两个月或三个月清洁一次冷凝器过滤网。

a. 将格栅拉开（300 和 400 盒容量的型号）或将其滑移至右侧（较大容量的型号）。

b. 拆下过滤网。

c. 抖动过滤网，以便将松动的灰尘抖落，用清水冲洗过滤网，然后将多余的水从过滤网抖落，再冲洗将过滤网放回原位。

d. 关上格栅。

5.5.3 垫圈维护。

定期检查门周围的垫圈，以防穿孔或撕裂。如果在垫圈破损位置有一长条霜，就表示存在泄漏。用软布轻轻擦拭门垫，以保持清洁并防止结霜。

5.5.4 除霜。

每年给冰箱除一次霜，或者只要结冰超过 3/8，就要随时除霜。

要进行除霜，就要执行以下步骤：

a. 移除所有产品并将其放置到另一个箱体中。

b. 给冰箱断电。

c. 打开外门和所有内门。

d. 让冰箱竖放并且柜门打开至少 24 小时。这样让内部和发泡的制冷系统升到室温。

e. 处理掉冰并擦去落在箱体底部的水。

f. 如果冰箱有气味，则用小苏打溶液和温水清洗内部。用各种家用普通清洁蜡清洁外部。

g. 关闭柜门，重新启动冰箱并按照以上的说明重新加载。

6. 相关文件

无。

7. 使用表单

无。

8. 流程图

冰箱显示屏主界面，如图 3 - 69 所示。

9. 修订记录

无。

报警信号：用于监测冰箱状态(如断电、高/低温、传感器故障、门开启、电源故障、
电池电量不足、冷凝器过热、压缩机故障)

光报警信号

模式：用于选择运行、温
度设定、高/低温报警设
定、校准以及选配的备份
等运行模式

报警静音

温度校准

运行

高/低温报警设定

温度设定

温度显示

程序运行按钮

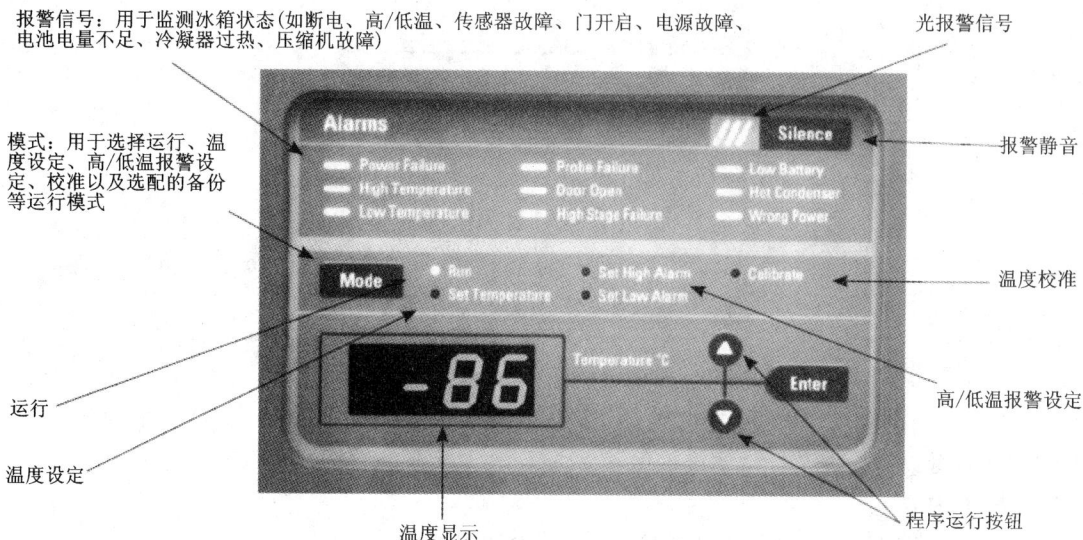

图3－69　88000系列医用低温冰箱控制面板

第六十节　Thermo Scientific ST16 台式离心机操作流程

名称：Thermo Scientific ST16 台式离心机操作流程	编号：ST－OPE－0060	类别：操作流程	总页数：2
拟稿人：×××	审核人：×××		批准人：×××
发布部门：设备器材科	版本号：V1.0		生效日期：××××－××－××

1. 目的

离心机是利用离心力，分离液体与固体颗粒或液体与液体的混合物中各组分的机械。离心机主要用于将悬浮液中的固体颗粒与液体分开，或将乳浊液中两种密度不同，又互不相溶的液体分开。

2. 范围

血液的分离、病毒的研究、DNA的研究、药品的提纯等都要使用到离心机的。微观层次上的细胞、DNA分子(肉眼看不到，特别特别特别小)均需要高速医用离心机进行分离研究，此类高速离心机转速通常在5000转以上，6万转以下，可以提供万倍于重力加速度的离心力进行细小分子的分离。而血液分离一般用3000转的离心分离机即可。

3. 定义

离心就是利用离心机转子高速旋转产生的强大的离心力，加快液体中颗粒的沉降速度，把样品中不同沉降系数和浮力密度的物质分离开。Thermo Scientific ST16台式离心机如图3－70所示。

4. 职责

离心机设备操作使用人员培训合格后，需按照以下操作使用规范完成日常的实验工作，

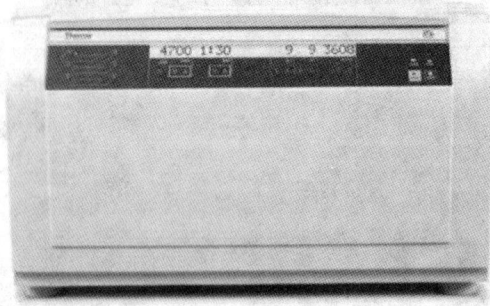

图 3 – 70　Thermo Scientific ST16 台式离心机

并周期性地做设备检查及日常的维护保养。

5. 作业内容

5.1.1 转速控制区：用上键(增加)下键(减少)来设定所需离心转速或离心力。

5.1.2 转速/离心力切换键：切换转速和离心力的显示及设置。

5.1.3 时间控制区：用上键(增加)下键(减少)来设定所需离心时间(h：mm)。

5.1.4 温度控制区：用上键(增加)下键(减少)来设定所需离心样品温度。

5.1.5 开始键：正式启动离心机。停止键：手动停止离心机。

5.1.6 开门键：开启离心机腔门。

5.1.7 瞬时离心：当某些实验样品仅仅需要短时间的离心可以按此按钮。按下时离心机开始运转，抬起即停止。

5.1.8 加减速控制键：用上键循环调节加速及减速挡位，共有 9 挡(1 挡加速最慢，2~9 挡加速最快；同时 9 挡停机最快，1 挡停机最慢)。

5.1.9 吊篮编码：可以依次显示所有可用的吊篮。

5.2 使用注意事项。

5.2.1 使用前要确定离心腔内没有异物。

5.2.2 使用前请确定转头已卡到位(放入转头后，用手往上提提转头，确认有无松动)。

5.2.3 要确定离心样品放置对称并且离心管放置到位，保持样品重量平衡。

5.2.4 温度显示的是样品温度，换入新转头后请先预冷。

5.2.5 离心前要将转头盖旋紧，如样品具有传染性请用防生物污染转头盖(螺旋转头盖)。

5.2.6 如果接着做下次离心，请关上腔门，以保持腔内温度，并防止过多冷凝水形成。

5.2.7 如果短期内不再使用离心机，请擦干离心腔内冷凝水，打开腔门，关闭电源即可，以利于腔内水汽及腐蚀性气体的散发。

5.2.8 如果离心机将暂停使用一段时间，请在保证离心腔内干燥的情况下，关闭腔门，以避免灰尘进入。

6. 相关文件

无。

7. 使用表单

无。

8. 流程图

Thermo Scientific ST16 台式离心机控制面板，如图 3 - 71 所示。

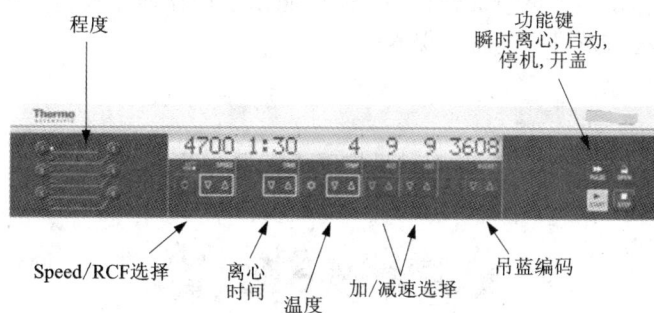

图 3 - 71　**Thermo Scientific ST16 台式离心机控制面板**

9. 修改记录

无。

第六十一节　Thermo Scientific Micro 21 微量高速离心机操作流程

名称：Thermo Scientific Micro 21 微量高速离心机操作流程	编号：ST - OPE - 0062	类别：操作规程	总页数：2
拟稿人：×××	审核人：×××	批准人：×××	
发布部门：设备器材科	版本号：V1.0	生效日期：××××-××-××	

1. 目的

离心机是利用离心力，分离液体与固体颗粒或液体与液体的混合物中各组分的机械。离心机主要用于将悬浮液中的固体颗粒与液体分开，或将乳浊液中两种密度不同，又互不相溶的液体分开。

2. 范围

血液的分离、病毒的研究、DNA 的研究、药品的提纯等都要使用到离心机。微观层次上的细胞、DNA 分子(肉眼看不到，特别小)均需要高速医用离心机进行分离研究，此类高速离心机转速通常在 5000 转以上，6 万转以下，可以提供万倍于重力加速度的离心力进行细小分子的分离。而血液分离一般用 3000 转的离心分离机即可。

3. 定义

此离心机可按照不同的密度大小分离液态悬浮物(在最大速度下最大值样品密度是

图 3 - 72　**Thermo Scientific Micro 21 微量高速离心机**

$1.2~g/cm^3$），Thermo Scientific Micro 21 微量高速离心机如图 3 – 72 所示。

4. 职责

离心机设备操作使用人员培训合格后，需按照以下操作使用规范完成日常的实验工作，并周期性地做设备检查及日常的维护保养。

5. 作业内容

5.1 操作流程。

5.1.1 按下离心机电源总开关，几秒后控制面板显示以下内容：（温度显示只在有冷冻装置的离心机中出现）。

5.1.2 上面的显示表示机器正在进行软件的内部自检，在这一检查之后，显示转变为当前值模式。速度和剩余运行时间为 0 时，冷却装置显示当前的样品温度。（在开始离心之前显示的是离心机腔体的温度。）

5.1.3 按"Open – Lid"按钮可以打开盖子。这时面板显示为：

5.1.4 转速控制区：用上键(增加)下键(减少)来设定所需离心转速或离心力。

5.1.5 转速/离心力切换键：切换转速和离心力的显示及设置。

5.1.6 时间控制区：用上键(增加)下键(减少)来设定所需离心时间(h：mm)

5.1.7 温度控制区：用上键(增加)下键(减少)来设定所需离心样品温度。

5.1.8 开始键：正式启动离心机。停止键：手动停止离心机。

5.2 使用注意事项。

5.2.1 在离心机周围必须保持 30 cm 的安全区域。在运行期间此区域不能放置危险物品。

5.2.2 底部必须稳定且无共振发生。平的实验室长桌或带轮子并且可以锁定的大实验室架子是比较好的支持物。

5.2.3 在离心机周围的 15 cm 区域中保持充分的空气循环。

5.2.4 离心机必须远离热源和直接阳光照射。紫外线可能损害外壳。

5.2.5 按电源开关把离心机打开。按"Open Lid"按钮打开离心机盖子，除去转子，可以将腔内进行擦拭或者自然风干。确保离心机腔内没有冷凝水后，轻轻地转动转子，确定转子被紧紧拧紧和转子盖子安全地安好。

5.2.6 将转子盖子放在转子中间的转子螺母上，向下按盖子直到听见被锁上的声音。如果盖子锁不上或者很难锁好，那么检查密封圈是否合适和是否有污垢，必要的话擦干净并且上一些润滑油以润滑密封圈。同样地，盖子结构也应该检查是否有无污垢和功能完好与否。

5.2.7 为了拧紧转子，将转子盖子中心对应地放置在转子螺母上，通过顺时针方向旋转盖子把柄可以将盖子固定在转子上。

6. 相关文件

无。

7. 使用表单

无。

8. 流程图（如图 3 - 73 所示）

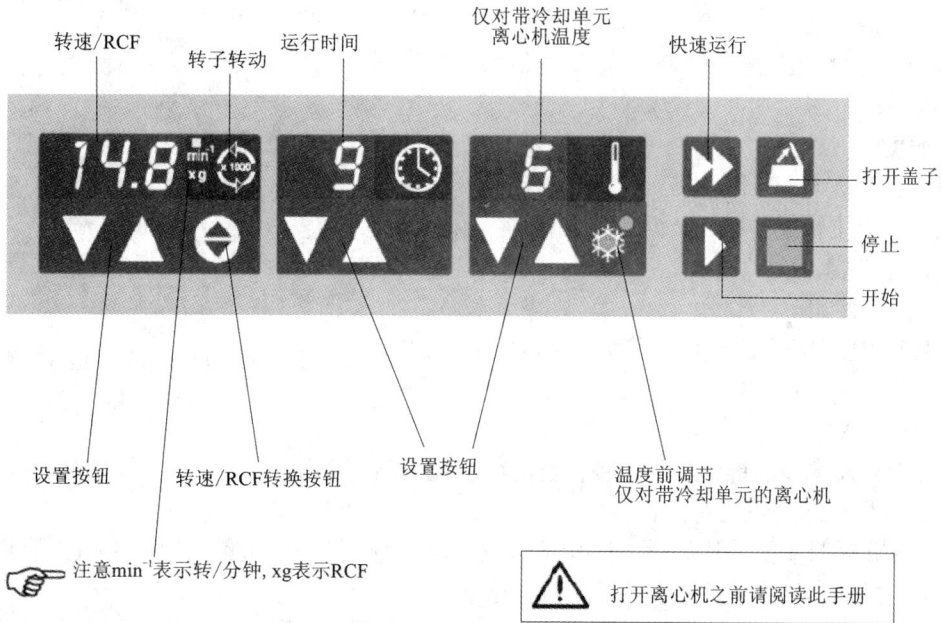

图 3 - 73　流程图

9. 修订记录

无。

第六十二节　1300 系列 II 级 A2 型生物安全柜操作流程

名称：1300 系列 II 级A2 型生物安全柜操作流程	编号：ST - OPE - 0062	类别：操作流程	总页数：4
拟稿人：×××	审核人：×××	批准人：×××	
发布部门：设备器材科	版本号：V1.0	生效日期：×××× - ×× - ××	

1. 目的

生物安全柜能够保护使用者、环境和研究样品免受有害物质污染以及交叉污染，是实验室及临床研究中必不可少的仪器。1300 系列 II 级 A2 生物安全柜完全符合国家生物安全柜行业标准，经过了国家医疗器械的认证。对生物安全柜操作流程规范化培训，可保证其使用安全性及有效性。

2. 范围

二级生物安全柜主要用于临床、诊断、教学和对群体中出现的与人类严重疾病有关的广内源性中度风险生物因子进行操作的实验。

3. 定义

生物安全柜能够保护使用者、环境和研究样品免受有害物质污染以及交叉污染。是实验室及临床研究中必不可少的仪器。A2 型生物安全柜如图 3 - 74 所示。

4. 职责

操作使用人员培训合格后，严格按照本流程进行生物安全柜上机操作。

5. 操作内容

5.1 开机使用。

5.1.1 按住"ON"键，直到听到风机启动声音，9 ~12 号灯亮（注意：不是全部灯亮，一般情况只有 9 号和 11 号灯亮。）

图 3 - 74　1300 系列 Ⅱ 级 A2 型
生物安全柜

5.1.2 把前窗玻璃推到工作位置，当前窗玻璃到达正确的位置时，12 号灯会亮起（玻璃旁的导轨有标记指示正确的位置）。

5.1.3 此时只需要等待 10 号灯（层流风速指示灯）亮起，表明箱体内的层流已达到稳定。

5.1.4 机器已经准备就绪，可以正常使用。

5.1.5 工作结束后，请将前窗玻璃拉回关闭时的位置，按住"ON"键，直到指示灯熄灭。

5.2 向样品室内放入样品。

5.2.1 使前窗处于最大打开位置。通风机自动到达最大速度。

5.2.2 在样品室工作区域装载所需工作材料。避免堵塞前面的进气格栅。

5.2.3 使前窗处于工作位置（绿色状态指示灯，"前窗处于工作位置"亮起），等待气流稳定（绿色状态指示灯，"气流稳定"亮起）。警告：只有在设备空气系统正常运行时，才能保证个人和产品的安全。前窗处于工作位置时，若警报系统发出故障信息久于几分钟，停止所有可能危害操作者安全的应用程序。

5.2.4 将样品放入工作托盘。

5.2.5 在工作间隙或在不需要进行手动操作的长时间实验阶段，关闭窗口，将设备转换到待机模式。

5.3 操作建议。

5.3.1 开始操作前，观察面板气流状态显示，保证仪器处于正常工作条件。取下所有饰品，使用所要求的个人防护品（手套、护目镜、防护服），并定期对样品室表面进行清洁和消毒。

5.3.2 操作过程中：

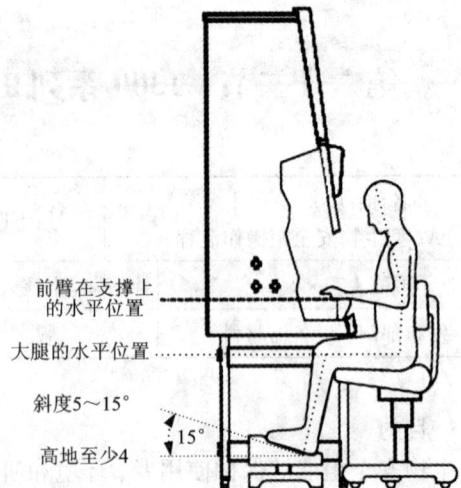

前臂在支撑上的水平位置
大腿的水平位置
斜度5～15°
高地至少4

图 3 -75　操作演示

➤ 将样品放在工作托盘的指定工作区域。

➤ 不要把无关物品放入样品室。

➤ 操作过程中只可使用经过清洁和消毒的附件。

➤ 不要在样品室内或打开的工作窗前做手、胳膊或身体的快速移动，以免引起气流扰动。

➤ 不要在样品室内放置会引起气流扰动或辐射过多热量的附件。

➤ 不要在工作托盘的通风槽处阻碍空气循环。

➤ 在安全柜处进行长时间工作时，应使用可调整靠背和高度的工作椅。

➤ 前臂靠在扶手上，恰好接近水平位置。

➤ 大腿水平放置时，小腿和大腿之间的角度不应超过 90°，要弥补地板和座椅之间高度差，应使用脚垫。脚垫的最小有效尺寸为 45 cm × 35 cm。斜面的角度可在 5～15°之间进行调节。应将到地板的高度调整到不低于 11 cm。

5.3.3 完成操作后。

➤ 将样品从样品室内取出，适当保存。

➤ 对样品室表面进行清洁和消毒，包括工作托盘和底板。

➤ 对所有附件进行清洁和消毒。

5.4 擦/喷消毒

擦/喷消毒有三个步骤：预消毒、清洁、最终消毒。

注意：只能使用无氯消毒剂！

含醇量超过 70% 的消毒剂可能使塑料组件在长时间暴露接触后变脆。只可使用低含醇量的消毒剂。若使用超过 70% 含醇量的消毒剂，用量必须限制在 200g 以内(7oz)，且不超过 2 小时。也可使用基于季铵盐化合物的消毒剂。

5.4.1 预消毒：

a. 从样品室中取出所有样品并将其适当保存。

b. 从安全柜中取出附件并使用附件生产商推荐的消毒程序进行消毒。

c. 工作托盘和不锈钢组件可从样品室中取出，分别进行消毒。

d. 对于预消毒，在所有样品室表面进行喷洒消毒，或使用消毒剂擦拭表面。

e. 不要从插槽中取下紫外灯。用湿布彻底擦拭即可，不要湿透。

f. 使窗口处于工作位置。

g. 按照消毒剂生产商的推荐让消毒剂作用一定时间，然后让安全柜在工作模式下运行至少 15 到 20 分钟，以使释放气体被过滤器吸收。

5.4.2 清洁：

a. 用温水混合商用中性洗涤剂彻底清除污渍和沉积物。

b. 用干净的布和大量清水擦净表面

c. 将底板上的清洁液去掉，用软布擦干样品室表面。

5.4.3 最终消毒：

a. 再次对样品室表面进行喷洒消毒或用消毒剂擦拭表面。

b. 按照消毒剂生产商的推荐，让消毒剂作用一定时间。

5.5 中断程序。

要中断一个工作程序：

5.5.1. 从样品室中取出所有样品，适当保存。

5.5.2. 从样品室中取出所有附件并对它们进行清洁和消毒。

5.5.3. 对样品室表面进行清洁和消毒，包括工作托盘和底板。

5.5.4. 首先关闭窗口，将安全柜切换到待机模式。然后按住 ON(启动)键直到指示灯熄灭(显示器右侧指示部分显示一个圆点，说明仍处于通电状态)。

注意：出于安全考虑，只有在前窗关闭后才能关闭通风机。

5.6 关闭仪器。

若安全柜不再使用或需要长期存放，必须进行彻底净化。集流腔室，包括滤光器，必须使用合适且被认可的程序进行净化。

5.6.1. 设备净化后，完全关闭窗口。

5.6.2. 断开设备电源。

6. 相关文件

无。

7. 使用表单

无。

8. 流程图

显示面板信息，如图 3 –76 所示。

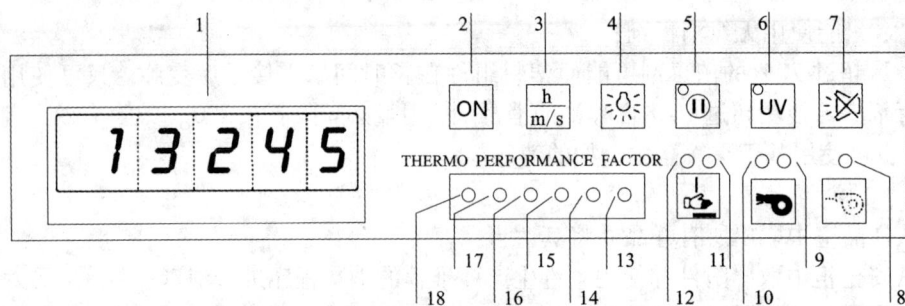

图 3 –76　生手安全柜控制面板

1. 显示屏(显示信息包括：

　　——机器运行时间

　　——层流风速和排风风速

　　——消毒程序剩余时间)；

2. 机器开关键；

3. 状态数据键(切换显示风速和运行时间)；

4. 日光灯开关键；

5. 电源插座开关键；

6. 紫外线消毒键(前窗处于关闭状态下长按 5 秒开启)；

7. 静音键；

8. 节能灯(风机半速运行)；

9. 层流风速指示灯(红色——层流风速未稳定)；

10. 层流风速指示灯(绿色——层流风速已稳定)；

11. 前窗指示灯(红色——前窗未到正确位置)；

12. 前窗指示灯(绿色——前窗已到正确位置);

13 ~ 18. 性能指示灯。

9. 修订记录

无。

第六十三节　Thermo 全波长酶标仪 Multiskan GO 维护操作流程

名称：Thermo 全波长酶标仪 Multiskan GO 维护操作规程		编号：ST – OPE – 0063	类别：操作流程	总页数：5
拟稿人：×× ×	审核人：×× ×		批准人：×× ×	
发布部门：设备器材科	版本号：V1.0		生效日期：×× × × – × × – × ×	

1. 目的

建立一个全波长酶标仪的使用、维护保养标准操作程序，使操作过程标准化。

2. 范围

酶标仪可广泛应用于低紫外区的 DNA、RNA 定量及纯度分析（A260/A280）和蛋白定量（A280/BCA/Braford/Lowry），酶活、酶动力学检测，酶联免疫测定（ELISAs），细胞增殖与毒性分析，细胞凋亡检测（MTT），报告基因检测及 G 蛋白偶联受体分析（GPCR）等。

图 3 – 77　Thermo 全波长酶标仪 Multiskan GO

3. 定义

酶标仪实际上就是一台变相光电比色计或分光光度计，其基本工作原理与主要结构和光电比色计基本相同。图 3 – 77 为 Thermo 全波长酶标仪 Multiskan GO 如右所示。它是一种单通道自动进样的酶标仪工作原理图. 光源灯发出的光波经过滤光片或单色器变成一束单色光，进入塑料微孔集中的待测标本。该单色光一部分被标本吸收，另一部分则透过标本照射到光电检测器上，光电检测器将这一待测标本强弱不同的光信号转换成相应的电信号。电信号经前置放大，对数放大，模数转换等信号处理后送入微处理器进行数据处理和计算，最后由显示器或打印机显示结果。

4. 职责

操作使用人员培训合格后，严格按照本流程进行操作。

5. 操作内容

5.1 开启仪器。

在开启仪器之前，请确认所有线缆均已按照安装说明正确连接然后按"START/ON"键即可开启仪器。仪器将开始执行自检，并在通过自检后显示"自检已通过"。此时，仪器即可使用。

5.2 测量板。

5.2.1 装入微孔板。如果板架在仪器中,请先按"IN/OUT"键,将板架退出。插入微孔板时,应始终确保微孔板的 A1 角位于板架的左上角。

5.2.2 设定测量程序。首先按上下键选中"板型",选择正确的微孔板(96 或 384 孔板),按"OK"键确认。再按向下键选择"区域",选择微孔板的样品区域,默认为整板,确定后选择"孵育"功能,若样品需要加热则设定加热温度和时间,此功能中的子功能还有振荡功能,可根据实验要求进行振荡模式的设定。最后选择"测量"功能,进入后可设定测量所需波长,分为"单波长""多波长""光谱"三个子功能,根据实验要求输入相应的波长后确定。一切设定就绪后按"START"键进行样品测量,测量完后仪器自动跳到"结果"界面。实验结果可以用 U 盘导出在电脑的 Excel 表中进行计算和分析。

5.3 比色杯测量。

"比色杯"菜单包含五种预定义的测量程序:"单波长扫描""光谱""DNA/RNA""用户公式"和"动力学"。注意测量之前必须先用空白对照进行"调零"。

5.3.1"单波长"用于单个波长测定的实验,如菌液浓度测定等。

5.3.2"光谱扫描"用于最佳吸收光波长的摸索。扫描范围为 200 ~ 1000nm。

5.3.3"DNA/RNA"用于核酸浓度测定,内置了测量波长和计算公式。

5.3.4"用户公式"功能,客户可根据自己实验的要求设定结果计算分式。

5.3.5"动力学"中客户可定义总测量时间和每隔多长时间测量一次。用于酶动力学研究等实验。

6. 相关文件

无。

7. 使用表单

无。

8. 流程图

操作面板内容,如图 3 - 78 所示。

LEFT、RIGHT、UP 和 DOWN 箭头键可用于在菜单结构中导航、在窗口内移动以及更改数值。
按住箭头键可进行重复选择。

OK 键可用于选择和编辑突出显示的项。

字母数字键可用于输入数字数据和文本。
• 多次按某个键可循环选择与该键相关联的字符。
• 按 0 键可在文本字段中输入空格字符。
• 句号(.):小数点。

CLEAR(C)键可用于删除文本和数字。

显示屏和按键

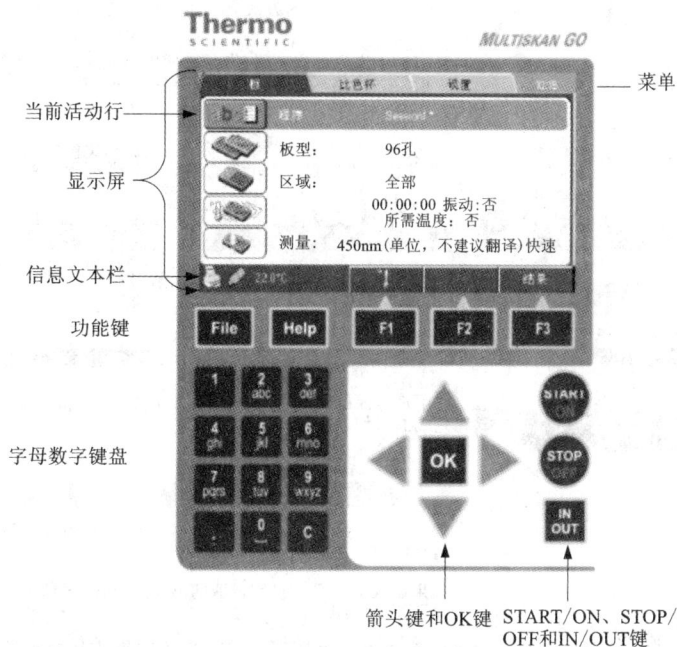

图 3-78 酶标仪的操作面板

F1-F3 键可选择相应键上的信息文本栏中所示的操作。
信息文本栏的内容会根据处于活动状态的菜单不同而有所不同。

File 键可打开"文件"菜单，该菜单饱含数据管理功能。

Help 键提供有关当前视图的信息。

IN/OUT 键可将板架移入或移出仪器。

START/ON 键：
- 开启食品。
- 开始测量微孔板或比色杯。
- 接受菜单中的设置。

STOP/OFF 键：
- 终止测量过程。
- 终止计算机远程控制。
- 取消子菜单中的当前设置。
- 关闭仪器（长按此键）。

菜单结构   用户界面由"板""比色杯"和"设置"菜单组成。这些主菜单以选项卡的方式显示在显示屏的顶端。

当您处于主菜单级别时,您可以使用LEFT和RIGHT箭头键,在"板""比色杯"和"设置"菜单之间切换。

"板""比色杯"菜单用于为微孔板和比色杯测量操作定义测量参数。"设置"菜单包含通用的仪器配置设置。

在用户界面的每个视图中,信息文体栏均显示可通过F1-F3键完成的操作。

信息文本栏还会显示当前的仪器温度,并在孵育器激活时显示目标温度。

如果该仪器连接了打印机或USB存储设备,信息文本栏上还会显示相应的图标。

仪器孵育器   可以从"板"和"比色杯"菜单,使用F1键来控制孵育器的温度。

信息文本栏以摄氏度(℃)为单位来显示当前温度。根据所选的菜单,可以显示板室或比色杯基座的温度。

按F1键可设置仪器孵育器的温度。

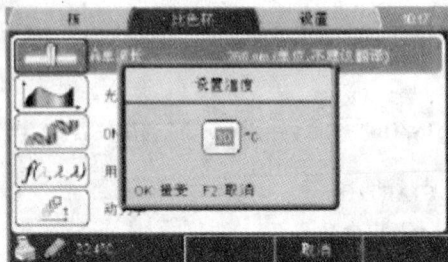

温度设置的范围为10~45℃,分辨率为1℃。当开启了加热功能并且设置了温度后,信息文本栏上就会显示温度(参见下文)。

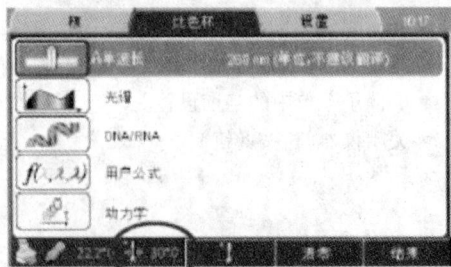

你可以使用F1键开启和关闭仪器孵育器。当您关闭加热功能时,加热图标将闪烁几秒钟。

9. 修订记录

无。

第六十四节 Thermo 全自动核酸提取仪
Kingfisher Duo Prime 维护操作流程

名称：Thermo 全自动核酸提取仪 Kingfisher Duo Prime 操作维护规程	编号：ST - OPE - 0064	类别：操作流程	总页数：2
拟稿人：×××	审核人：×××	批准人：×××	
发布部门：设备器材科	版本号：V1.0	生效日期：××××-××-××	

1. 目的

建立一个自动核酸提取仪的使用、维护保养标准操作程序，使操作过程标准化。

2. 范围

与生物分子相关的分离纯化工作都是十分重要，且必不可少的。但要对多个样品进行纯化还是相当困难的，不仅需要选择合适的纯化技术，而且工作量也特别大，很难满足当前飞速发展对高通量样品进行提取纯化的需求。全自动核酸提取仪能完全满足通量及样品质量的需求。

3. 定义

全自动核酸提取仪广泛应用于血液、细胞、组织和微生物等多种生物样本的核酸提取，是研究分子生物学和精准医学中必不可少的仪器。Thermo 全自动核酸提取仪 Kingfisher Duo Prime 如图 3 - 79 所示。

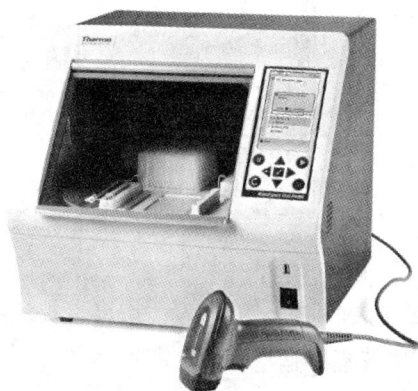

图 3 - 79 **Thermo 全自动核酸提取仪**
Kingfisher Duo Prime

4. 职责

操作使用人员培训合格后，严格按照本流程进行操作。

5. 操作内容

5.1 操作面板内容。

5.2 选择程序。

在控制面板上按键可进入 3 个不同的界面。

每个界面下按"上/下"键选择需要执行的程序，如：在"程序界面"下选择"Demo_Duo"，按 ▶ 键执行程序。

5.3 加板。

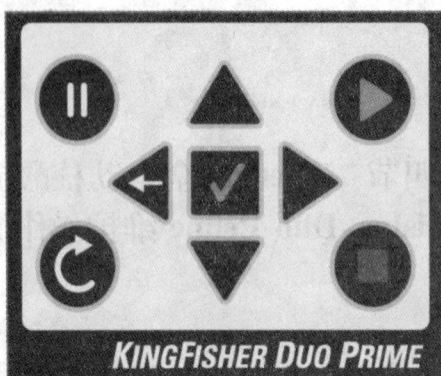

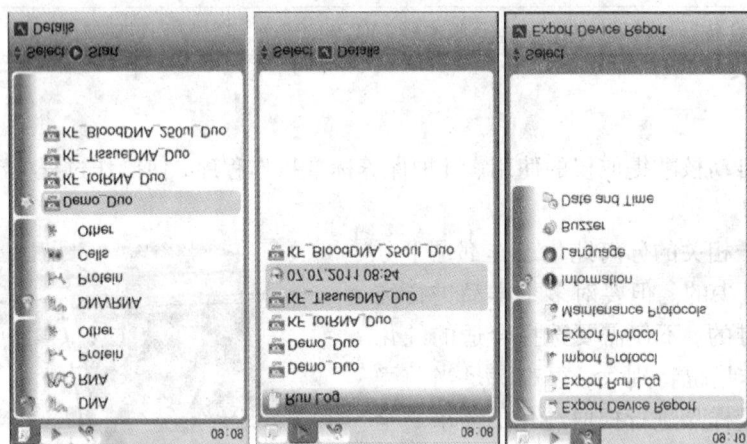

程序界面	运行界面	维护界面

程序执行时，转盘转动，按屏幕提示将加好各种缓冲液的多孔板添加到转盘板位上，按 ▶ 键继续程序运行。

5.4 运行。

所有板加好后，按屏幕提示按 🔘 键运行程序。

6. 相关文件

无。

7. 使用表单

无。

8. 流程图

无。

9. 修订记录

无。

第六十五节　Thermo Locator 6Plus 液氮罐维护操作流程

名称：Thermo Locator 6Plus 液氮罐维护操作规程	编号：ST－OPE－0065	类别：操作流程	总页数：2
拟稿人：×××	审核人：×××	批准人：×××	
发布部门：设备器材科	版本号：V1.0	生效日期：××××－××－××	

1. 目的

建立一个液氮罐的使用、维护保养标准操作程序，使操作过程标准化。

2. 范围

本标准适用于液氮罐的使用、维护和保养与清洁。

3. 定义

液氮罐广泛应用于细胞、组织和某些特殊微生物样本的长期保存，是实验室及临床研究中必不可少的仪器。Thermo Locator 6Plus 液氮罐如图 3－80 所示。

图 3－80　Thermo Locator 6Plus 液氮罐

4. 职责

操作使用人员培训合格后，严格按照本流程进行操作。

5. 操作内容

5.1 容器只能充装液氮。不可装入其他低温介质。特别不能充装液氧，以免与容器自身结构上的可燃性物质发生作用而引起爆炸。

5.2 容器应放在阴凉、干燥处，室内应有良好通风以免空气中氮气过浓而引起窒息。不要靠近热源，也不要在容器上面搁放东西。

5.3 液氮温度为－196℃，操作时应有防护措施。如戴皮、棉手套等，双手勿裸露。严防液氮飞溅，碰到皮肤或眼睛引起冻伤。

5.4 只能使用配套瓶塞，不可用其他不合格品代替。否则，会影响容器性能，甚至因液氮持续蒸发形成压缩气压，导致容器的损坏。

5.5 液氮的充装：容器首次充装液氮以及长期停用后重新充装液氮时，因内胆是常温，充装切勿过快,应先少量注入,使内胆逐渐冷却,液氮沸腾现象减弱后再加快充注速度。否则液氮会沸腾向外飞溅,引起冻伤。液氮不宜充装过满,切勿使液面高到与玻璃钢颈管接触。不要将液氮充在颈管上,应将充注管头插入容器底部后,充装液氮。在使用漏斗加注时,应使漏斗和颈口之间留有间隙,使氮气能自由排出。

5.6 液面高度检查:将液氮量尺插入容器底部中心,10~15 秒钟后取出,其结霜长度即为液面高度。切勿用空心管检查,以防液氮从管内喷出伤人。液面最低不能低于冷藏物体最高面,要保证液氮将冷藏物淹没。当液氮蒸损至冷藏物将要露出液面时,应及时补充液氮。

5.7 冷藏物品取放:取放冷藏物品时,均应细心谨慎操作。首先垂直地轻轻取下盖塞,再垂直地提起提筒,轻轻移到容器中间,最好在容器颈管内取放物品,如必须将提筒提出容器再取放物品时,待高于提筒侧面孔口的液氮排完后,再将提筒提出外面,切勿匆忙提出,以免液氮从侧孔溢出伤人。取放完毕后,立即将提筒与盖塞轻轻复位。要注意尽量缩短瓶口开放时间,更不可把提筒同时全部取出,以免容器吸入空气中的水分,增大液氮的蒸损和影响冷冻物品的贮存效果。颈管上附着的冷块,不要用硬物剥落,以免损坏颈管。提筒通过颈管时,注意不要撞击颈管,以免造成容器损坏。要严防腐蚀性药物和其他异物掉入容器内,以免损坏容器和污染容器。

5.8 如发现蒸损量突然异常增多,或外壳上部的金属表面突然结霜,说明容器已损坏,应立即停止使用。

6. 相关文件

无。

7. 使用表单

无。

8. 流程图

无。

9. 修订记录

无。

第四章

医用耗材规范化管理

第一节 医用耗材遴选及准入

名称：医用耗材遴选及准入操作流程		编号：MAT－MA－0001	类别：管理制度	总页数：2
拟稿人：×××		审核人：×××	批准人：×××	
发布部门：设备器材科	版本号：V1.0		生效日期：××××－××－××	

1. 目的

为规范医院医用耗材的遴选及准入流程环节，特制定此操作流程。

2. 范围

适用于医疗、教学、科研、预防保健所需的医用耗材的遴选及准入流程环节管理。

3. 定义

本制度所称医用耗材是指按国家市场监督管理总局、国家或省级食品药品监管部门或卫生计生部门发证，归属医用耗材管理的医疗器械、消毒产品或药品。

4. 职责

医院内部医用耗材管理部门对医用耗材的遴选以及准入进行全面管理。

5. 作业内容

5.1. 机构与职责。

5.1.1 医院应设立医用耗材管理相关委员会，承担本单位医用耗材的管理责任；医院内部应常设医用耗材管理部门对医用耗材进行全面管理，并承担委员会的日常工作。

5.1.2 医用耗材管理委员会原则上应由相关业务分管院领导、医用耗材管理、审计、财务、医保、医务、信息、院感、护理等相关部门负责人和医技、临床(科室)专家等专业人员组成，委员会主任由分管院领导担任。委员会的具体人数应与本单位规模等级相适应。

5.1.3 委员会的职责应包括制定本单位医用耗材管理制度并监督落实，审定医用耗材采购目录，指导并监督医用耗材管理部门的日常工作，处理耗材管理过程中的重大问题等。委员会应定期召开会议，特殊情况可临时召集，坚持"科学论证、民主决策"。

5.1.4 医用耗材管理部门原则上应设立采购、质量、仓管、档案、会计等管理岗位，配备的人员应经过相应的业务和法律法规培训才能上岗。参与医用耗材管理的采购、仓管、会计等不相容岗位要确保岗位分离；敏感岗位应建立轮换机制，原则上以3~5年为轮换周期。

5.1.5 业务科室设立专职或兼职人员管理本科室使用的医用耗材，负责制定采购计划、提出采购需求、使用管理和统计汇总等工作。

5.2 医用耗材产品目录遴选。

5.2.1 按照安全、有效和适宜的原则建立医用耗材品种目录及数据库。根据医院实际使用情况确定医用耗材品种目录库，完善管理及实行动态维护。

5.2.2 定期组织院内专家对品种目录库内产品进行集中遴选。遴选工作应按照循证医学、卫生经济学的原理进行技术评估，并根据各类品种的质量技术和价格信息(包括品牌、质量、价格、效果、不良反应及经济学等因素)综合评价后进行选择,在质量保证的前提下,优先选择性价比高的品种。

5.2.3 品种目录遴选应采用实名制投票,投票结果应存档备查。

5.3 医用耗材产品准入。

5.3.1 管理部门应严格的执行新增医用耗材准入审核,确保进入临床使用的医用耗材合法、安全、经济、有效,确保采购的医用耗材符合临床需求与医院实际。

5.3.2 医院应建立医用耗材供应方资质审核及评价制度,由医用耗材采购管理部门索取并严格查验供应方资质(包括《医疗器械生产企业许可证》或《医疗器械注册证》及其附件《医疗器械注册登记表》、备案凭证、产品质量检验报告、进口产品授权书等)以及销售人员身份证明文件等。

5.3.3 医疗设备立项采购时,由医用耗材管理部门事先对配套使用的医用耗材、专机专用耗材在设备全生命周期内可能发生的成本等因素进行综合评估,重点评估专机专用耗材的对应收费项目的成本率,供评审参考。

5.3.4 医用耗材试用应当纳入医用耗材准入管理范畴,并相应建立试用细则规定,充分考虑试用的合理性、合法性、安全性。

5.3.5 建立医用耗材应急备用预案,确定科学合理的应急医用耗材目录及相关管理制度。

5.3.6 加强捐赠医用耗材的管理,建立相关管理规定。

6. 相关文件

《医疗器械临床使用安全管理规范(试行)》;

《医疗器械监督管理条例》(国务院令第650号);

《医疗器械使用质量监督管理办法》(国家食药监总局令第18号);

《××省医疗机构医用耗材交易的办法(试行)》;

《××省医疗机构医用耗材采购内部管理工作指引》。

7. 使用表单

7.1 医用耗材审批汇总表:

年第 季度

申请科室	耗材名称	审批结果	备注

7.2 医用耗材准入审批表

申请科室		耗材名称		用　途		在用单位	
推荐品牌 1		市场价格		收费标准		医　保	是□
推荐品牌 2		市场价格					否□
推荐品牌 3		市场价格					

申请理由简述：

申请人_____　　　年　月　日　　　　　负责人_____　　　年　月　日

以上各项请使用科室据实填写

医保办公室审核	经审核，该产品 在□/不在□ 医保报销范围内。医保编号_____ 　　　　　　　　审核人_____ 　　　　　　　　　　年　月　日	财务科审核	经审核该项目收费标准为_____，耗材 可单独□/不可单独□ 计费。 　　　　　　审核人_____ 　　　　　　　　年　月　日
设备科审核	营业执照□　　税务登记证□　　医疗器械经营企业许可证□　　组织机构代码证□ 产品注册证□　　产品注册登记表□ 　　　　　　　　　　　　　　　审核人_____ 　　　　　　　　　　　　　　　　　　年　月　日		
论证会讨论意见	论证人员_____ 　　　　　　　　　　　年　月　日		
分管院长审批意见	同意引进□　　不同意引进□ 　　　　　　　　　　分管领导_____ 　　　　　　　　　　　　年　月　日		

注：申请科室提交此申请时，请提供产品资料证件

8. 流程图
无。

9. 修订记录
无。

第二节　医用耗材采购标准

名称：医用耗材采购标准操作流程	编号：MAT – MA – 0002	类别：管理制度	总页数：1
拟稿人：×××	审核人：×××	批准人：×××	
发布部门：设备器材科	版本号：V1.0	生效日期：×××× – ×× – ××	

1. 目的

为规范医院医用耗材的采购，保障医疗物资采购有效、有序高效运行，特制定此采购操作流程。

2. 范围

适用于医疗、教学、科研、预防保健所需的医用耗材的采购流程环节管理。

3. 定义

本制度所称医用耗材是指按国家市场监督管理总局、国家或省级食品药品监管部门、卫生计生部门发证，归属医用耗材管理的医疗器械、消毒产品或药品。

4. 职责

医院内部医用耗材管理部门对医用耗材进行询价采购、采购价格调整、采购数据统计分析等。

5. 作业内容

5.1 医用耗材由医用耗材管理部门统一采购，其他科室、部门或个人不得自行采购医用耗材。使用科研经费购买医用耗材的，按科研经费管理相关规定执行。

5.2 严格按照所属行政区域卫生计生行政主管部门的要求开展采购工作；已纳入省级或市级医用耗材集中采购范围的，严格按照集中采购相关规定执行；已推行网上采购的，严格按照相关要求采取网上采购的方式开展采购工作。

5.3 由临床科室提出采购计划，并报医用耗材管理部门审核后，统一实行采购。

5.4 若所采购的医用耗材在医院遴选的品种目录内但未纳入所属行政区域省级或市级集中采购范围的，或在集中采购范围内但未有品种中标（成交）的，应按照相关规定，采取招标采购、询价采购、备案采购等特殊方式进行采购。

5.5 应与医用耗材供应商/配送商签订书面形式的采购协议，协议的内容、格式等按医院相关管理规定设定。

5.6 医用耗材遴选程序、遴选结果及采购结果应通过本单位网址及公示栏公开，接受社会和公众监督。

6. 相关文件

《医疗器械临床使用安全管理规范（试行）》；

《医疗器械监督管理条例》（国务院令第650号）；

《医疗器械使用质量监督管理办法》（国家食药监总局令第18号）；

《××省医疗机构医用耗材采购内部管理工作指引》。

7. 使用表单

无。

8. 流程图

无。

9. 修订记录

无。

第三节 医用耗材验收标准

名称：医用耗材验收标准操作流程	编号：MAT－MA－0003	类别：管理制度	总页数：2
拟稿人：×××	审核人：×××		批准人：×××
发布部门：设备器材科	版本号：V1.0		生效日期：××××－××－××

1. 目的

为规范医院医用耗材的验收，保障医疗物资验收管理环节有效、有序高效运行，特制定此操作流程。

2. 范围

适用于医疗、教学、科研、预防保健所需的医用耗材的验收环节管理。

3. 定义

本制度所称医用耗材是指按国家市场监督管理总局、国家或省级食品药品监管部门、卫生计生部门发证，归属医用耗材管理的医疗器械、消毒产品或药品。

4. 职责

医院内部医用耗材管理部门对医用耗材进行验收环节的全面管理。

5. 作业内容

5.1 指定专岗专人进行验收，或者委托具备相应资质的第三方机构组织实施验收工作。验收人员须熟练掌握医用耗材验收标准，在规定的验收区内按验收程序进行操作。

5.2 医用耗材须经验收合格后方可入库。无质量合格证明、过期、失效或者淘汰的医用耗材不得入库，不得私自验收未经准入审核的医用耗材。

5.3 按照要求，对需要溯源管理的医用耗材进行唯一性标识，纳入信息化管理系统，进行使用登记管理，并妥善保存高风险医用耗材购入时的包装标识、标签、说明书、合格证明等原始资料，确保信息具有可追溯性。

5.4 医用耗材进货查验记录应当保存至医用耗材规定使用期限届满后2年或者使用终止后2年。植入性医用耗材进货查验记录应当永久保存。购入第三类医用耗材的原始资料应当妥善保存，确保信息具有可追溯性。

5.5 医用耗材出库时，应当对出库的医用耗材进行核对，保证发放准确，并遵循有效期先进先出的原则。

5.6 如引进第三方进行院内的医用耗材配送，应对配送方在医院内处置、配送医用耗材进行全流程监管，保证医用耗材质量安全。

5.7 严格按冷链储运要求验收冷链管理产品并加强全过程的监管。储运方式及储运温度应当符合说明书和标签标示的要求。

5.8 医用耗材库房保持相对独立，库房面积与库存量相适宜，并具备相应的储存条件和设施，防火、防潮、防虫等；温度、湿度控制应当符合医用耗材说明书和标签标示的要求，并配置必要的温、湿度计进行记录；实行分区或分类管理；效期管理产品应当按有效期顺序码放；对库房的基础设施及相关设备进行定期检查和维护，并定期检查记录。

6. 相关文件

《医疗器械临床使用安全管理规范(试行)》；

《医疗器械监督管理条例》(国务院令第650号)；

《医疗器械使用质量监督管理办法》(国家食药监总局令第18号)；

《××省医疗机构医用耗材交易的办法(试行)》；

《××省医疗机构医用耗材采购内部管理工作指引》。

7. 使用表单

医疗器械验收记录

序号	产品名称	生产厂商	供货单位	型号规格	产品数量	生产日期	生产批号	灭菌批号	有效期至	注册证号	验收日期	验收结论	验收人签字

8. 流程图

无。

9. 修订记录

无。

第四节 医用耗材使用标准

名称：医用耗材使用标准操作流程	编号：MAT-MA-0004	类别：管理制度	总页数：1
拟稿人：×××	审核人：×××	批准人：×××	
发布部门：设备器材科	版本号：V1.0	生效日期：××××-××-××	

1. 目的

为规范医院医用耗材的使用，特制定此操作流程。

2. 范围

适用于医疗、教学、科研、预防保健所需的医用耗材的使用环节管理。

3. 定义

本制度所称医用耗材是指按国家市场监督管理总局、国家或省级食品药品监管部门、卫生计生部门发证，归属医用耗材管理的医疗器械、消毒产品或药品。

4. 职责

医院内部医用耗材管理部门对医用耗材的使用进行全面管理。

5. 作业内容

5.1 选用医用耗材时应当遵循安全、有效、经济的原则，按照疾病诊疗常规和产品使用说明书，采用与患者疾病相适应的医用耗材进行诊疗活动。患者在使用前应当知情同意，高值医用耗材应当签署知情同意书。

5.2 应当建立统一的医用耗材申领管理平台和制度，指定专人负责医用耗材的申购、领用和日常管理，科学计划领用。

5.3 建立医用耗材临床使用人员和管理人员的培训和考核制度，组织开展产品的使用培训及定期考核。

5.4 按照相关国家法规等对使用后的医用耗材进行处置，并建立医疗废弃物意外事故发生的应急预案。

6. 相关文件

《医疗器械临床使用安全管理规范(试行)》；

《医疗器械监督管理条例》(国务院令第650号)；

《医疗器械使用质量监督管理办法》(国家药监总局令第18号)；

《××省医疗机构医用耗材交易的办法(试行)》；

《××省医疗机构医用耗材采购内部管理工作指引》。

7. 使用表单

无。

8. 流程图

无。

9. 修订记录

无。

第五节 医用耗材评价标准

名称：医用耗材评价标准操作流程		编号：MAT - MA - 0005	类别：管理制度	总页数：1
拟稿人：×××	审核人：×××		批准人：×××	
发布部门：设备器材科	版本号：V1.0		生效日期：××××-××-××	

1. 目的

为规范医院医用耗材的评价，特制定此操作流程。

2. 范围

适用于医疗、教学、科研、预防保健所需的医用耗材的评价环节。

3. 定义

本制度所称医用耗材是指按国家市场监督管理总局、国家或省级食品药品监管部门、卫生计生部门发证，归属医用耗材管理的医疗器械、消毒产品或药品。

4. 职责

医院内部医用耗材管理部门对医用耗材进行全面的评价。

5. 作业内容

5.1 根据相关法规、技术规范，对医用耗材供应和使用进行评估，发现存在的或潜在的问题，制定并实施干预措施，促进医用耗材合理使用的过程。

5.2 制定医用耗材的评价制度，包括采购前评价、供应商诚信评价、验收评价、使用评价等，建立健全医用耗材评价体系。根据已建立的评价制度，定期对医用耗材进行安全性、有效性、经济性、适宜性等综合评价分析。

5.3 医用耗材管理委员会、耗材管理部门负责组织实施医用耗材评价工作，并对医用耗材相关的评价结果进行分析，提出改进措施。

5.4 定期公布医用耗材评价结果，评价结果应当作为动态管理医用耗材目录及供应商的重要依据之一。

5.5 医疗机构发现医用耗材发生不良事件或者可疑不良事件的，应当按照医疗器械不良事件监测的有关规定报告并处理。

6. 相关文件

《医疗器械临床使用安全管理规范(试行)》；

《医疗器械监督管理条例》(国务院令第650号)；

《医疗器械使用质量监督管理办法》(国家食药监总局令第18号)；

《××省医疗机构医用耗材交易的办法(试行)》；

《××省医疗机构医用耗材采购内部管理工作指引》。

7. 使用表单

8. 流程图

无。

9. 修订记录

无。

第六节 医用耗材监督管理

名称：医用耗材监督管理操作流程	编号：MAT－MA－0006	类别：管理制度	总页数：2
拟稿人：×××	审核人：×××		批准人：×××
发布部门：设备器材科	版本号：V1.0		生效日期：××××－××－××

1. 目的

为规范医院医用耗材的监督管理，特制定此操作流程。

2. 范围

适用于医疗、教学、科研、预防保健所需的医用耗材的监督环节管理。

3. 定义

本制度所称医用耗材是指按国家市场监督管理总局、国家或省级食品药品监管部门、卫生计生部门发证，归属医用耗材管理的医疗器械、消毒产品或药品。

4. 职责

医院内部医用耗材管理部门对医用耗材进行全面监督管理。

5. 作业内容

5.1 应当按照本法规及国家有关规定，对本院医用耗材管理工作进行全流程监管，定期检查相关制度的落实情况，对发现的问题应当及时进行整改，不断完善医用耗材管理。

5.2 在耗材采购管理中，对于工作上有突出表现的相关单位和个人，可给予相应的奖励。

5.2.1 对于诚信履约、质量优异、产能充足，并建立完善产品召回制度的供应商，在新一轮医用耗材目录及品牌遴选时，原则上优先纳入遴选使用范围。

5.2.2 对于认真履行配送合同、及时足量供货的配送商，在新一轮医用耗材配送商遴选时，原则上医疗机构可继续保留使用。

5.2.3 对工作中及时发现和上报不良事件，并采取有效措施，避免重大损失和不良影响的科室和个人，按医院相关规定予以一定的资金奖励或精神表彰，并可考虑作为加分项纳入年度考核指标。

5.3 在医用耗材采购管理过程中存在违规行为的，可视事件的影响程度给予相应处罚。

5.3.1 对于不诚信履约、产品质量不稳定且无完善售后服务的供应商，在新一轮医用耗材目录及品牌遴选时，医疗机构原则上可将其产品剔除出遴选使用范围。

5.3.2 对于不认真履行配送合同、不供货、不及时足量供货的配送商，在新一轮医用耗材配送商遴选时，原则上医疗机构可不将其纳入遴选范围。

5.3.3 对于工作中不认真履行管理职责，牟取不正当经济利益、造成经济损失和不良影响的科室和个人，原则上相关人员不得再参与医用耗材采购管理工作；涉嫌犯罪的依法移送司法机关处理，并将具体情形纳入科室及个人的年度考核。

5.4 不得将医用耗材采购与使用情况作为相关管理部门和临床科室经济分配依据，并应认真落实卫生计生行政主管部门关于耗材采购管理的工作要求，并主动上报我院的耗材采购管理情况，积极配合做好相关检查工作。

6. 相关文件

《医疗器械临床使用安全管理规范(试行)》；

《医疗器械监督管理条例》(国务院令第 650 号)；

《医疗器械使用质量监督管理办法》(国家食药监总局令第 18 号)；

《××省医疗机构医用耗材采购内部管理工作指引》。

7. 使用表单

供应商评估表						
耗材名称			评估日期			
供应商名称		供应商地址			供应商网址	
企业性质		法人代表			主营产品	
公司电话		公司传真				
业务联系人		手机		邮址		
参与评估的部门及人员						
评估方式		电话□ 实地考察□ 供应商□ 问卷评估□ 其他：				
大项	子项	子项权重	评分 (1~10分)	成绩	大项权重	小计×大项权重
产品的综合情况汇总	一、产品性能状况	30%				
	二、供货期	10%				
	三、价格水平	40%				
	四、物流配送水平	5%				
	五、售后服务水平	15%				
	小计	100%				
供应商的合作条件和诚意	一、核心业务					
	二、供应商的客户 ABC 分类政策					
	小计					

续上表

供应商的整体实力	一、资金实力				
	二、生产能力				
	三、研发及技术力量				
	四、产品检验的测试手段和能力				
	五、经营的经验				
	小计				
供应商的保障能力	一、总则				
	二、采购				
	三、设备				
	四、现场管理				
	五、监测与改进				
	六、证书与证据				
	小计				
总分					
评估建议			评估者		日期
管理层意见			院领导		日期
附件目录					

8. 流程图

无。

9. 修订记录

无。

附　录

附录一：医疗器械监督管理条例

中华人民共和国国务院令

第 680 号

现公布《国务院关于修改〈医疗器械监督管理条例〉的决定》，自公布之日起施行。

总理　李克强

2017 年 5 月 4 日

国务院关于修改《医疗器械监督管理条例》的决定

国务院决定对《医疗器械监督管理条例》作如下修改：

一、将第十八条修改为："开展医疗器械临床试验，应当按照医疗器械临床试验质量管理规范的要求，在具备相应条件的临床试验机构进行，并向临床试验提出者所在地省、自治区、直辖市人民政府食品药品监督管理部门备案。接受临床试验备案的食品药品监督管理部门应当将备案情况通报临床试验机构所在地的同级食品药品监督管理部门和卫生计生主管部门。

"医疗器械临床试验机构实行备案管理。医疗器械临床试验机构应当具备的条件及备案管理办法和临床试验质量管理规范，由国务院食品药品监督管理部门会同国务院卫生计生主管部门制定并公布。"

二、将第三十四条第一款、第二款合并，作为第一款："医疗器械使用单位应当有与在用医疗器械品种、数量相适应的贮存场所和条件。医疗器械使用单位应当加强对工作人员的技术培训，按照产品说明书、技术操作规范等要求使用医疗器械。"

增加一款，作为第二款："医疗器械使用单位配置大型医用设备，应当符合国务院卫生计生主管部门制定的大型医用设备配置规划，与其功能定位、临床服务需求相适应，具有相应的技术条件、配套设施和具备相应资质、能力的专业技术人员，并经省级以上人民政府卫生计生主管部门批准，取得大型医用设备配置许可证。"

增加一款，作为第三款："大型医用设备配置管理办法由国务院卫生计生主管部门会同国务院有关部门制定。大型医用设备目录由国务院卫生计生主管部门商国务院有关部门提出，报国务院批准后执行。"

三、将第五十六条第一款、第二款合并，作为第一款："食品药品监督管理部门应当加强对医疗器械生产经营企业和使用单位生产、经营、使用的医疗器械的抽查检验。抽查检验不得收取检验费和其他任何费用，所需费用纳入本级政府预算。省级以上人民政府食品药品监督管理部门应当根据抽查检验结论及时发布医疗器械质量公告。"

增加一款，作为第二款："卫生计生主管部门应当对大型医用设备的使用状况进行监督和评估；发现违规使用以及与大型医用设备相关的过度检查、过度治疗等情形的，应当立即纠正，依法予以处理。"

四、第六十三条增加一款，作为第三款："未经许可擅自配置使用大型医用设备的，由县级以上人民政府卫生计生主管部门责令停止使用，给予警告，没收违法所得；违法所得不足1万元的，并处1万元以上5万元以下罚款；违法所得1万元以上的，并处违法所得5倍以上10倍以下罚款；情节严重的，5年内不受理相关责任人及单位提出的大型医用设备配置许可申请。"

五、将第六十四条第一款修改为："提供虚假资料或者采取其他欺骗手段取得医疗器械注册证、医疗器械生产许可证、医疗器械经营许可证、大型医用设备配置许可证、广告批准文件等许可证件的，由原发证部门撤销已经取得的许可证件，并处5万元以上10万元以下罚款，5年内不受理相关责任人及单位提出的医疗器械许可申请。"

六、第六十六条增加一款，作为第二款："医疗器械经营企业、使用单位履行了本条例规定的进货查验等义务，有充分证据证明其不知道所经营、使用的医疗器械为前款第一项、第三项规定情形的医疗器械，并能如实说明其进货来源的，可以免予处罚，但应当依法没收其经营、使用的不符合法定要求的医疗器械。"

七、第六十八条增加一项，作为第九项"（九）医疗器械使用单位违规使用大型医用设备，不能保障医疗质量安全的"，并将原第九项改为第十项。

八、将第六十九条修改为："违反本条例规定开展医疗器械临床试验的，由县级以上人民政府食品药品监督管理部门责令改正或者立即停止临床试验，可以处5万元以下罚款；造成严重后果的，依法对直接负责的主管人员和其他直接责任人员给予降级、撤职或者开除的处分；该机构5年内不得开展相关专业医疗器械临床试验。

"医疗器械临床试验机构出具虚假报告的，由县级以上人民政府食品药品监督管理部门处5万元以上10万元以下罚款；有违法所得的，没收违法所得；对直接负责的主管人员和其他直接责任人员，依法给予撤职或者开除的处分；该机构10年内不得开展相关专业医疗器械临床试验。"

九、将第七十三条修改为："食品药品监督管理部门、卫生计生主管部门及其工作人员应当严格依照本条例规定的处罚种类和幅度，根据违法行为的性质和具体情节行使行政处罚权，具体办法由国务院食品药品监督管理部门、卫生计生主管部门依据各自职责制定。"

十、第七十六条增加规定："大型医用设备，是指使用技术复杂、资金投入量大、运行成本高、对医疗费用影响大且纳入目录管理的大型医疗器械。"

本决定自公布之日起施行。

《医疗器械监督管理条例》根据本决定作相应修改，重新公布。

医疗器械监督管理条例

（2000年1月4日中华人民共和国国务院令第276号公布 2014年2月12日国务院第39次常务会议修订通过 根据2017年5月4日《国务院关于修改〈医疗器械监督管理条例〉的决定》修订）

第一章 总 则

第一条 为了保证医疗器械的安全、有效，保障人体健康和生命安全，制定本条例。

第二条 在中华人民共和国境内从事医疗器械的研制、生产、经营、使用活动及其监督管理，应当遵守本条例。

第三条 国务院食品药品监督管理部门负责全国医疗器械监督管理工作。国务院有关部门在各自的职责范围内负责与医疗器械有关的监督管理工作。

县级以上地方人民政府食品药品监督管理部门负责本行政区域的医疗器械监督管理工作。县级以上地方人民政府有关部门在各自的职责范围内负责与医疗器械有关的监督管理工作。

国务院食品药品监督管理部门应当配合国务院有关部门，贯彻实施国家医疗器械产业规划和政策。

第四条　国家对医疗器械按照风险程度实行分类管理。

第一类是风险程度低，实行常规管理可以保证其安全、有效的医疗器械。

第二类是具有中度风险，需要严格控制管理以保证其安全、有效的医疗器械。

第三类是具有较高风险，需要采取特别措施严格控制管理以保证其安全、有效的医疗器械。

评价医疗器械风险程度，应当考虑医疗器械的预期目的、结构特征、使用方法等因素。

国务院食品药品监督管理部门负责制定医疗器械的分类规则和分类目录，并根据医疗器械生产、经营、使用情况，及时对医疗器械的风险变化进行分析、评价，对分类目录进行调整。制定、调整分类目录，应当充分听取医疗器械生产经营企业以及使用单位、行业组织的意见，并参考国际医疗器械分类实践。医疗器械分类目录应当向社会公布。

第五条　医疗器械的研制应当遵循安全、有效和节约的原则。国家鼓励医疗器械的研究与创新，发挥市场机制的作用，促进医疗器械新技术的推广和应用，推动医疗器械产业的发展。

第六条　医疗器械产品应当符合医疗器械强制性国家标准；尚无强制性国家标准的，应当符合医疗器械强制性行业标准。

一次性使用的医疗器械目录由国务院食品药品监督管理部门会同国务院卫生计生主管部门制定、调整并公布。重复使用可以保证安全、有效的医疗器械，不列入一次性使用的医疗器械目录。对因设计、生产工艺、消毒灭菌技术等改进后重复使用可以保证安全、有效的医疗器械，应当调整出一次性使用的医疗器械目录。

第七条　医疗器械行业组织应当加强行业自律，推进诚信体系建设，督促企业依法开展生产经营活动，引导企业诚实守信。

第二章　医疗器械产品注册与备案

第八条　第一类医疗器械实行产品备案管理，第二类、第三类医疗器械实行产品注册管理。

第九条　第一类医疗器械产品备案和申请第二类、第三类医疗器械产品注册，应当提交下列资料：

（一）产品风险分析资料；

（二）产品技术要求；

（三）产品检验报告；

（四）临床评价资料；

（五）产品说明书及标签样稿；

（六）与产品研制、生产有关的质量管理体系文件；

（七）证明产品安全、有效所需的其他资料。

医疗器械注册申请人、备案人应当对所提交资料的真实性负责。

第十条　第一类医疗器械产品备案，由备案人向所在地设区的市级人民政府食品药品监督管理部门提交备案资料。其中，产品检验报告可以是备案人的自检报告；临床评价资料不包括临床试验报告，可以是通过文献、同类产品临床使用获得的数据证明该医疗器械安全、有效的资料。

向我国境内出口第一类医疗器械的境外生产企业，由其在我国境内设立的代表机构或者指定我国境内的企业法人作为代理人，向国务院食品药品监督管理部门提交备案资料和备案人所在国（地区）主管部门准许该医疗器械上市销售的证明文件。

备案资料载明的事项发生变化的，应当向原备案部门变更备案。

第十一条　申请第二类医疗器械产品注册，注册申请人应当向所在地省、自治区、直辖市人民政府食品药品监督管理部门提交注册申请资料。申请第三类医疗器械产品注册，注册申请人应当向国务院食品药品监督管理部门提交注册申请资料。

向我国境内出口第二类、第三类医疗器械的境外生产企业，应当由其在我国境内设立的代表机构或者指定我国境内的企业法人作为代理人，向国务院食品药品监督管理部门提交注册申请资料和注册申请人所在国（地区）主管部门准许该医疗器械上市销售的证明文件。

第二类、第三类医疗器械产品注册申请资料中的产品检验报告应当是医疗器械检验机构出具的检验报告；临床评价资料应当包括临床试验报告，但依照本条例第十七条的规定免于进行临床试验的医疗器械除外。

第十二条　受理注册申请的食品药品监督管理部门应当自受理之日起3个工作日内将注册申请资料转交技术审评机构。技术审评机构应当在完成技术审评后向食品药品监督管理部门提交审评意见。

第十三条　受理注册申请的食品药品监督管理部门应当自收到审评意见之日起20个工作日内做出决定。对符合安全、有效要求的，准予注册并发给医疗器械注册证；对不符合要求的，不予注册并书面说明理由。

国务院食品药品监督管理部门在组织对进口医疗器械的技术审评时认为有必要对质量管理体系进行核查的，应当组织质量管理体系检查技术机构开展质量管理体系核查。

第十四条　已注册的第二类、第三类医疗器械产品，其设计、原材料、生产工艺、适用范围、使用方法等发生实质性变化，有可能影响该医疗器械安全、有效的，注册人应当向原注册部门申请办理变更注册手续；发生非实质性变化，不影响该医疗器械安全、有效的，应当将变化情况向原注册部门备案。

第十五条　医疗器械注册证有效期为5年。有效期届满需要延续注册的，应当在有效期届满6个月前向原注册部门提出延续注册的申请。

除有本条第三款规定情形外，接到延续注册申请的食品药品监督管理部门应当在医疗器械注册证有效期届满前做出准予延续的决定。逾期未作决定的，视为准予延续。

有下列情形之一的，不予延续注册：

（一）注册人未在规定期限内提出延续注册申请的；

（二）医疗器械强制性标准已经修订，申请延续注册的医疗器械不能达到新要求的；

（三）对用于治疗罕见疾病以及应对突发公共卫生事件急需的医疗器械，未在规定期限内完成医疗器械注册证载明事项的。

第十六条　对新研制的尚未列入分类目录的医疗器械，申请人可以依照本条例有关第三类医疗器械产品注册的规定直接申请产品注册，也可以依据分类规则判断产品类别并向国务院食品药品监督管理部门申请类别确认后依照本条例的规定申请注册或者进行产品备案。

直接申请第三类医疗器械产品注册的，国务院食品药品监督管理部门应当按照风险程度确定类别，对准予注册的医疗器械及时纳入分类目录。申请类别确认的，国务院食品药品监督管理部门应当自受理申请之日起20个工作日内对该医疗器械的类别进行判定并告知申请人。

第十七条　第一类医疗器械产品备案，不需要进行临床试验。申请第二类、第三类医疗器械产品注册，应当进行临床试验；但是，有下列情形之一的，可以免于进行临床试验：

（一）工作机理明确、设计定型，生产工艺成熟，已上市的同品种医疗器械临床应用多年且无严重不良事件记录，不改变常规用途的；

（二）通过非临床评价能够证明该医疗器械安全、有效的；

（三）通过对同品种医疗器械临床试验或者临床使用获得的数据进行分析评价，能够证明该医疗器械安全、有效的。

免于进行临床试验的医疗器械目录由国务院食品药品监督管理部门制定、调整并公布。

第十八条　开展医疗器械临床试验，应当按照医疗器械临床试验质量管理规范的要求，在具备相应条件的临床试验机构进行，并向临床试验提出者所在地省、自治区、直辖市人民政府食品药品监督管理部门备案。接受临床试验备案的食品药品监督管理部门应当将备案情况通报临床试验机构所在地的同级食品药品监督管理部门和卫生计生主管部门。

医疗器械临床试验机构实行备案管理。医疗器械临床试验机构应当具备的条件及备案管理办法和临床试验质量管理规范，由国务院食品药品监督管理部门会同国务院卫生计生主管部门制定并公布。

第十九条　第三类医疗器械进行临床试验对人体具有较高风险的，应当经国务院食品药品监督管理部门批准。临床试验对人体具有较高风险的第三类医疗器械目录由国务院食品药品监督管理部门制定、调整并公布。

国务院食品药品监督管理部门审批临床试验，应当对拟承担医疗器械临床试验的机构的设备、专业人员等条件，该医疗器械的风险程度，临床试验实施方案，临床受益与风险对比分析报告等进行综合分析。准予开展临床试验的，应当通报临床试验提出者以及临床试验机构所在地省、自治区、直辖市人民政府食品药品监督管理部门和卫生计生主管部门。

第三章　医疗器械生产

第二十条　从事医疗器械生产活动，应当具备下列条件：

（一）有与生产的医疗器械相适应的生产场地、环境条件、生产设备以及专业技术人员；

（二）有对生产的医疗器械进行质量检验的机构或者专职检验人员以及检验设备；

（三）有保证医疗器械质量的管理制度；

（四）有与生产的医疗器械相适应的售后服务能力；

（五）产品研制、生产工艺文件规定的要求。

第二十一条　从事第一类医疗器械生产的，由生产企业向所在地设区的市级人民政府食品药品监督管理部门备案并提交其符合本条例第二十条规定条件的证明资料。

第二十二条　从事第二类、第三类医疗器械生产的，生产企业应当向所在地省、自治区、直辖市人民政府食品药品监督管理部门申请生产许可并提交其符合本条例第二十条规定条件的证明资料以及所生产医疗器械的注册证。

受理生产许可申请的食品药品监督管理部门应当自受理之日起30个工作日内对申请资料进行审核，按照国务院食品药品监督管理部门制定的医疗器械生产质量管理规范的要求进行核查。对符合规定条件的，准予许可并发给医疗器械生产许可证；对不符合规定条件的，不予许可并书面说明理由。

医疗器械生产许可证有效期为5年。有效期届满需要延续的，依照有关行政许可的法律规定办理延续手续。

第二十三条 医疗器械生产质量管理规范应当对医疗器械的设计开发、生产设备条件、原材料采购、生产过程控制、企业的机构设置和人员配备等影响医疗器械安全、有效的事项做出明确规定。

第二十四条 医疗器械生产企业应当按照医疗器械生产质量管理规范的要求，建立健全与所生产医疗器械相适应的质量管理体系并保证其有效运行；严格按照经注册或者备案的产品技术要求组织生产，保证出厂的医疗器械符合强制性标准以及经注册或者备案的产品技术要求。

医疗器械生产企业应当定期对质量管理体系的运行情况进行自查，并向所在地省、自治区、直辖市人民政府食品药品监督管理部门提交自查报告。

第二十五条 医疗器械生产企业的生产条件发生变化，不再符合医疗器械质量管理体系要求的，医疗器械生产企业应当立即采取整改措施；可能影响医疗器械安全、有效的，应当立即停止生产活动，并向所在地县级人民政府食品药品监督管理部门报告。

第二十六条 医疗器械应当使用通用名称。通用名称应当符合国务院食品药品监督管理部门制定的医疗器械命名规则。

第二十七条 医疗器械应当有说明书、标签。说明书、标签的内容应当与经注册或者备案的相关内容一致。

医疗器械的说明书、标签应当标明下列事项：

（一）通用名称、型号、规格；

（二）生产企业的名称和住所、生产地址及联系方式；

（三）产品技术要求的编号；

（四）生产日期和使用期限或者失效日期；

（五）产品性能、主要结构、适用范围；

（六）禁忌证、注意事项以及其他需要警示或者提示的内容；

（七）安装和使用说明或者图示；

（八）维护和保养方法，特殊储存条件、方法；

（九）产品技术要求规定应当标明的其他内容。

第二类、第三类医疗器械还应当标明医疗器械注册证编号和医疗器械注册人的名称、地址及联系方式。

由消费者个人自行使用的医疗器械还应当具有安全使用的特别说明。

第二十八条 委托生产医疗器械，由委托方对所委托生产的医疗器械质量负责。受托方应当是符合本条例规定、具备相应生产条件的医疗器械生产企业。委托方应当加强对受托方生产行为的管理，保证其按照法定要求进行生产。

具有高风险的植入性医疗器械不得委托生产，具体目录由国务院食品药品监督管理部门制定、调整并公布。

第四章　医疗器械经营与使用

第二十九条　从事医疗器械经营活动，应当有与经营规模和经营范围相适应的经营场所和贮存条件，以及与经营的医疗器械相适应的质量管理制度和质量管理机构或者人员。

第三十条　从事第二类医疗器械经营的，由经营企业向所在地设区的市级人民政府食品药品监督管理部门备案并提交其符合本条例第二十九条规定条件的证明资料。

第三十一条　从事第三类医疗器械经营的，经营企业应当向所在地设区的市级人民政府食品药品监督管理部门申请经营许可并提交其符合本条例第二十九条规定条件的证明资料。

受理经营许可申请的食品药品监督管理部门应当自受理之日起 30 个工作日内进行审查，必要时组织核查。对符合规定条件的，准予许可并发给医疗器械经营许可证；对不符合规定条件的，不予许可并书面说明理由。

医疗器械经营许可证有效期为 5 年。有效期届满需要延续的，依照有关行政许可的法律规定办理延续手续。

第三十二条　医疗器械经营企业、使用单位购进医疗器械，应当查验供货者的资质和医疗器械的合格证明文件，建立进货查验记录制度。从事第二类、第三类医疗器械批发业务以及第三类医疗器械零售业务的经营企业，还应当建立销售记录制度。

记录事项包括：

(一)医疗器械的名称、型号、规格、数量；

(二)医疗器械的生产批号、有效期、销售日期；

(三)生产企业的名称；

(四)供货者或者购货者的名称、地址及联系方式；

(五)相关许可证明文件编号等。

进货查验记录和销售记录应当真实，并按照国务院食品药品监督管理部门规定的期限予以保存。国家鼓励采用先进技术手段进行记录。

第三十三条　运输、贮存医疗器械，应当符合医疗器械说明书和标签标示的要求；对温度、湿度等环境条件有特殊要求的，应当采取相应措施，保证医疗器械的安全、有效。

第三十四条　医疗器械使用单位应当有与在用医疗器械品种、数量相适应的贮存场所和条件。医疗器械使用单位应当加强对工作人员的技术培训，按照产品说明书、技术操作规范等要求使用医疗器械。

医疗器械使用单位配置大型医用设备，应当符合国务院卫生计生主管部门制定的大型医用设备配置规划，与其功能定位、临床服务需求相适应，具有相应的技术条件、配套设施和具备相应资质、能力的专业技术人员，并经省级以上人民政府卫生计生主管部门批准，取得大型医用设备配置许可证。

大型医用设备配置管理办法由国务院卫生计生主管部门会同国务院有关部门制定。大型医用设备目录由国务院卫生计生主管部门商国务院有关部门提出，报国务院批准后执行。

第三十五条　医疗器械使用单位对重复使用的医疗器械，应当按照国务院卫生计生主管部门制定的消毒和管理的规定进行处理。

一次性使用的医疗器械不得重复使用，对使用过的应当按照国家有关规定销毁并记录。

第三十六条　医疗器械使用单位对需要定期检查、检验、校准、保养、维护的医疗器械，应当按照产品说明书的要求进行检查、检验、校准、保养、维护并予以记录，及时进行分析、评估，确保医疗器械处于良好状态，保障使用质量；对使用期限长的大型医疗器械，应当逐台建立使用档案，记录其使用、维护、转让、实际使用时间等事项。记录保存期限不得少于医疗器械规定使用期限终止后 5 年。

第三十七条　医疗器械使用单位应当妥善保存购入第三类医疗器械的原始资料，并确保信息具有可追溯性。

使用大型医疗器械以及植入和介入类医疗器械的，应当将医疗器械的名称、关键性技术参数等信息以及与使用质量安全密切相关的必要信息记载到病历等相关记录中。

第三十八条　发现使用的医疗器械存在安全隐患的，医疗器械使用单位应当立即停止使用，并通知生产企业或者其他负责产品质量的机构进行检修；经检修仍不能达到使用安全标准的医疗器械，不得继续使用。

第三十九条　食品药品监督管理部门和卫生计生主管部门依据各自职责，分别对使用环节的医疗器械质量和医疗器械使用行为进行监督管理。

第四十条　医疗器械经营企业、使用单位不得经营、使用未依法注册、无合格证明文件以及过期、失效、淘汰的医疗器械。

第四十一条　医疗器械使用单位之间转让在用医疗器械，转让方应当确保所转让的医疗器械安全、有效，不得转让过期、失效、淘汰以及检验不合格的医疗器械。

第四十二条　进口的医疗器械应当是依照本条例第二章的规定已注册或者已备案的医疗器械。

进口的医疗器械应当有中文说明书、中文标签。说明书、标签应当符合本条例规定以及相关强制性标准的要求，并在说明书中载明医疗器械的原产地以及代理人的名称、地址、联系方式。没有中文说明书、中文标签或者说明书、标签不符合本条规定的，不得进口。

第四十三条　出入境检验检疫机构依法对进口的医疗器械实施检验；检验不合格的，不得进口。

国务院食品药品监督管理部门应当及时向国家出入境检验检疫部门通报进口医疗器械的注册和备案情况。进口口岸所在地出入境检验检疫机构应当及时向所在地设区的市级人民政府食品药品监督管理部门通报进口医疗器械的通关情况。

第四十四条　出口医疗器械的企业应当保证其出口的医疗器械符合进口国（地区）的要求。

第四十五条　医疗器械广告应当真实合法，不得含有虚假、夸大、误导性的内容。

医疗器械广告应当经医疗器械生产企业或者进口医疗器械代理人所在地省、自治区、直辖市人民政府食品药品监督管理部门审查批准，并取得医疗器械广告批准文件。广告发布者发布医疗器械广告，应当事先核查广告的批准文件及其真实性；不得发布未取得批准文件、批准文件的真实性未经核实或者广告内容与批准文件不一致的医疗器械广告。省、自治区、直辖市人民政府食品药品监督管理部门应当公布并及时更新已经批准的医疗器械广告目录以及批准的广告内容。

省级以上人民政府食品药品监督管理部门责令暂停生产、销售、进口和使用的医疗器械，在暂停期间不得发布涉及该医疗器械的广告。

医疗器械广告的审查办法由国务院食品药品监督管理部门会同国务院工商行政管理部门

制定。

第五章　不良事件的处理与医疗器械的召回

第四十六条　国家建立医疗器械不良事件监测制度，对医疗器械不良事件及时进行收集、分析、评价、控制。

第四十七条　医疗器械生产经营企业、使用单位应当对所生产经营或者使用的医疗器械开展不良事件监测；发现医疗器械不良事件或者可疑不良事件，应当按照国务院食品药品监督管理部门的规定，向医疗器械不良事件监测技术机构报告。

任何单位和个人发现医疗器械不良事件或者可疑不良事件，有权向食品药品监督管理部门或者医疗器械不良事件监测技术机构报告。

第四十八条　国务院食品药品监督管理部门应当加强医疗器械不良事件监测信息网络建设。

医疗器械不良事件监测技术机构应当加强医疗器械不良事件信息监测，主动收集不良事件信息；发现不良事件或者接到不良事件报告的，应当及时进行核实、调查、分析，对不良事件进行评估，并向食品药品监督管理部门和卫生计生主管部门提出处理建议。

医疗器械不良事件监测技术机构应当公布联系方式，方便医疗器械生产经营企业、使用单位等报告医疗器械不良事件。

第四十九条　食品药品监督管理部门应当根据医疗器械不良事件评估结果及时采取发布警示信息以及责令暂停生产、销售、进口和使用等控制措施。

省级以上人民政府食品药品监督管理部门应当会同同级卫生计生主管部门和相关部门组织对引起突发、群发的严重伤害或者死亡的医疗器械不良事件及时进行调查和处理，并组织对同类医疗器械加强监测。

第五十条　医疗器械生产经营企业、使用单位应当对医疗器械不良事件监测技术机构、食品药品监督管理部门开展的医疗器械不良事件调查予以配合。

第五十一条　有下列情形之一的，省级以上人民政府食品药品监督管理部门应当对已注册的医疗器械组织开展再评价：

（一）根据科学研究的发展，对医疗器械的安全、有效有认识上的改变的；

（二）医疗器械不良事件监测、评估结果表明医疗器械可能存在缺陷的；

（三）国务院食品药品监督管理部门规定的其他需要进行再评价的情形。

再评价结果表明已注册的医疗器械不能保证安全、有效的，由原发证部门注销医疗器械注册证，并向社会公布。被注销医疗器械注册证的医疗器械不得生产、进口、经营、使用。

第五十二条　医疗器械生产企业发现其生产的医疗器械不符合强制性标准、经注册或者备案的产品技术要求或者存在其他缺陷的，应当立即停止生产，通知相关生产经营企业、使用单位和消费者停止经营和使用，召回已经上市销售的医疗器械，采取补救、销毁等措施，记录相关情况，发布相关信息，并将医疗器械召回和处理情况向食品药品监督管理部门和卫生计生主管部门报告。

医疗器械经营企业发现其经营的医疗器械存在前款规定情形的，应当立即停止经营，通知相关生产经营企业、使用单位、消费者，并记录停止经营和通知情况。医疗器械生产企业认为属于依照前款规定需要召回的医疗器械，应当立即召回。

医疗器械生产经营企业未依照本条规定实施召回或者停止经营的，食品药品监督管理部门可以责令其召回或者停止经营。

第六章 监督检查

第五十三条 食品药品监督管理部门应当对医疗器械的注册、备案、生产、经营、使用活动加强监督检查，并对下列事项进行重点监督检查：

（一）医疗器械生产企业是否按照经注册或者备案的产品技术要求组织生产；

（二）医疗器械生产企业的质量管理体系是否保持有效运行；

（三）医疗器械生产经营企业的生产经营条件是否持续符合法定要求。

第五十四条 食品药品监督管理部门在监督检查中有下列职权：

（一）进入现场实施检查、抽取样品；

（二）查阅、复制、查封、扣押有关合同、票据、账簿以及其他有关资料；

（三）查封、扣押不符合法定要求的医疗器械，违法使用的零配件、原材料以及用于违法生产医疗器械的工具、设备；

（四）查封违反本条例规定从事医疗器械生产经营活动的场所。

食品药品监督管理部门进行监督检查，应当出示执法证件，保守被检查单位的商业秘密。

有关单位和个人应当对食品药品监督管理部门的监督检查予以配合，不得隐瞒有关情况。

第五十五条 对人体造成伤害或者有证据证明可能危害人体健康的医疗器械，食品药品监督管理部门可以采取暂停生产、进口、经营、使用的紧急控制措施。

第五十六条 食品药品监督管理部门应当加强对医疗器械生产经营企业和使用单位生产、经营、使用的医疗器械的抽查检验。抽查检验不得收取检验费和其他任何费用，所需费用纳入本级政府预算。省级以上人民政府食品药品监督管理部门应当根据抽查检验结论及时发布医疗器械质量公告。

卫生计生主管部门应当对大型医用设备的使用状况进行监督和评估；发现违规使用以及与大型医用设备相关的过度检查、过度治疗等情形的，应当立即纠正，依法予以处理。

第五十七条 医疗器械检验机构资质认定工作按照国家有关规定实行统一管理。经国务院认证认可监督管理部门会同国务院食品药品监督管理部门认定的检验机构，方可对医疗器械实施检验。

食品药品监督管理部门在执法工作中需要对医疗器械进行检验的，应当委托有资质的医疗器械检验机构进行，并支付相关费用。

当事人对检验结论有异议的，可以自收到检验结论之日起 7 个工作日内选择有资质的医疗器械检验机构进行复检。承担复检工作的医疗器械检验机构应当在国务院食品药品监督管理部门规定的时间内做出复检结论。复检结论为最终检验结论。

第五十八条 对可能存在有害物质或者擅自改变医疗器械设计、原材料和生产工艺并存在安全隐患的医疗器械，按照医疗器械国家标准、行业标准规定的检验项目和检验方法无法检验的，医疗器械检验机构可以补充检验项目和检验方法进行检验；使用补充检验项目、检验方法得出的检验结论，经国务院食品药品监督管理部门批准，可以作为食品药品监督管理部门认定医疗器械质量的依据。

第五十九条 设区的市级和县级人民政府食品药品监督管理部门应当加强对医疗器械广告的监督检查；发现未经批准、篡改经批准的广告内容的医疗器械广告，应当向所在地省、自治区、直辖市人民政府食品药品监督管理部门报告，由其向社会公告。

工商行政管理部门应当依照有关广告管理的法律、行政法规的规定，对医疗器械广告进行监督检查，查处违法行为。食品药品监督管理部门发现医疗器械广告违法发布行为，应当提出处理建议并按照有关程序移交所在地同级工商行政管理部门。

第六十条　国务院食品药品监督管理部门建立统一的医疗器械监督管理信息平台。食品药品监督管理部门应当通过信息平台依法及时公布医疗器械许可、备案、抽查检验、违法行为查处情况等日常监督管理信息。但是，不得泄露当事人的商业秘密。

食品药品监督管理部门对医疗器械注册人和备案人、生产经营企业、使用单位建立信用档案，对有不良信用记录的增加监督检查频次。

第六十一条　食品药品监督管理等部门应当公布本单位的联系方式，接受咨询、投诉、举报。食品药品监督管理等部门接到与医疗器械监督管理有关的咨询，应当及时答复；接到投诉、举报，应当及时核实、处理、答复。对咨询、投诉、举报情况及其答复、核实、处理情况，应当予以记录、保存。

有关医疗器械研制、生产、经营、使用行为的举报经调查属实的，食品药品监督管理等部门对举报人应当给予奖励。

第六十二条　国务院食品药品监督管理部门制定、调整、修改本条例规定的目录以及与医疗器械监督管理有关的规范，应当公开征求意见；采取听证会、论证会等形式，听取专家、医疗器械生产经营企业和使用单位、消费者以及相关组织等方面的意见。

第七章　法律责任

第六十三条　有下列情形之一的，由县级以上人民政府食品药品监督管理部门没收违法所得、违法生产经营的医疗器械和用于违法生产经营的工具、设备、原材料等物品；违法生产经营的医疗器械货值金额不足1万元的，并处5万元以上10万元以下罚款；货值金额1万元以上的，并处货值金额10倍以上20倍以下罚款；情节严重的，5年内不受理相关责任人及企业提出的医疗器械许可申请：

（一）生产、经营未取得医疗器械注册证的第二类、第三类医疗器械的；

（二）未经许可从事第二类、第三类医疗器械生产活动的；

（三）未经许可从事第三类医疗器械经营活动的。

有前款第一项情形、情节严重的，由原发证部门吊销医疗器械生产许可证或者医疗器械经营许可证。

未经许可擅自配置使用大型医用设备的，由县级以上人民政府卫生计生主管部门责令停止使用，给予警告，没收违法所得；违法所得不足1万元的，并处1万元以上5万元以下罚款；违法所得1万元以上的，并处违法所得5倍以上10倍以下罚款；情节严重的，5年内不受理相关责任人及单位提出的大型医用设备配置许可申请。

第六十四条　提供虚假资料或者采取其他欺骗手段取得医疗器械注册证、医疗器械生产许可证、医疗器械经营许可证、大型医用设备配置许可证、广告批准文件等许可证件的，由原发证部门撤销已经取得的许可证件，并处5万元以上10万元以下罚款，5年内不受理相关责任人及单位提出的医疗器械许可申请。

伪造、变造、买卖、出租、出借相关医疗器械许可证件的，由原发证部门予以收缴或者吊销，没收违法所得；违法所得不足1万元的，处1万元以上3万元以下罚款；违法所得1万元以上的，处违法所得 3 倍以上 5 倍以下罚款；构成违反治安管理行为的，由公安机关依法予以治安管理处罚。

第六十五条 未依照本条例规定备案的，由县级以上人民政府食品药品监督管理部门责令限期改正；逾期不改正的，向社会公告未备案单位和产品名称，可以处 1 万元以下罚款。

备案时提供虚假资料的，由县级以上人民政府食品药品监督管理部门向社会公告备案单位和产品名称；情节严重的，直接责任人员 5 年内不得从事医疗器械生产经营活动。

第六十六条 有下列情形之一的，由县级以上人民政府食品药品监督管理部门责令改正，没收违法生产、经营或者使用的医疗器械；违法生产、经营或者使用的医疗器械货值金额不足 1 万元的，并处 2 万元以上 5 万元以下罚款；货值金额 1 万元以上的，并处货值金额 5 倍以上 10 倍以下罚款；情节严重的，责令停产停业，直至由原发证部门吊销医疗器械注册证、医疗器械生产许可证、医疗器械经营许可证：

（一）生产、经营、使用不符合强制性标准或者不符合经注册或者备案的产品技术要求的医疗器械的；

（二）医疗器械生产企业未按照经注册或者备案的产品技术要求组织生产，或者未依照本条例规定建立质量管理体系并保持有效运行的；

（三）经营、使用无合格证明文件、过期、失效、淘汰的医疗器械，或者使用未依法注册的医疗器械的；

（四）食品药品监督管理部门责令其依照本条例规定实施召回或者停止经营后，仍拒不召回或者停止经营医疗器械的；

（五）委托不具备本条例规定条件的企业生产医疗器械，或者未对受托方的生产行为进行管理的。

医疗器械经营企业、使用单位履行了本条例规定的进货查验等义务，有充分证据证明其不知道所经营、使用的医疗器械为前款第一项、第三项规定情形的医疗器械，并能如实说明其进货来源的，可以免予处罚，但应当依法没收其经营、使用的不符合法定要求的医疗器械。

第六十七条 有下列情形之一的，由县级以上人民政府食品药品监督管理部门责令改正，处 1 万元以上 3 万元以下罚款；情节严重的，责令停产停业，直至由原发证部门吊销医疗器械生产许可证、医疗器械经营许可证：

（一）医疗器械生产企业的生产条件发生变化、不再符合医疗器械质量管理体系要求，未依照本条例规定整改、停止生产、报告的；

（二）生产、经营说明书、标签不符合本条例规定的医疗器械的；

（三）未按照医疗器械说明书和标签标示要求运输、贮存医疗器械的；

（四）转让过期、失效、淘汰或者检验不合格的在用医疗器械的。

第六十八条 有下列情形之一的，由县级以上人民政府食品药品监督管理部门和卫生计生主管部门依据各自职责责令改正，给予警告；拒不改正的，处 5000 元以上 2 万元以下罚款；情节严重的，责令停产停业，直至由原发证部门吊销医疗器械生产许可证、医疗器械经营许可证：

（一）医疗器械生产企业未按照要求提交质量管理体系自查报告的；

（二）医疗器械经营企业、使用单位未依照本条例规定建立并执行医疗器械进货查验记录制度的；

（三）从事第二类、第三类医疗器械批发业务以及第三类医疗器械零售业务的经营企业未依照本条例规定建立并执行销售记录制度的；

（四）对重复使用的医疗器械，医疗器械使用单位未按照消毒和管理的规定进行处理的；

（五）医疗器械使用单位重复使用一次性使用的医疗器械，或者未按照规定销毁使用过的一次性使用的医疗器械的；

（六）对需要定期检查、检验、校准、保养、维护的医疗器械，医疗器械使用单位未按照产品说明书要求检查、检验、校准、保养、维护并予以记录，及时进行分析、评估，确保医疗器械处于良好状态的；

（七）医疗器械使用单位未妥善保存购入第三类医疗器械的原始资料，或者未按照规定将大型医疗器械以及植入和介入类医疗器械的信息记载到病历等相关记录中的；

（八）医疗器械使用单位发现使用的医疗器械存在安全隐患未立即停止使用、通知检修，或者继续使用经检修仍不能达到使用安全标准的医疗器械的；

（九）医疗器械使用单位违规使用大型医用设备，不能保障医疗质量安全的；

（十）医疗器械生产经营企业、使用单位未依照本条例规定开展医疗器械不良事件监测，未按照要求报告不良事件，或者对医疗器械不良事件监测技术机构、食品药品监督管理部门开展的不良事件调查不予配合的。

第六十九条 违反本条例规定开展医疗器械临床试验的，由县级以上人民政府食品药品监督管理部门责令改正或者立即停止临床试验，可以处 5 万元以下罚款；造成严重后果的，依法对直接负责的主管人员和其他直接责任人员给予降级、撤职或者开除的处分；该机构 5 年内不得开展相关专业医疗器械临床试验。

医疗器械临床试验机构出具虚假报告的，由县级以上人民政府食品药品监督管理部门处 5 万元以上 10 万元以下罚款；有违法所得的，没收违法所得；对直接负责的主管人员和其他直接责任人员，依法给予撤职或者开除的处分；该机构 10 年内不得开展相关专业医疗器械临床试验。

第七十条 医疗器械检验机构出具虚假检验报告的，由授予其资质的主管部门撤销检验资质，10 年内不受理其资质认定申请；处 5 万元以上 10 万元以下罚款；有违法所得的，没收违法所得；对直接负责的主管人员和其他直接责任人员，依法给予撤职或者开除的处分；受到开除处分的，自处分决定做出之日起 10 年内不得从事医疗器械检验工作。

第七十一条 违反本条例规定，发布未取得批准文件的医疗器械广告，未事先核实批准文件的真实性即发布医疗器械广告，或者发布广告内容与批准文件不一致的医疗器械广告的，由工商行政管理部门依照有关广告管理的法律、行政法规的规定给予处罚。

篡改经批准的医疗器械广告内容的，由原发证部门撤销该医疗器械的广告批准文件，2 年内不受理其广告审批申请。

发布虚假医疗器械广告的，由省级以上人民政府食品药品监督管理部门决定暂停销售该医疗器械，并向社会公布；仍然销售该医疗器械的，由县级以上人民政府食品药品监督管理部门没收违法销售的医疗器械，并处 2 万元以上 5 万元以下罚款。

第七十二条 医疗器械技术审评机构、医疗器械不良事件监测技术机构未依照本条例规定履行职责，致使审评、监测工做出现重大失误的，由县级以上人民政府食品药品监督管理部门责令改正，通报批评，给予警告；造成严重后果的，对直接负责的主管人员和其他直接责任人员，依法给予降级、撤职或者开除的处分。

第七十三条 食品药品监督管理部门、卫生计生主管部门及其工作人员应当严格依照本条例规定的处罚种类和幅度，根据违法行为的性质和具体情节行使行政处罚权，具体办法由国务院食品药品监督管理部门、卫生计生主管部门依据各自职责制定。

第七十四条 违反本条例规定，县级以上人民政府食品药品监督管理部门或者其他有关部门不履行医疗器械监督管理职责或者滥用职权、玩忽职守、徇私舞弊的，由监察机关或者任免机关对直接负责的主管人员和其他直接责任人员依法给予警告、记过或者记大过的处分；造成严重后果的，给予降级、撤职或者开除的处分。

第七十五条 违反本条例规定，构成犯罪的，依法追究刑事责任；造成人身、财产或者其他损害的，依法承担赔偿责任。

第八章 附 则

第七十六条 本条例下列用语的含义：

医疗器械，是指直接或者间接用于人体的仪器、设备、器具、体外诊断试剂及校准物、材料以及其他类似或者相关的物品，包括所需要的计算机软件。其效用主要通过物理等方式获得，不是通过药理学、免疫学或者代谢的方式获得，或者虽然有这些方式参与但是只起辅助作用。其目的是：

（一）疾病的诊断、预防、监护、治疗或者缓解；

（二）损伤的诊断、监护、治疗、缓解或者功能补偿；

（三）生理结构或者生理过程的检验、替代、调节或者支持；

（四）生命的支持或者维持；

（五）妊娠控制；

（六）通过对来自人体的样本进行检查，为医疗或者诊断目的提供信息。

医疗器械使用单位，是指使用医疗器械为他人提供医疗等技术服务的机构，包括取得医疗机构执业许可证的医疗机构，取得计划生育技术服务机构执业许可证的计划生育技术服务机构，以及依法不需要取得医疗机构执业许可证的血站、单采血浆站、康复辅助器具适配机构等。

大型医用设备，是指使用技术复杂、资金投入量大、运行成本高、对医疗费用影响大且纳入目录管理的大型医疗器械。

第七十七条 医疗器械产品注册可以收取费用。具体收费项目、标准分别由国务院财政、价格主管部门按照国家有关规定制定。

第七十八条 非营利的避孕医疗器械管理办法以及医疗卫生机构为应对突发公共卫生事件而研制的医疗器械的管理办法，由国务院食品药品监督管理部门会同国务院卫生计生主管部门制定。

中医医疗器械的管理办法，由国务院食品药品监督管理部门会同国务院中医药管理部门依据本条例的规定制定；康复辅助器具类医疗器械的范围及其管理办法，由国务院食品药品监督管理部门会同国务院民政部门依据本条例的规定制定。

第七十九条 军队医疗器械使用的监督管理，由军队卫生主管部门依据本条例和军队有关规定组织实施。

第八十条 本条例自 2014 年 6 月 1 日起施行。

附录二：医疗器械使用质量监督管理办法

国家食品药品监督管理总局令

第 18 号

《医疗器械使用质量监督管理办法》已经 2015 年 9 月 29 日国家食品药品监督管理总局局务会议审议通过，现予公布，自 2016 年 2 月 1 日起施行。

局长　毕井泉

2015 年 10 月 21 日

医疗器械使用质量监督管理办法

第一章　总则

第一条　为加强医疗器械使用质量监督管理，保证医疗器械使用安全、有效，根据《医疗器械监督管理条例》，制定本办法。

第二条　使用环节的医疗器械质量管理及其监督管理，应当遵守本办法。

第三条　国家食品药品监督管理总局负责全国医疗器械使用质量监督管理工作。县级以上地方食品药品监督管理部门负责本行政区域的医疗器械使用质量监督管理工作。

上级食品药品监督管理部门负责指导和监督下级食品药品监督管理部门开展医疗器械使用质量监督管理工作。

第四条　医疗器械使用单位应当按照本办法，配备与其规模相适应的医疗器械质量管理机构或者质量管理人员，建立覆盖质量管理全过程的使用质量管理制度，承担本单位使用医疗器械的质量管理责任。

鼓励医疗器械使用单位采用信息化技术手段进行医疗器械质量管理。

第五条　医疗器械生产经营企业销售的医疗器械应当符合强制性标准以及经注册或者备案的产品技术要求。医疗器械生产经营企业应当按照与医疗器械使用单位的合同约定，提供医疗器械售后服务，指导和配合医疗器械使用单位开展质量管理工作。

第六条　医疗器械使用单位发现所使用的医疗器械发生不良事件或者可疑不良事件的，应当按照医疗器械不良事件监测的有关规定报告并处理。

第二章　采购、验收与贮存

第七条　医疗器械使用单位应当对医疗器械采购实行统一管理，由其指定的部门或者人员统一采购医疗器械，其他部门或者人员不得自行采购。

第八条　医疗器械使用单位应当从具有资质的医疗器械生产经营企业购进医疗器械，索取、查验供货者资质、医疗器械注册证或者备案凭证等证明文件。对购进的医疗器械应当验明产品合格证明文件，并按规定进行验收。对有特殊储运要求的医疗器械还应当核实储运条件是否符合产品说明书和标签标示的要求。

第九条　医疗器械使用单位应当真实、完整、准确地记录进货查验情况。进货查验记录应当保存至医疗器械规定使用期限届满后 2 年或者使用终止后 2 年。大型医疗器械进货查验记录应当保存至医疗器械规定使用期限届满后 5 年或者使用终止后 5 年；植入性医疗器械进货查验记录应当永久保存。

医疗器械使用单位应当妥善保存购入第三类医疗器械的原始资料，确保信息具有可追溯性。

第十条　医疗器械使用单位贮存医疗器械的场所、设施及条件应当与医疗器械品种、数量相适应，符合产品说明书、标签标示的要求及使用安全、有效的需要；对温度、湿度等环境条件有特殊要求的，还应当监测和记录贮存区域的温度、湿度等数据。

第十一条　医疗器械使用单位应当按照贮存条件、医疗器械有效期限等要求对贮存的医疗器械进行定期检查并记录。

第十二条　医疗器械使用单位不得购进和使用未依法注册或者备案、无合格证明文件以及过期、失效、淘汰的医疗器械。

第三章　使用、维护与转让

第十三条　医疗器械使用单位应当建立医疗器械使用前质量检查制度。在使用医疗器械前，应当按照产品说明书的有关要求进行检查。

使用无菌医疗器械前，应当检查直接接触医疗器械的包装及其有效期限。包装破损、标示不清、超过有效期限或者可能影响使用安全、有效的，不得使用。

第十四条　医疗器械使用单位对植入和介入类医疗器械应当建立使用记录，植入性医疗器械使用记录永久保存，相关资料应当纳入信息化管理系统，确保信息可追溯。

第十五条　医疗器械使用单位应当建立医疗器械维护维修管理制度。对需要定期检查、检验、校准、保养、维护的医疗器械，应当按照产品说明书的要求进行检查、检验、校准、保养、维护并记录，及时进行分析、评估，确保医疗器械处于良好状态。

对使用期限长的大型医疗器械，应当逐台建立使用档案，记录其使用、维护等情况。记录保存期限不得少于医疗器械规定使用期限届满后 5 年或者使用终止后 5 年。

第十六条　医疗器械使用单位应当按照产品说明书等要求使用医疗器械。一次性使用的医疗器械不得重复使用，对使用过的应当按照国家有关规定销毁并记录。

第十七条　医疗器械使用单位可以按照合同的约定要求医疗器械生产经营企业提供医疗器械维护维修服务，也可以委托有条件和能力的维修服务机构进行医疗器械维护维修，或者自行对在用医疗器械进行维护维修。

医疗器械使用单位委托维修服务机构或者自行对在用医疗器械进行维护维修的，医疗器械生产经营企业应当按照合同的约定提供维护手册、维修手册、软件备份、故障代码表、备件清单、零部件、维修密码等维护维修必需的材料和信息。

第十八条　由医疗器械生产经营企业或者维修服务机构对医疗器械进行维护维修的，应当在合同中约定明确的质量要求、维修要求等相关事项，医疗器械使用单位应当在每次维护维修后索取并保存相关记录；医疗器械使用单位自行对医疗器械进行维护维修的，应当加强对从事医疗器械维护维修的技术人员的培训考核，并建立培训档案。

第十九条　医疗器械使用单位发现使用的医疗器械存在安全隐患的，应当立即停止使用，通知检修；经检修仍不能达到使用安全标准的，不得继续使用，并按照有关规定处置。

第二十条　医疗器械使用单位之间转让在用医疗器械，转让方应当确保所转让的医疗器械安全、有效，并提供产品合法证明文件。

转让双方应当签订协议，移交产品说明书、使用和维修记录档案复印件等资料，并经有资质的检验机构检验合格后方可转让。受让方应当参照本办法第八条关于进货查验的规定进行查验，符合要求后方可使用。

不得转让未依法注册或者备案、无合格证明文件或者检验不合格，以及过期、失效、淘汰的医疗器械。

第二十一条　医疗器械使用单位接受医疗器械生产经营企业或者其他机构、个人捐赠医疗器械的，捐赠方应当提供医疗器械的相关合法证明文件，受赠方应当参照本办法第八条关于进货查验的规定进行查验，符合要求后方可使用。

不得捐赠未依法注册或者备案、无合格证明文件或者检验不合格，以及过期、失效、淘汰的医疗器械。

医疗器械使用单位之间捐赠在用医疗器械的，参照本办法第二十条关于转让在用医疗器械的规定办理。

第四章　监督管理

第二十二条　食品药品监督管理部门按照风险管理原则，对使用环节的医疗器械质量实施监督管理。

设区的市级食品药品监督管理部门应当编制并实施本行政区域的医疗器械使用单位年度监督检查计划，确定监督检查的重点、频次和覆盖率。对存在较高风险的医疗器械、有特殊储运要求的医疗器械以及有不良信用记录的医疗器械使用单位等，应当实施重点监管。

年度监督检查计划及其执行情况应当报告省、自治区、直辖市食品药品监督管理部门。

第二十三条　食品药品监督管理部门对医疗器械使用单位建立、执行医疗器械使用质量管理制度的情况进行监督检查，应当记录监督检查结果，并纳入监督管理档案。

食品药品监督管理部门对医疗器械使用单位进行监督检查时，可以对相关的医疗器械生产经营企业、维修服务机构等进行延伸检查。

医疗器械使用单位、生产经营企业和维修服务机构等应当配合食品药品监督管理部门的监督检查，如实提供有关情况和资料，不得拒绝和隐瞒。

第二十四条　医疗器械使用单位应当按照本办法和本单位建立的医疗器械使用质量管理制度，每年对医疗器械质量管理工作进行全面自查，并形成自查报告。食品药品监督管理部门在监督检查中对医疗器械使用单位的自查报告进行抽查。

第二十五条　食品药品监督管理部门应当加强对使用环节医疗器械的抽查检验。省级以上食品药品监督管理部门应当根据抽查检验结论，及时发布医疗器械质量公告。

第二十六条　个人和组织发现医疗器械使用单位有违反本办法的行为，有权向医疗器械使用单位所在地食品药品监督管理部门举报。接到举报的食品药品监督管理部门应当及时核实、处理。经查证属实的，应当按照有关规定对举报人给予奖励。

第五章　法律责任

第二十七条　医疗器械使用单位有下列情形之一的，由县级以上食品药品监督管理部门按照《医疗器械监督管理条例》第六十六条的规定予以处罚：

（一）使用不符合强制性标准或者不符合经注册或者备案的产品技术要求的医疗器械的；

（二）使用无合格证明文件、过期、失效、淘汰的医疗器械，或者使用未依法注册的医疗器械的。

第二十八条　医疗器械使用单位有下列情形之一的，由县级以上食品药品监督管理部门按照《医疗器械监督管理条例》第六十七条的规定予以处罚：

（一）未按照医疗器械产品说明书和标签标示要求贮存医疗器械的；

（二）转让或者捐赠过期、失效、淘汰、检验不合格的在用医疗器械的。

第二十九条　医疗器械使用单位有下列情形之一的，由县级以上食品药品监督管理部门按照《医疗器械监督管理条例》第六十八条的规定予以处罚：

（一）未建立并执行医疗器械进货查验制度，未查验供货者的资质，或者未真实、完整、准确地记录进货查验情况的；

（二）未按照产品说明书的要求进行定期检查、检验、校准、保养、维护并记录的；

（三）发现使用的医疗器械存在安全隐患未立即停止使用、通知检修，或者继续使用经检修仍不能达到使用安全标准的医疗器械的；

（四）未妥善保存购入第三类医疗器械的原始资料的；

（五）未按规定建立和保存植入和介入类医疗器械使用记录的。

第三十条　医疗器械使用单位有下列情形之一的，由县级以上食品药品监督管理部门责令限期改正，给予警告；拒不改正的，处 1 万元以下罚款：

（一）未按规定配备与其规模相适应的医疗器械质量管理机构或者质量管理人员，或者未按规定建立覆盖质量管理全过程的使用质量管理制度的；

（二）未按规定由指定的部门或者人员统一采购医疗器械的；

（三）购进、使用未备案的第一类医疗器械，或者从未备案的经营企业购进第二类医疗器械的；

（四）贮存医疗器械的场所、设施及条件与医疗器械品种、数量不相适应的，或者未按照贮存条件、医疗器械有效期限等要求对贮存的医疗器械进行定期检查并记录的；

（五）未按规定建立、执行医疗器械使用前质量检查制度的；

（六）未按规定索取、保存医疗器械维护维修相关记录的；

（七）未按规定对本单位从事医疗器械维护维修的相关技术人员进行培训考核、建立培训档案的；

（八）未按规定对其医疗器械质量管理工作进行自查、形成自查报告的。

第三十一条　医疗器械生产经营企业违反本办法第十七条规定，未按要求提供维护维修服务，或者未按要求提供维护维修所必需的材料和信息的，由县级以上食品药品监督管理部门给予警告，责令限期改正；情节严重或者拒不改正的，处 5000 元以上 2 万元以下罚款。

第三十二条　医疗器械使用单位、生产经营企业和维修服务机构等不配合食品药品监督管理部门的监督检查，或者拒绝、隐瞒、不如实提供有关情况和资料的，由县级以上食品药品监督管理部门责令改正，给予警告，可以并处 2 万元以下罚款。

第六章　附则

第三十三条　用于临床试验的试验用医疗器械的质量管理，按照医疗器械临床试验等有关规定执行。

第三十四条　对使用环节的医疗器械使用行为的监督管理，按照国家卫生和计划生育委员会的有关规定执行。

第三十五条　本办法自 2016 年 2 月 1 日起施行。

附录三：医疗器械临床使用安全管理规范(试行)

医疗器械临床使用安全管理规范(试行)

第一章　总则

第一条　为加强医疗器械临床使用安全管理工作，降低医疗器械临床使用风险，提高医疗质量，保障医患双方合法权益，根据《执业医师法》《医疗机构管理条例》《护士条例》《医疗事故处理条例》《医疗器械监督管理条例》《医院感染管理办法》《消毒管理办法》等规定制定本规范。

第二条　医疗器械临床使用安全管理，是指医疗机构医疗服务中涉及的医疗器械产品安全、人员、制度、技术规范、设施、环境等的安全管理。

第三条　卫计委主管全国医疗器械临床使用安全监管工作，组织制定医疗器械临床使用安全管理规范，根据医疗器械分类与风险分级原则建立医疗器械临床使用的安全控制及监测评价体系，组织开展医疗器械临床使用的监测和评价工作。

第四条　县级以上地方卫生行政部门负责根据卫计委有关管理规范和监测评价体系的要求，组织开展本行政区域内医疗器械临床使用安全监管工作。

第五条　医疗机构应当依据本规范制定医疗器械临床使用安全管理制度，建立健全本机构医疗器械临床使用安全管理体系。

二级以上医院应当设立由院领导负责的医疗器械临床使用安全管理委员会，委员会由医疗行政管理、临床医学及护理、医院感染管理、医疗器械保障管理等相关人员组成，指导医疗器械临床安全管理和监测工作。

第二章　临床准入与评价管理

第六条　医疗器械临床准入与评价管理是指医疗机构为确保进入临床使用的医疗器械合法、安全、有效，而采取的管理和技术措施。

第七条　医疗机构应当建立医疗器械采购论证、技术评估和采购管理制度，确保采购的医疗器械符合临床需求。

第八条　医疗机构应当建立医疗器械供方资质审核及评价制度，按照相关法律、法规的规定审验生产企业和经营企业的《医疗器械生产企业许可证》《医疗器械注册证》《医疗器械经营企业许可证》及产品合格证明等资质。

纳入大型医用设备管理品目的大型医用设备，应当有卫生行政部门颁发的配置许可证。

第九条　医疗机构应当有专门部门负责医疗器械采购，医疗器械采购应当遵循国家相关管理规定执行，确保医疗器械采购规范、入口统一、渠道合法、手续齐全。医疗机构应当按照院务公开等有关规定，将医疗器械采购情况及时做好对内公开。

第十条　医疗器械的安装，应当由生产厂家或者其授权的具备相关服务资质的单位或者由医疗机构医疗器械保障部门实施。

特种设备的安装、存储和转运应当按照相关规定执行，医疗机构应当保存相关记录。

第十一条　医疗机构应当建立医疗器械验收制度，验收合格后方可应用于临床。医疗器械验收应当由医疗机构医疗器械保障部门或者其委托的具备相应资质的第三方机构组织实施并与相关的临床科室共同评估临床验收试用的结果。

第十二条　医疗机构应当按照国家分类编码的要求，对医疗器械进行唯一性标识，并妥善保存高风险医疗器械购入时的包装标识、标签、说明书、合格证明等原始资料，以确保这些信息具有可追溯性。

第十三条　医疗机构应当对医疗器械采购、评价、验收等过程中形成的报告、合同、评价记录等文件进行建档和妥善保存，保存期限为医疗器械使用寿命周期结束后5年以上。

第十四条　医疗机构不得使用无注册证、无合格证明、过期、失效或者按照国家规定在技术上淘汰的医疗器械。医疗器械新产品的临床试验或者试用按照相关规定执行。

第三章　临床使用管理

第十五条　在医疗机构从事医疗器械相关工作的技术人员，应当具备相应的专业学历、技术职称或者经过相关技术培训，并获得国家认可的执业技术水平资格。

第十六条　医疗机构应当对医疗器械临床使用技术人员和从事医疗器械保障的医学工程技术人员建立培训、考核制度。组织开展新产品、新技术应用前规范化培训，开展医疗器械临床使用过程中的质量控制、操作规程等相关培训，建立培训档案，定期检查评价。

第十七条　医疗机构临床使用医疗器械应当严格遵照产品使用说明书、技术操作规范和规程，对产品禁忌证及注意事项应当严格遵守，需向患者说明的事项应当如实告知，不得进行虚假宣传，误导患者。

第十八条　发生医疗器械临床使用安全事件或者医疗器械出现故障，医疗机构应当立即停止使用，并通知医疗器械保障部门按规定进行检修；经检修达不到临床使用安全标准的医疗器械，不得再用于临床。

第十九条　医疗机构应当建立医疗器械临床使用安全事件的日常管理制度、监测制度和应急预案，并主动或者定期向县级以上卫生行政部门、药品监督管理部门上报医疗器械临床使用安全事件监测信息。

第二十条　医疗机构应当严格执行《医院感染管理办法》等有关规定，对消毒器械和一次性使用医疗器械相关证明进行审核。一次性使用的医疗器械按相关法律规定不得重复使用，按规定可以重复使用的医疗器械，应当严格按照要求清洗、消毒或者灭菌，并进行效果监测。

医护人员在使用各类医用耗材时，应当认真核对其规格、型号、消毒或者有效日期等，并进行登记。对使用后的医用耗材等，属医疗废物的，应当按照《医疗废物管理条例》等有关规定处理。

第二十一条　临床使用的大型医用设备、植入与介入类医疗器械名称、关键性技术参数及唯一性标识信息应当记录到病历中。

第二十二条　医疗机构应当定期对本机构医疗器械使用安全情况进行考核和评估，形成记录并存档。

第四章　临床保障管理

第二十三条　医疗机构应当制定医疗器械安装、验收（包括商务、技术、临床）使用中的管理制度与技术规范。

第二十四条　医疗机构应当对在用设备类医疗器械的预防性维护、检测与校准、临床应用效果等信息进行分析与风险评估，以保证在用设备类医疗器械处于完好与待用状态、保障所获临床信息的质量。

预防性维护方案的内容与程序、技术与方法、时间间隔与频率，应按照相关规范和医疗机构实际情况制订。

第二十五条　医疗机构应当在大型医用设备使用科室的明显位置，公示有关医用设备的主要信息，包括医疗器械名称、注册证号、规格、生产厂商、启用日期和设备管理人员等内容。

第二十六条　医疗机构应当遵照医疗器械技术指南和有关国家标准与规程，定期对医疗器械使用环境进行测试、评估和维护。

第二十七条　医疗机构应当设置与医疗器械种类、数量相适应，适宜医疗器械分类保管的贮存场所。有特殊要求的医疗器械，应当配备相应的设施，保证使用环境条件。

第二十八条　对于生命支持设备和重要的相关设备，医疗机构应当制订应急备用方案。

第二十九条　医疗器械保障技术服务全过程及其结果均应当真实记录并存入医疗器械信息档案。

第五章　监　督

第三十条　县级以上地方卫生行政部门负责医疗器械临床使用安全监督管理。

医疗机构应当加强对本机构医疗器械管理工作，定期检查相关制度的落实情况。

第三十一条　县级以上地方卫生行政部门应当对医疗机构的医疗器械信息档案，包括器械唯一性标识、使用记录和保障记录等，进行定期检查。

第三十二条　医疗机构在医疗器械临床使用安全管理过程中，违反相关法律、法规及本规范要求的，县级以上地方卫生行政部门可依据有关法律、法规，采取警告、责令改正、停止使用有关医疗器械等措施予以处理。

卫生行政部门在调查取证中可采取查阅、复制有关资料等措施，医疗机构应予以积极配合。

第六章　附　则

第三十三条　本规范所包括的医疗器械是指依照相关法律法规依法取得市场准入，与医疗机构中医疗活动相关的仪器、设备、器具、材料等物品。

第三十四条　医疗器械临床使用安全事件是指，获准上市的质量合格的医疗器械在医疗机构的使用中，由于人为、医疗器械性能不达标或者设计不足等因素造成的可能导致人体伤害的各种有害事件。

第三十五条　高风险医疗器械是指植入人体，用于支持、维持生命，或者对人体具有潜在危险的医疗器械产品。

第三十六条　本规范自发布之日起生效。

附录四：医疗卫生机构医学装备管理办法

各省、自治区、直辖市卫生厅局：为规范和加强医疗卫生机构医学装备管理，促进医学装备合理配置、安全与有效利用，充分发挥使用效益，保障医疗卫生事业健康发展，我部研究制定了《医疗卫生机构医学装备管理办法》。现印发你们，请遵照执行。

2011 年 3 月 24 日

医疗卫生机构医学装备管理办法

第一章 总 则

第一条 为了规范和加强医疗卫生机构医学装备管理，促进医学装备合理配置、安全与有效利用，充分发挥使用效益，保障医疗卫生事业健康发展，依据有关法律法规，制定本办法。

第二条 本办法所称的医学装备，是指医疗卫生机构中用于医疗、教学、科研、预防、保健等工作，具有卫生专业技术特征的仪器设备、器械、耗材和医学信息系统等的总称。

第三条 医疗卫生机构利用各种资金来源购置、接受捐赠和调拨的医学装备，均应当按照本办法实施管理。

第四条 医疗卫生机构医学装备管理应当遵循统一领导、归口管理、分级负责、权责一致的原则，应用信息技术等现代化管理方法，提高管理效能。

第五条 卫计委主管全国医疗卫生机构医学装备管理工作，负责制订医学装备管理办法和标准并指导实施。省级及以下卫生行政部门依据国家管理办法和标准，负责本地区医疗卫生机构医学装备管理、监督和指导工作。

第六条 医疗卫生机构应当加强医学工程学科建设，注重医学装备管理人才培养，建设专业化、职业化人才队伍，提高医学装备管理能力和应用技术水平。

第二章 机构与职责

第七条 医疗卫生机构的医学装备管理实行机构领导、医学装备管理部门和使用部门三级管理制度。

第八条 二级及以上医疗机构和县级及以上其他卫生机构应当设置专门的医学装备管理部门，由主管领导直接负责，并依据机构规模、管理任务配备数量适宜的专业技术人员。规模小、不宜设置专门医学装备管理部门的机构，应当配备专人管理。

第九条 医学装备管理部门主要职责包括：

（一）根据国家有关规定，建立完善本机构医学装备管理工作制度并监督执行；

（二）负责医学装备发展规划和年度计划的组织、制订、实施等工作；

（三）负责医学装备购置、验收、质控、维护、修理、应用分析和处置等全程管理；

（四）保障医学装备正常使用；

（五）收集相关政策法规和医学装备信息，提供决策参考依据；

（六）组织本机构医学装备管理相关人员专业培训；

（七）完成卫生行政部门和机构领导交办的其他工作。

第十条　医学装备使用部门应当设专职或兼职管理人员，在医学装备管理部门的指导下，具体负责本部门的医学装备日常管理工作。

第十一条　二级及以上医疗机构、有条件的其他卫生机构应当成立医学装备管理委员会。委员会由机构领导、医学装备管理部门及有关部门人员和专家组成，负责对本机构医学装备发展规划、年度装备计划、采购活动等重大事项进行评估、论证和咨询，确保科学决策和民主决策。

第三章　计划与采购

第十二条　医疗卫生机构应当根据国家相关法规、制度和本机构的规模、功能定位和事业发展规划，科学制订医学装备发展规划。

医疗卫生机构要优先考虑配置功能适用、技术适宜、节能环保的装备，注重资源共享，杜绝盲目配置和闲置浪费。

第十三条　医学装备管理部门应当根据本机构医学装备发展规划和年度预算，结合各使用部门装备配置和保障需求，编制年度装备计划和采购实施计划。

第十四条　医学装备发展规划、年度装备计划和采购实施计划应当由机构领导集体研究批准后方可执行。设立医学装备管理委员会的，机构领导集体研究前还需经医学装备管理委员会讨论同意。需主管部门审批的，应当获得批准后执行。经批准的医学装备发展规划、年度装备计划和采购实施计划，不得随意更改。

第十五条　单价在1万元及以上或一次批量价格在5万元及以上的医学装备均应当纳入年度装备计划管理。单价在1万元以下或一次批量价格在5万元以下的，由医疗卫生机构根据本机构实际情况确定管理方式。

第十六条　单价在50万元及以上的医学装备计划，应当进行可行性论证。论证内容应当包括配置必要性、社会和经济效益、预期使用情况、人员资质等。单价为50万元以下的，由医疗机构根据本机构实际情况确定论证方式。

第十七条　医疗卫生机构应当根据国家有关法律法规，按照公开透明、公平竞争、客观公正和诚实信用的原则，加强医学装备采购管理。

第十八条　纳入集中采购目录或采购限额标准以上的医学装备，应当实行集中采购，并首选公开招标方式进行采购。采取公开招标以外其他方式进行采购的，应当严格按照国家有关规定报批。

第十九条　未纳入集中采购目录或集中采购限额标准以下的医学装备，应当首选公开招标方式采购。不具备公开招标条件的，可按照国家有关规定选择其他方式进行采购。

第二十条　医疗卫生机构应当加强预算管理，严格执行年度装备计划和采购实施计划。未列入计划的项目，原则上不得安排采购。因特殊情况确需计划外采购的，应当严格论证审批。

第二十一条　省级卫生行政部门依据国家有关规定制订本地区应急采购预案。因突发公共事件等应急情况需要紧急采购的，医疗卫生机构应当按照应急采购预案执行。

第二十二条　需采购进口医学装备的，应当按国家有关规定严格履行进口设备采购审批程序。

第二十三条　医疗卫生机构应当加强医学装备采购合同规范管理，保证采购装备的质量，严格防范各类风险，确保资金安全。

第二十四条　医疗卫生机构应当建立医学装备验收制度。医学装备到货、安装、调试使用后，医学装备管理部门应当组织使用部门、供货方依据合同约定及时进行验收。验收完成后应当填写验收报告，并由各方签字确认。

第二十五条　医学装备验收工作应当在合同约定的索赔期限内完成。经验收不合格的，应当及时办理索赔。

第二十六条　医疗卫生机构申请和购置纳入国家规定管理品目的大型医用设备，按照相关规定执行。

第二十七条　医疗卫生机构应当建立医用耗材准入管理制度。属于集中采购目录内的，医学装备管理部门应当按照有关规定组织专家进行遴选。不在集中采购目录内但确需使用的，医学装备管理部门应当组织专家严格论证后，按照有关规定进行采购。

第二十八条　医疗卫生机构应当建立医用耗材入出库管理制度并严格执行。

第二十九条　医疗卫生机构应当加强一次性使用无菌器械采购记录管理。采购记录内容应当包括企业名称、产品名称、原产地、规格型号、产品数量、生产批号、灭菌批号、产品有效期、采购日期等，确保能够追溯至每批产品的进货来源。

第四章　使用管理

第三十条　医疗卫生机构应当依据全国卫生系统医疗器械仪器设备分类与代码，建立本机构医学装备分类、分户电子账目，实行信息化管理。

第三十一条　医疗卫生机构应当健全医学装备档案管理制度，按照集中统一管理的原则，做到档案齐全、账目明晰、完整准确。档案保管期限至医学装备报废为止。国家有特殊要求的，从其规定。

第三十二条　单价在 5 万元及以上的医学装备应当建立管理档案。内容主要包括申购资料、技术资料及使用维修资料。单价 5 万元以下的医学装备，医疗卫生机构可根据实际情况确定具体管理方式。

第三十三条　医疗卫生机构不得使用无合格证明、过期、失效、淘汰的医学装备。用于医疗活动的，应当具备医疗器械注册证。纳入国家规定管理品目的大型医用设备应当具备配置许可证。

未经注册的医学装备临床试验按照国家相关规定执行。

第三十四条　医疗卫生机构应当严格依据国家有关规定和操作规程，加强医学装备安全有效使用管理。生命支持类、急救类、植入类、辐射类、灭菌类和大型医用设备等医学装备安全有效使用情况应当予以监控。国家有特殊要求的，从其规定。

第三十五条　医疗卫生机构应当按照国家有关法律法规做好医学装备质量保障。医学装备须计(剂)量准确、安全防护、性能指标合格方可使用。

第三十六条　医疗卫生机构应当制定生命支持类、急救类医学装备应急预案，保障紧急救援工作需要。

第三十七条　医疗卫生机构应当建立健全医学装备维修制度，优化报修流程，及时排除医学装备故障。

第三十八条　医疗卫生机构应当加强医学装备预防性维护，确保医学装备按期保养，保障使用寿命，减少故障发生率。

第三十九条　医疗卫生机构应当对医学装备使用人员进行应用培训和考核，合格后方可上岗操作。大型医用设备相关医师、操作人员、工程技术人员须接受岗位培训，业务能力考评合格方可上岗操作。

第四十条　医疗卫生技术人员使用各类医用耗材时，应当认真核对其规格、型号、消毒及有效日期等，并进行登记。医用耗材使用后属于医疗废物的，应当严格按照医疗废物管理有关规定处理。

第四十一条　医疗卫生机构应当建立医学装备使用评价制度。加强大型医用设备使用、功能开发、社会效益、费用等分析评价工作。

对长期闲置不用、低效运转或超标准配置的医学装备，医学装备管理部门应当在本机构范围内调剂使用。

第五章　处置管理

第四十二条　公立医疗卫生机构处置医学装备，应当按照国有资产处置管理有关规定，严格履行审批手续，未经批准不得自行处理。处置海关监管期内的进口免税医学装备，须按照海关相关规定执行。

第四十三条　医学装备处置方式主要包括调拨、捐赠和报废等。

第四十四条　公立医疗卫生机构长期闲置不用、低效运转或超标准配置的医学装备，应当予以调拨处置。

第四十五条　因对口支援等工作需要，公立医疗卫生机构可对外调拨或捐赠医学装备。

医疗卫生机构接受捐赠的医学装备，应当质量合格、安全有效。

第四十六条　医学装备符合下列情形的，应当报废处置：国家规定淘汰的；严重损坏无法修复或维修费用过高的；严重污染环境，危害人身安全与健康的；失效或功能低下、技术落后，不能满足使用需求的；国家有明确要求的。

第六章　监督管理

第四十七条　卫计委负责对全国医疗卫生机构执行本办法的情况进行监督检查。

第四十八条　省级及以下卫生行政部门负责对本地区医疗卫生机构医学装备管理工作进行监督检查和评价考核。

对违反本办法规定，制度不健全、管理不严格或职责落实不到位的医疗卫生机构，由所在地卫生行政部门视情节严重程度，对其主要负责人和工作人员给予批评教育或相应纪律处分。

第四十九条　医疗卫生机构应当依据本办法规定加强医学装备管理工作。对违反本办法规定，不认真履行医学装备管理职责、违反操作规程造成人为损坏或保管不当造成遗失的工作人员，应当视情节严重程度，给予批评教育或相应纪律处分。

第七章　附则

第五十条　本办法适用于全国各级各类医疗卫生机构。

第五十一条　本办法由卫计委负责解释。

第五十二条　省级卫生行政部门可根据本办法规定，结合本地区实际，制订实施细则。

第五十三条　本办法自发布之日起施行。1996年卫计委《医疗卫生机构仪器设备管理办法》（卫计发〔1996〕第180号）同时废止。

附录五：政府采购货物和服务招标投标管理办法

中华人民共和国财政部令

第 87 号

财政部对《政府采购货物和服务招标投标管理办法》（财政部令第 18 号）进行了修订，修订后的《政府采购货物和服务招标投标管理办法》已经部务会议审议通过。现予公布，自 2017 年 10 月 1 日起施行。

部长 肖捷

2017 年 7 月 11 日

政府采购货物和服务招标投标管理办法

第一章 总则

第一条 为了规范政府采购当事人的采购行为，加强对政府采购货物和服务招标投标活动的监督管理，维护国家利益、社会公共利益和政府采购招标投标活动当事人的合法权益，依据《中华人民共和国政府采购法》（以下简称政府采购法）、《中华人民共和国政府采购法实施条例》（以下简称政府采购法实施条例）和其他有关法律法规规定，制定本办法。

第二条 本办法适用于在中华人民共和国境内开展政府采购货物和服务（以下简称货物服务）招标投标活动。

第三条 货物服务招标分为公开招标和邀请招标。

公开招标，是指采购人依法以招标公告的方式邀请非特定的供应商参加投标的采购方式。

邀请招标，是指采购人依法从符合相应资格条件的供应商中随机抽取 3 家以上供应商，并以投标邀请书的方式邀请其参加投标的采购方式。

第四条 属于地方预算的政府采购项目，省、自治区、直辖市人民政府根据实际情况，可以确定分别适用于本行政区域省级、设区的市级、县级公开招标数额标准。

第五条 采购人应当在货物服务招标投标活动中落实节约能源、保护环境、扶持不发达地区和少数民族地区、促进中小企业发展等政府采购政策。

第六条 采购人应当按照行政事业单位内部控制规范要求，建立健全本单位政府采购内部控制制度，在编制政府采购预算和实施计划、确定采购需求、组织采购活动、履约验收、答复询问质疑、配合投诉处理及监督检查等重点环节加强内部控制管理。

采购人不得向供应商索要或者接受其给予的赠品、回扣或者与采购无关的其他商品、服务。

第七条 采购人应当按照财政部制定的《政府采购品目分类目录》确定采购项目属性。按照《政府采购品目分类目录》无法确定的，按照有利于采购项目实施的原则确定。

第八条　采购人委托采购代理机构代理招标的，采购代理机构应当在采购人委托的范围内依法开展采购活动。

采购代理机构及其分支机构不得在所代理的采购项目中投标或者代理投标，不得为所代理的采购项目的投标人参加本项目提供投标咨询。

第二章　招标

第九条　未纳入集中采购目录的政府采购项目，采购人可以自行招标，也可以委托采购代理机构在委托的范围内代理招标。

采购人自行组织开展招标活动的，应当符合下列条件：

（一）有编制招标文件、组织招标的能力和条件；

（二）有与采购项目专业性相适应的专业人员。

第十条　采购人应当对采购标的的市场技术或者服务水平、供应、价格等情况进行市场调查，根据调查情况、资产配置标准等科学、合理地确定采购需求，进行价格测算。

第十一条　采购需求应当完整、明确，包括以下内容：

（一）采购标的需实现的功能或者目标，以及为落实政府采购政策需满足的要求；

（二）采购标的需执行的国家相关标准、行业标准、地方标准或者其他标准、规范；

（三）采购标的需满足的质量、安全、技术规格、物理特性等要求；

（四）采购标的的数量、采购项目交付或者实施的时间和地点；

（五）采购标的需满足的服务标准、期限、效率等要求；

（六）采购标的的验收标准；

（七）采购标的的其他技术、服务等要求。

第十二条　采购人根据价格测算情况，可以在采购预算额度内合理设定最高限价，但不得设定最低限价。

第十三条　公开招标公告应当包括以下主要内容：

（一）采购人及其委托的采购代理机构的名称、地址和联系方法；

（二）采购项目的名称、预算金额，设定最高限价的，还应当公开最高限价；

（三）采购人的采购需求；

（四）投标人的资格要求；

（五）获取招标文件的时间期限、地点、方式及招标文件售价；

（六）公告期限；

（七）投标截止时间、开标时间及地点；

（八）采购项目联系人姓名和电话。

第十四条　采用邀请招标方式的，采购人或者采购代理机构应当通过以下方式产生符合资格条件的供应商名单，并从中随机抽取3家以上供应商向其发出投标邀请书：

（一）发布资格预审公告征集；

（二）从省级以上人民政府财政部门（以下简称财政部门）建立的供应商库中选取；

（三）采购人书面推荐。

采用第一项方式产生符合资格条件供应商名单的，采购人或者采购代理机构应当按照资格预审文件载明的标准和方法，对潜在投标人进行资格预审。

采用前款第二项或者第三项方式产生符合资格条件供应商名单的，备选的符合资格条件供应商总数不得少于拟随机抽取供应商总数的两倍。

随机抽取是指通过抽签等能够保证所有符合资格条件供应商机会均等的方式选定供应商。随机抽取供应商时，应当有不少于两名采购人工作人员在场监督，并形成书面记录，随采购文件一并存档。

投标邀请书应当同时向所有受邀请的供应商发出。

第十五条　资格预审公告应当包括以下主要内容：

（一）本办法第十三条第一至四项、第六项和第八项内容；

（二）获取资格预审文件的时间期限、地点、方式；

（三）提交资格预审申请文件的截止时间、地点及资格预审日期。

第十六条　招标公告、资格预审公告的公告期限为 5 个工作日。公告内容应当以省级以上财政部门指定媒体发布的公告为准。公告期限自省级以上财政部门指定媒体最先发布公告之日起算。

第十七条　采购人、采购代理机构不得将投标人的注册资本、资产总额、营业收入、从业人员、利润、纳税额等规模条件作为资格要求或者评审因素，也不得通过将除进口货物以外的生产厂家授权、承诺、证明、背书等作为资格要求，对投标人实行差别待遇或者歧视待遇。

第十八条　采购人或者采购代理机构应当按照招标公告、资格预审公告或者投标邀请书规定的时间、地点提供招标文件或者资格预审文件，提供期限自招标公告、资格预审公告发布之日起计算不得少于 5 个工作日。提供期限届满后，获取招标文件或者资格预审文件的潜在投标人不足 3 家的，可以顺延提供期限，并予公告。

公开招标进行资格预审的，招标公告和资格预审公告可以合并发布，招标文件应当向所有通过资格预审的供应商提供。

第十九条　采购人或者采购代理机构应当根据采购项目的实施要求，在招标公告、资格预审公告或者投标邀请书中载明是否接受联合体投标。如未载明，不得拒绝联合体投标。

第二十条　采购人或者采购代理机构应当根据采购项目的特点和采购需求编制招标文件。招标文件应当包括以下主要内容：

（一）投标邀请；

（二）投标人须知（包括投标文件的密封、签署、盖章要求等）；

（三）投标人应当提交的资格、资信证明文件；

（四）为落实政府采购政策，采购标的需满足的要求，以及投标人须提供的证明材料；

（五）投标文件编制要求、投标报价要求和投标保证金交纳、退还方式以及不予退还投标保证金的情形；

（六）采购项目预算金额，设定最高限价的，还应当公开最高限价；

（七）采购项目的技术规格、数量、服务标准、验收等要求，包括附件、图纸等；

（八）拟签订的合同文本；

（九）货物、服务提供的时间、地点、方式；

（十）采购资金的支付方式、时间、条件；

（十一）评标方法、评标标准和投标无效情形；

（十二）投标有效期；

（十三）投标截止时间、开标时间及地点；

（十四）采购代理机构代理费用的收取标准和方式；

（十五）投标人信用信息查询渠道及截止时点、信用信息查询记录和证据留存的具体方式、信用信息的使用规则等；

（十六）省级以上财政部门规定的其他事项。

对于不允许偏离的实质性要求和条件，采购人或者采购代理机构应当在招标文件中规定，并以醒目的方式标明。

第二十一条　采购人或者采购代理机构应当根据采购项目的特点和采购需求编制资格预审文件。资格预审文件应当包括以下主要内容：

（一）资格预审邀请；

（二）申请人须知；

（三）申请人的资格要求；

（四）资格审核标准和方法；

（五）申请人应当提供的资格预审申请文件的内容和格式；

（六）提交资格预审申请文件的方式、截止时间、地点及资格审核日期；

（七）申请人信用信息查询渠道及截止时点、信用信息查询记录和证据留存的具体方式、信用信息的使用规则等内容；

（八）省级以上财政部门规定的其他事项。

资格预审文件应当免费提供。

第二十二条　采购人、采购代理机构一般不得要求投标人提供样品，仅凭书面方式不能准确描述采购需求或者需要对样品进行主观判断以确认是否满足采购需求等特殊情况除外。

要求投标人提供样品的，应当在招标文件中明确规定样品制作的标准和要求、是否需要随样品提交相关检测报告、样品的评审方法以及评审标准。需要随样品提交检测报告的，还应当规定检测机构的要求、检测内容等。

采购活动结束后，对于未中标人提供的样品，应当及时退还或者经未中标人同意后自行处理；对于中标人提供的样品，应当按照招标文件的规定进行保管、封存，并作为履约验收的参考。

第二十三条　投标有效期从提交投标文件的截止之日起算。投标文件中承诺的投标有效期应当不少于招标文件中载明的投标有效期。投标有效期内投标人撤销投标文件的，采购人或者采购代理机构可以不退还投标保证金。

第二十四条　招标文件售价应当按照弥补制作、邮寄成本的原则确定，不得以营利为目的，不得以招标采购金额作为确定招标文件售价的依据。

第二十五条　招标文件、资格预审文件的内容不得违反法律、行政法规、强制性标准、政府采购政策，或者违反公开透明、公平竞争、公正和诚实信用原则。

有前款规定情形，影响潜在投标人投标或者资格预审结果的，采购人或者采购代理机构应当修改招标文件或者资格预审文件后重新招标。

第二十六条　采购人或者采购代理机构可以在招标文件提供期限截止后，组织已获取招标文件的潜在投标人现场考察或者召开开标前答疑会。

组织现场考察或者召开答疑会的，应当在招标文件中载明，或者在招标文件提供期限截止后以书面形式通知所有获取招标文件的潜在投标人。

第二十七条 采购人或者采购代理机构可以对已发出的招标文件、资格预审文件、投标邀请书进行必要的澄清或者修改，但不得改变采购标的和资格条件。澄清或者修改应当在原公告发布媒体上发布澄清公告。澄清或者修改的内容为招标文件、资格预审文件、投标邀请书的组成部分。

澄清或者修改的内容可能影响投标文件编制的，采购人或者采购代理机构应当在投标截止时间至少 15 日前，以书面形式通知所有获取招标文件的潜在投标人；不足 15 日的，采购人或者采购代理机构应当顺延提交投标文件的截止时间。

澄清或者修改的内容可能影响资格预审申请文件编制的，采购人或者采购代理机构应当在提交资格预审申请文件截止时间至少 3 日前，以书面形式通知所有获取资格预审文件的潜在投标人；不足 3 日的，采购人或者采购代理机构应当顺延提交资格预审申请文件的截止时间。

第二十八条 投标截止时间前，采购人、采购代理机构和有关人员不得向他人透露已获取招标文件的潜在投标人的名称、数量以及可能影响公平竞争的有关招标投标的其他情况。

第二十九条 采购人、采购代理机构在发布招标公告、资格预审公告或者发出投标邀请书后，除因重大变故采购任务取消情况外，不得擅自终止招标活动。

终止招标的，采购人或者采购代理机构应当及时在原公告发布媒体上发布终止公告，以书面形式通知已经获取招标文件、资格预审文件或者被邀请的潜在投标人，并将项目实施情况和采购任务取消原因报告本级财政部门。已经收取招标文件费用或者投标保证金的，采购人或者采购代理机构应当在终止采购活动后 5 个工作日内，退还所收取的招标文件费用和所收取的投标保证金及其在银行产生的孳息。

第三章 投标

第三十条 投标人，是指响应招标、参加投标竞争的法人、其他组织或者自然人。

第三十一条 采用最低评标价法的采购项目，提供相同品牌产品的不同投标人参加同一合同项下投标的，以其中通过资格审查、符合性审查且报价最低的参加评标；报价相同的，由采购人或者采购人委托评标委员会按照招标文件规定的方式确定一个参加评标的投标人，招标文件未规定的采取随机抽取方式确定，其他投标无效。

使用综合评分法的采购项目，提供相同品牌产品且通过资格审查、符合性审查的不同投标人参加同一合同项下投标的，按一家投标人计算，评审后得分最高的同品牌投标人获得中标人推荐资格；评审得分相同的，由采购人或者采购人委托评标委员会按照招标文件规定的方式确定一个投标人获得中标人推荐资格，招标文件未规定的采取随机抽取方式确定，其他同品牌投标人不作为中标候选人。

非单一产品采购项目，采购人应当根据采购项目技术构成、产品价格比重等合理确定核心产品，并在招标文件中载明。多家投标人提供的核心产品品牌相同的，按前两款规定处理。

第三十二条 投标人应当按照招标文件的要求编制投标文件。投标文件应当对招标文件提出的要求和条件做出明确响应。

第三十三条 投标人应当在招标文件要求提交投标文件的截止时间前，将投标文件密封送达投标地点。采购人或者采购代理机构收到投标文件后，应当如实记载投标文件的送达时间和密封情况，签收保存，并向投标人出具签收回执。任何单位和个人不得在开标前开启投标文件。

逾期送达或者未按照招标文件要求密封的投标文件，采购人、采购代理机构应当拒收。

第三十四条　投标人在投标截止时间前，可以对所递交的投标文件进行补充、修改或者撤回，并书面通知采购人或者采购代理机构。补充、修改的内容应当按照招标文件要求签署、盖章、密封后，作为投标文件的组成部分。

第三十五条　投标人根据招标文件的规定和采购项目的实际情况，拟在中标后将中标项目的非主体、非关键性工作分包的，应当在投标文件中载明分包承担主体，分包承担主体应当具备相应资质条件且不得再次分包。

第三十六条　投标人应当遵循公平竞争的原则，不得恶意串通，不得妨碍其他投标人的竞争行为，不得损害采购人或者其他投标人的合法权益。

在评标过程中发现投标人有上述情形的，评标委员会应当认定其投标无效，并书面报告本级财政部门。

第三十七条　有下列情形之一的，视为投标人串通投标，其投标无效：

（一）不同投标人的投标文件由同一单位或者个人编制；

（二）不同投标人委托同一单位或者个人办理投标事宜；

（三）不同投标人的投标文件载明的项目管理成员或者联系人员为同一人；

（四）不同投标人的投标文件异常一致或者投标报价呈规律性差异；

（五）不同投标人的投标文件相互混装；

（六）不同投标人的投标保证金从同一单位或者个人的账户转出。

第三十八条　投标人在投标截止时间前撤回已提交的投标文件的，采购人或者采购代理机构应当自收到投标人书面撤回通知之日起 5 个工作日内，退还已收取的投标保证金，但因投标人自身原因导致无法及时退还的除外。

采购人或者采购代理机构应当自中标通知书发出之日起 5 个工作日内退还未中标人的投标保证金，自采购合同签订之日起 5 个工作日内退还中标人的投标保证金或者转为中标人的履约保证金。

采购人或者采购代理机构逾期退还投标保证金的，除应当退还投标保证金本金外，还应当按中国人民银行同期贷款基准利率上浮 20% 后的利率支付超期资金占用费，但因投标人自身原因导致无法及时退还的除外。

第四章　开标、评标

第三十九条　开标应当在招标文件确定的提交投标文件截止时间的同一时间进行。开标地点应当为招标文件中预先确定的地点。

采购人或者采购代理机构应当对开标、评标现场活动进行全程录音录像。录音录像应当清晰可辨，音像资料作为采购文件一并存档。

第四十条　开标由采购人或者采购代理机构主持，邀请投标人参加。评标委员会成员不得参加开标活动。

第四十一条　开标时，应当由投标人或者其推选的代表检查投标文件的密封情况；经确认无误后，由采购人或者采购代理机构工作人员当众拆封，宣布投标人名称、投标价格和招标文件规定的需要宣布的其他内容。

投标人不足 3 家的，不得开标。

第四十二条　开标过程应当由采购人或者采购代理机构负责记录，由参加开标的各投标人代表和相关工作人员签字确认后随采购文件一并存档。

投标人代表对开标过程和开标记录有疑义，以及认为采购人、采购代理机构相关工作人员有需要回避的情形的，应当场提出询问或者回避申请。采购人、采购代理机构对投标人代表提出的询问或者回避申请应当及时处理。

投标人未参加开标的，视同认可开标结果。

第四十三条　公开招标数额标准以上的采购项目，投标截止后投标人不足 3 家或者通过资格审查或符合性审查的投标人不足 3 家的，除采购任务取消情形外，按照以下方式处理：

（一）招标文件存在不合理条款或者招标程序不符合规定的，采购人、采购代理机构改正后依法重新招标；

（二）招标文件没有不合理条款、招标程序符合规定，需要采用其他采购方式采购的，采购人应当依法报财政部门批准。

第四十四条　公开招标采购项目开标结束后，采购人或者采购代理机构应当依法对投标人的资格进行审查。

合格投标人不足 3 家的，不得评标。

第四十五条　采购人或者采购代理机构负责组织评标工作，并履行下列职责：

（一）核对评审专家身份和采购人代表授权函，对评审专家在政府采购活动中的职责履行情况予以记录，并及时将有关违法违规行为向财政部门报告；

（二）宣布评标纪律；

（三）公布投标人名单，告知评审专家应当回避的情形；

（四）组织评标委员会推选评标组长，采购人代表不得担任组长；

（五）在评标期间采取必要的通讯管理措施，保证评标活动不受外界干扰；

（六）根据评标委员会的要求介绍政府采购相关政策法规、招标文件；

（七）维护评标秩序，监督评标委员会依照招标文件规定的评标程序、方法和标准进行独立评审，及时制止和纠正采购人代表、评审专家的倾向性言论或者违法违规行为；

（八）核对评标结果，有本办法第六十四条规定情形的，要求评标委员会复核或者书面说明理由，评标委员会拒绝的，应予记录并向本级财政部门报告；

（九）评审工作完成后，按照规定向评审专家支付劳务报酬和异地评审差旅费，不得向评审专家以外的其他人员支付评审劳务报酬；

（十）处理与评标有关的其他事项。

采购人可以在评标前说明项目背景和采购需求，说明内容不得含有歧视性、倾向性意见，不得超出招标文件所述范围。说明应当提交书面材料，并随采购文件一并存档。

第四十六条　评标委员会负责具体评标事务，并独立履行下列职责：

（一）审查、评价投标文件是否符合招标文件的商务、技术等实质性要求；

（二）要求投标人对投标文件有关事项做出澄清或者说明；

（三）对投标文件进行比较和评价；

（四）确定中标候选人名单，以及根据采购人委托直接确定中标人；

（五）向采购人、采购代理机构或者有关部门报告评标中发现的违法行为。

第四十七条　评标委员会由采购人代表和评审专家组成，成员人数应当为 5 人以上单数，其中评审专家不得少于成员总数的三分之二。

采购项目符合下列情形之一的，评标委员会成员人数应当为 7 人以上单数：

（一）采购预算金额在 1000 万元以上；

（二）技术复杂；

（三）社会影响较大。

评审专家对本单位的采购项目只能作为采购人代表参与评标，本办法第四十八条第二款规定情形除外。采购代理机构工作人员不得参加由本机构代理的政府采购项目的评标。

评标委员会成员名单在评标结果公告前应当保密。

第四十八条　采购人或者采购代理机构应当从省级以上财政部门设立的政府采购评审专家库中，通过随机方式抽取评审专家。

对技术复杂、专业性强的采购项目，通过随机方式难以确定合适评审专家的，经主管预算单位同意，采购人可以自行选定相应专业领域的评审专家。

第四十九条　评标中因评标委员会成员缺席、回避或者健康等特殊原因导致评标委员会组成不符合本办法规定的，采购人或者采购代理机构应当依法补足后继续评标。被更换的评标委员会成员所做出的评标意见无效。

无法及时补足评标委员会成员的，采购人或者采购代理机构应当停止评标活动，封存所有投标文件和开标、评标资料，依法重新组建评标委员会进行评标。原评标委员会所做出的评标意见无效。

采购人或者采购代理机构应当将变更、重新组建评标委员会的情况予以记录，并随采购文件一并存档。

第五十条　评标委员会应当对符合资格的投标人的投标文件进行符合性审查，以确定其是否满足招标文件的实质性要求。

第五十一条　对于投标文件中含义不明确、同类问题表述不一致或者有明显文字和计算错误的内容，评标委员会应当以书面形式要求投标人做出必要的澄清、说明或者补正。

投标人的澄清、说明或者补正应当采用书面形式，并加盖公章，或者由法定代表人或其授权的代表签字。投标人的澄清、说明或者补正不得超出投标文件的范围或者改变投标文件的实质性内容。

第五十二条　评标委员会应当按照招标文件中规定的评标方法和标准，对符合性审查合格的投标文件进行商务和技术评估，综合比较与评价。

第五十三条　评标方法分为最低评标价法和综合评分法。

第五十四条　最低评标价法，是指投标文件满足招标文件全部实质性要求，且投标报价最低的投标人为中标候选人的评标方法。

技术、服务等标准统一的货物服务项目，应当采用最低评标价法。

采用最低评标价法评标时，除了算术修正和落实政府采购政策需进行的价格扣除外，不能对投标人的投标价格进行任何调整。

第五十五条　综合评分法，是指投标文件满足招标文件全部实质性要求，且按照评审因素的量化指标评审得分最高的投标人为中标候选人的评标方法。

评审因素的设定应当与投标人所提供货物服务的质量相关，包括投标报价、技术或者服务水平、履约能力、售后服务等。资格条件不得作为评审因素。评审因素应当在招标文件中规定。

评审因素应当细化和量化，且与相应的商务条件和采购需求对应。商务条件和采购需求指标有区间规定的，评审因素应当量化到相应区间，并设置各区间对应的不同分值。

评标时，评标委员会各成员应当独立对每个投标人的投标文件进行评价，并汇总每个投标人的得分。

货物项目的价格分值占总分值的比重不得低于30%；服务项目的价格分值占总分值的比重不得低于10%。执行国家统一定价标准和采用固定价格采购的项目，其价格不列为评审因素。

价格分应当采用低价优先法计算，即满足招标文件要求且投标价格最低的投标报价为评标基准价，其价格分为满分。其他投标人的价格分统一按照下列公式计算：

投标报价得分＝（评标基准价／投标报价）×100

评标总得分＝$F_1 \times A_1 + F_2 \times A_2 + \cdots + F_n \times A_n$

F_1、F_2……F_n分别为各项评审因素的得分；

A_1、A_2、……A_n分别为各项评审因素所占的权重（$A_1 + A_2 + \cdots + A_n = 1$）。

评标过程中，不得去掉报价中的最高报价和最低报价。

因落实政府采购政策进行价格调整的，以调整后的价格计算评标基准价和投标报价。

第五十六条　采用最低评标价法的，评标结果按投标报价由低到高顺序排列。投标报价相同的并列。投标文件满足招标文件全部实质性要求且投标报价最低的投标人为排名第一的中标候选人。

第五十七条　采用综合评分法的，评标结果按评审后得分由高到低顺序排列。得分相同的，按投标报价由低到高顺序排列。得分且投标报价相同的并列。投标文件满足招标文件全部实质性要求，且按照评审因素的量化指标评审得分最高的投标人为排名第一的中标候选人。

第五十八条　评标委员会根据全体评标成员签字的原始评标记录和评标结果编写评标报告。评标报告应当包括以下内容：

（一）招标公告刊登的媒体名称、开标日期和地点；

（二）投标人名单和评标委员会成员名单；

（三）评标方法和标准；

（四）开标记录和评标情况及说明，包括无效投标人名单及原因；

（五）评标结果，确定的中标候选人名单或者经采购人委托直接确定的中标人；

（六）其他需要说明的情况，包括评标过程中投标人根据评标委员会要求进行的澄清、说明或者补正，评标委员会成员的更换等。

第五十九条　投标文件报价出现前后不一致的，除招标文件另有规定外，按照下列规定修正：

（一）投标文件中开标一览表（报价表）内容与投标文件中相应内容不一致的，以开标一览表（报价表）为准；

（二）大写金额和小写金额不一致的，以大写金额为准；

（三）单价金额小数点或者百分比有明显错位的，以开标一览表的总价为准，并修改单价；

（四）总价金额与按单价汇总金额不一致的，以单价金额计算结果为准。

同时出现两种以上不一致的，按照前款规定的顺序修正。修正后的报价按照本办法第五十一条第二款的规定经投标人确认后产生约束力，投标人不确认的，其投标无效。

第六十条　评标委员会认为投标人的报价明显低于其他通过符合性审查投标人的报价，有可能影响产品质量或者不能诚信履约的，应当要求其在评标现场合理的时间内提供书面说明，必要时提交相关证明材料；投标人不能证明其报价合理性的，评标委员会应当将其作为无效投标处理。

第六十一条　评标委员会成员对需要共同认定的事项存在争议的，应当按照少数服从多数的原则做出结论。持不同意见的评标委员会成员应当在评标报告上签署不同意见及理由，否则视为同意评标报告。

第六十二条　评标委员会及其成员不得有下列行为：

（一）确定参与评标至评标结束前私自接触投标人；

（二）接受投标人提出的与投标文件不一致的澄清或者说明，本办法第五十一条规定的情形除外；

（三）违反评标纪律发表倾向性意见或者征询采购人的倾向性意见；

（四）对需要专业判断的主观评审因素协商评分；

（五）在评标过程中擅离职守，影响评标程序正常进行的；

（六）记录、复制或者带走任何评标资料；

（七）其他不遵守评标纪律的行为。

评标委员会成员有前款第一至五项行为之一的，其评审意见无效，并不得获取评审劳务报酬和报销异地评审差旅费。

第六十三条　投标人存在下列情况之一的，投标无效：

（一）未按照招标文件的规定提交投标保证金的；

（二）投标文件未按招标文件要求签署、盖章的；

（三）不具备招标文件中规定的资格要求的；

（四）报价超过招标文件中规定的预算金额或者最高限价的；

（五）投标文件含有采购人不能接受的附加条件的；

（六）法律、法规和招标文件规定的其他无效情形。

第六十四条　评标结果汇总完成后，除下列情形外，任何人不得修改评标结果：

（一）分值汇总计算错误的；

（二）分项评分超出评分标准范围的；

（三）评标委员会成员对客观评审因素评分不一致的；

（四）经评标委员会认定评分畸高、畸低的。

评标报告签署前，经复核发现存在以上情形之一的，评标委员会应当当场修改评标结果，并在评标报告中记载；评标报告签署后，采购人或者采购代理机构发现存在以上情形之一的，应当组织原评标委员会进行重新评审，重新评审改变评标结果的，书面报告本级财政部门。

投标人对本条第一款情形提出质疑的，采购人或者采购代理机构可以组织原评标委员会进行重新评审，重新评审改变评标结果的，应当书面报告本级财政部门。

第六十五条　评标委员会发现招标文件存在歧义、重大缺陷导致评标工作无法进行，或者招标文件内容违反国家有关强制性规定的，应当停止评标工作，与采购人或者采购代理机构沟通并作书面记录。采购人或者采购代理机构确认后，应当修改招标文件，重新组织采购活动。

第六十六条　采购人、采购代理机构应当采取必要措施，保证评标在严格保密的情况下进行。除采购人代表、评标现场组织人员外，采购人的其他工作人员以及与评标工作无关的人员不得进入评标现场。

有关人员对评标情况以及在评标过程中获悉的国家秘密、商业秘密负有保密责任。

第六十七条　评标委员会或者其成员存在下列情形导致评标结果无效的，采购人、采购代理机构可以重新组建评标委员会进行评标，并书面报告本级财政部门，但采购合同已经履行的除外：

（一）评标委员会组成不符合本办法规定的；

（二）有本办法第六十二条第一至五项情形的；

（三）评标委员会及其成员独立评标受到非法干预的；

（四）有政府采购法实施条例第七十五条规定的违法行为的。

有违法违规行为的原评标委员会成员不得参加重新组建的评标委员会。

第五章　中标和合同

第六十八条　采购代理机构应当在评标结束后 2 个工作日内将评标报告送采购人。

采购人应当自收到评标报告之日起 5 个工作日内，在评标报告确定的中标候选人名单中按顺序确定中标人。中标候选人并列的，由采购人或者采购人委托评标委员会按照招标文件规定的方式确定中标人；招标文件未规定的，采取随机抽取的方式确定。

采购人自行组织招标的，应当在评标结束后 5 个工作日内确定中标人。

采购人在收到评标报告 5 个工作日内未按评标报告推荐的中标候选人顺序确定中标人，又不能说明合法理由的，视同按评标报告推荐的顺序确定排名第一的中标候选人为中标人。

第六十九条　采购人或者采购代理机构应当自中标人确定之日起 2 个工作日内，在省级以上财政部门指定的媒体上公告中标结果，招标文件应当随中标结果同时公告。

中标结果公告内容应当包括采购人及其委托的采购代理机构的名称、地址、联系方式，项目名称和项目编号，中标人名称、地址和中标金额，主要中标标的的名称、规格型号、数量、单价、服务要求，中标公告期限以及评审专家名单。

中标公告期限为 1 个工作日。

邀请招标采购人采用书面推荐方式产生符合资格条件的潜在投标人的，还应当将所有被推荐供应商名单和推荐理由随中标结果同时公告。

在公告中标结果的同时，采购人或者采购代理机构应当向中标人发出中标通知书；对未通过资格审查的投标人，应当告知其未通过的原因；采用综合评分法评审的，还应当告知未中标人本人的评审得分与排序。

第七十条　中标通知书发出后，采购人不得违法改变中标结果，中标人无正当理由不得放弃中标。

第七十一条　采购人应当自中标通知书发出之日起 30 日内，按照招标文件和中标人投标文件的规定，与中标人签订书面合同。所签订的合同不得对招标文件确定的事项和中标人投标文件作实质性修改。

采购人不得向中标人提出任何不合理的要求作为签订合同的条件。

第七十二条　政府采购合同应当包括采购人与中标人的名称和住所、标的、数量、质量、价款或者报酬、履行期限及地点和方式、验收要求、违约责任、解决争议的方法等内容。

第七十三条　采购人与中标人应当根据合同的约定依法履行合同义务。

政府采购合同的履行、违约责任和解决争议的方法等适用《中华人民共和国合同法》。

第七十四条　采购人应当及时对采购项目进行验收。采购人可以邀请参加本项目的其他投标人或者第三方机构参与验收。参与验收的投标人或者第三方机构的意见作为验收书的参考资料一并存档。

第七十五条　采购人应当加强对中标人的履约管理，并按照采购合同约定，及时向中标人支付采购资金。对于中标人违反采购合同约定的行为，采购人应当及时处理，依法追究其违约责任。

第七十六条　采购人、采购代理机构应当建立真实完整的招标采购档案，妥善保存每项采购活动的采购文件。

第六章　法律责任

第七十七条　采购人有下列情形之一的，由财政部门责令限期改正；情节严重的，给予警告，对直接负责的主管人员和其他直接责任人员由其行政主管部门或者有关机关依法给予处分，并予以通报；涉嫌犯罪的，移送司法机关处理：

（一）未按照本办法的规定编制采购需求的；

（二）违反本办法第六条第二款规定的；

（三）未在规定时间内确定中标人的；

（四）向中标人提出不合理要求作为签订合同条件的。

第七十八条　采购人、采购代理机构有下列情形之一的，由财政部门责令限期改正，情节严重的，给予警告，对直接负责的主管人员和其他直接责任人员，由其行政主管部门或者有关机关给予处分，并予通报；采购代理机构有违法所得的，没收违法所得，并可以处以不超过违法所得3倍、最高不超过3万元的罚款，没有违法所得的，可以处以1万元以下的罚款：

（一）违反本办法第八条第二款规定的；

（二）设定最低限价的；

（三）未按照规定进行资格预审或者资格审查的；

（四）违反本办法规定确定招标文件售价的；

（五）未按规定对开标、评标活动进行全程录音录像的；

（六）擅自终止招标活动的；

（七）未按照规定进行开标和组织评标的；

（八）未按照规定退还投标保证金的；

（九）违反本办法规定进行重新评审或者重新组建评标委员会进行评标的；

（十）开标前泄露已获取招标文件的潜在投标人的名称、数量或者其他可能影响公平竞争的有关招标投标情况的；

(十一)未妥善保存采购文件的；

(十二)其他违反本办法规定的情形。

第七十九条　有本办法第七十七条、第七十八条规定的违法行为之一，经改正后仍然影响或者可能影响中标结果的，依照政府采购法实施条例第七十一条规定处理。

第八十条　政府采购当事人违反本办法规定，给他人造成损失的，依法承担民事责任。

第八十一条　评标委员会成员有本办法第六十二条所列行为之一的，由财政部门责令限期改正；情节严重的，给予警告，并对其不良行为予以记录。

第八十二条　财政部门应当依法履行政府采购监督管理职责。财政部门及其工作人员在履行监督管理职责中存在懒政怠政、滥用职权、玩忽职守、徇私舞弊等违法违纪行为的，依照政府采购法、《中华人民共和国公务员法》、《中华人民共和国行政监察法》、政府采购法实施条例等国家有关规定追究相应责任；涉嫌犯罪的，移送司法机关处理。

第七章　附则

第八十三条　政府采购货物服务电子招标投标、政府采购货物中的进口机电产品招标投标有关特殊事宜，由财政部另行规定。

第八十四条　本办法所称主管预算单位是指负有编制部门预算职责，向本级财政部门申报预算的国家机关、事业单位和团体组织。

第八十五条　本办法规定按日计算期间的，开始当天不计入，从次日开始计算。期限的最后一日是国家法定节假日的，顺延到节假日后的次日为期限的最后一日。

第八十六条　本办法所称的"以上"、"以下"、"内"、"以内"，包括本数；所称的"不足"，不包括本数。

第八十七条　各省、自治区、直辖市财政部门可以根据本办法制定具体实施办法。

第八十八条　本办法自 2017 年 10 月 1 日起施行。财政部 2004 年 8 月 11 日发布的《政府采购货物和服务招标投标管理办法》(财政部令第 18 号)同时废止。

附录六：医疗器械不良事件监测和再评价管理办法（试行）

各省、自治区、直辖市食品药品监督管理局（药品监督管理局）、卫生厅局，新疆生产建设兵团卫生局，中国药品生物制品检定所，国家食品药品监督管理总局药品评价中心、医疗器械技术审评中心、药品认证管理中心：

为加强医疗器械不良事件监测和再评价工作，根据《医疗器械监督管理条例》，卫计委和国家食品药品监督管理总局制定了《医疗器械不良事件监测和再评价管理办法（试行）》，现印发给你们，请认真贯彻实施。

国家食品药品监督管理总局 中华人民共和国卫计委

2008 年 12 月 29 日

医疗器械不良事件监测和再评价管理办法（试行）

第一章　总则

第一条　为加强医疗器械不良事件监测和再评价工作，根据《医疗器械监督管理条例》制定本办法。

第二条　本办法适用于医疗器械生产企业、经营企业、使用单位、医疗器械不良事件监测技术机构、食品药品监督管理部门和其他有关主管部门。

第三条　国家鼓励公民、法人和其他相关社会组织报告医疗器械不良事件。

第二章　管理职责

第四条　国家食品药品监督管理总局负责全国医疗器械不良事件监测和再评价工作，并履行以下主要职责：

（一）会同卫计委制定医疗器械不良事件监测和再评价管理规定，并监督实施；

（二）组织检查医疗器械生产企业、经营企业和使用单位医疗器械不良事件监测和再评价工作的开展情况，并会同卫计委组织检查医疗卫生机构的医疗器械不良事件监测工作的开展情况；

（三）会同卫计委组织、协调对突发、群发的严重伤害或死亡不良事件进行调查和处理；

（四）商卫计委确定并发布医疗器械不良事件重点监测品种；

（五）通报全国医疗器械不良事件监测情况和再评价结果；

（六）根据医疗器械不良事件监测和再评价结果，依法采取相应管理措施。

第五条　省、自治区、直辖市食品药品监督管理部门负责本行政区域内医疗器械不良事件监测和再评价工作，并履行以下主要职责：

（一）组织检查本行政区域内医疗器械生产企业、经营企业和使用单位医疗器械不良事件监测和再评价工作开展情况，并会同同级卫生主管部门组织检查本行政区域内医疗卫生机构的医疗器械不良事件监测工作的开展情况；

（二）会同同级卫生主管部门组织对本行政区域内发生的突发、群发的严重伤害或死亡不良事件进行调查和处理；

（三）通报本行政区域内医疗器械不良事件监测情况和再评价结果；

（四）根据医疗器械不良事件监测和再评价结果，依法采取相应管理措施。

第六条 卫计委和地方各级卫生主管部门负责医疗卫生机构中与实施医疗器械不良事件监测有关的管理工作，并履行以下主要职责：

（一）组织检查医疗卫生机构医疗器械不良事件监测工作的开展情况；

（二）对与医疗器械相关的医疗技术和行为进行监督检查，并依法对产生严重后果的医疗技术和行为采取相应的管理措施；

（三）协调对医疗卫生机构中发生的医疗器械不良事件的调查；

（四）对产生严重后果的医疗器械依法采取相应管理措施。

第七条 国家药品不良反应监测中心承担全国医疗器械不良事件监测和再评价技术工作，履行以下主要职责：

（一）负责全国医疗器械不良事件监测信息的收集、评价和反馈；

（二）负责医疗器械再评价的有关技术工作；

（三）负责对省、自治区、直辖市医疗器械不良事件监测技术机构进行技术指导；

（四）承担国家医疗器械不良事件监测数据库和信息网络的建设、维护工作。

第八条 省、自治区、直辖市医疗器械不良事件监测技术机构承担本行政区域内医疗器械不良事件监测和再评价技术工作，履行以下主要职责：

（一）负责本行政区域内医疗器械不良事件监测信息的收集、评价、反馈和报告工作；

（二）负责本行政区域内食品药品监督管理部门批准上市的境内第一、二类医疗器械再评价的有关技术工作。

第三章　不良事件报告

第九条 医疗器械生产企业、经营企业和使用单位应当建立医疗器械不良事件监测管理制度，指定机构并配备专（兼）职人员承担本单位医疗器械不良事件监测工作。

医疗器械生产企业、经营企业和使用单位应当建立并保存医疗器械不良事件监测记录。记录应当保存至医疗器械标明的使用期后 2 年，但是记录保存期限应当不少于 5 年。

医疗器械不良事件监测记录包括本办法附件 1～3 的内容，以及不良事件发现、报告、评价和控制过程中有关的文件记录。

第十条 医疗器械生产企业应当主动向医疗器械经营企业和使用单位收集其产品发生的所有可疑医疗器械不良事件，医疗器械经营企业和使用单位应当给予配合。

生产第二类、第三类医疗器械的企业还应当建立相应制度，以保证其产品的可追溯性。

第十一条 医疗器械生产企业、经营企业应当报告涉及其生产、经营的产品所发生的导致或者可能导致严重伤害或死亡的医疗器械不良事件。

医疗器械使用单位应当报告涉及其使用的医疗器械所发生的导致或者可能导致严重伤害或死亡的医疗器械不良事件。

报告医疗器械不良事件应当遵循可疑即报的原则。

第十二条 医疗器械生产企业、经营企业和使用单位发现或者知悉应报告的医疗器械不良事件后，应当填写《可疑医疗器械不良事件报告表》（附件1）向所在地省、自治区、直辖市医疗器械不良事件监测技术机构报告。其中，导致死亡的事件于发现或者知悉之日起5个工作日内，导致严重伤害、可能导致严重伤害或死亡的事件于发现或者知悉之日起15个工作日内报告。

医疗器械经营企业和使用单位在向所在地省、自治区、直辖市医疗器械不良事件监测技术机构报告的同时，应当告知相关医疗器械生产企业。

医疗器械生产企业、经营企业和使用单位认为必要时，可以越级报告，但是应当及时告知被越过的所在地省、自治区、直辖市医疗器械不良事件监测技术机构。

第十三条　个人发现导致或者可能导致严重伤害或死亡的医疗器械不良事件，可以向所在地省、自治区、直辖市医疗器械不良事件监测技术机构或者向所在地县级以上食品药品监督管理部门报告。

县级以上食品药品监督管理部门收到个人报告的医疗器械不良事件报告后，应当及时向所在地省、自治区、直辖市医疗器械不良事件监测技术机构通报。

第十四条　省、自治区、直辖市医疗器械不良事件监测技术机构收到不良事件报告后，应当及时通知相关医疗器械生产企业所在地的省、自治区、直辖市医疗器械不良事件监测技术机构。接到通知的省、自治区、直辖市医疗器械不良事件监测技术机构，应当督促本行政区域内的医疗器械生产企业进行不良事件的记录、调查、分析、评价、处理、报告工作。

第十五条　医疗器械生产企业应当在首次报告后的20个工作日内，填写《医疗器械不良事件补充报告表》（附件2），向所在地省、自治区、直辖市医疗器械不良事件监测技术机构报告。

出现首次报告和前款规定的补充报告以外的情况或者医疗器械生产企业采取进一步措施时，医疗器械生产企业应当及时向所在地省、自治区、直辖市医疗器械不良事件监测技术机构提交相关补充信息。

为了保护公众的安全和健康，或者为了澄清医疗器械不良事件报告中的特定问题，省、自治区、直辖市医疗器械不良事件监测技术机构应当书面通知医疗器械生产企业提交相关补充信息；书面通知中应当载明提交补充信息的具体要求、理由和时限。

第十六条　第二类、第三类医疗器械生产企业应当在每年1月底前对上一年度医疗器械不良事件监测情况进行汇总分析，并填写《医疗器械不良事件年度汇总报告表》（附件3），报所在地省、自治区、直辖市医疗器械不良事件监测技术机构。

医疗器械经营企业、使用单位和第一类医疗器械生产企业应当在每年1月底之前对上一年度的医疗器械不良事件监测工作进行总结，并保存备查。

第十七条　省、自治区、直辖市医疗器械不良事件监测技术机构应当对医疗器械不良事件报告进行调查、核实、分析、评价，并按照以下规定报告：

（一）收到导致死亡事件的首次报告后，应当立即报告省、自治区、直辖市食品药品监督管理部门和国家药品不良反应监测中心，同时报省、自治区、直辖市卫生主管部门。

（二）收到导致死亡事件的首次报告后，于5个工作日内在《可疑医疗器械不良事件报告表》上填写初步分析意见，报送省、自治区、直辖市食品药品监督管理部门和国家药品不良反应监测中心，同时抄送省、自治区、直辖市卫生主管部门；收到导致死亡事件的补充报告和相关补充信息后，于15个工作日内在《医疗器械不良事件补充报告表》上填写分析评价意见或者形成补充意见，报送省、自治区、直辖市食品药品监督管理部门和国家药品不良反应监测中心，同时抄送省、自治区、直辖市卫生主管部门。

（三）收到导致严重伤害事件、可能导致严重伤害或死亡事件的首次报告后，于15个工作日内在《医疗器械不良事件报告表》上填写初步分析意见，报国家药品不良反应监测中心；收到严重伤害事件、可能导致严重伤害或死亡事件的补充报告和相关补充信息后，于20个工作日内在《医疗器械不良事件补充报告表》上填写分析评价意见或者形成补充意见，报送国家药品不良反应监测中心。

（四）对收到的导致或者可能导致严重伤害或死亡事件报告，应当进行汇总并提出分析评价意见，每季度报送省、自治区、直辖市食品药品监督管理部门和国家药品不良反应监测中心，并抄送省、自治区、直辖市卫生主管部门。

（五）收到第二类、第三类医疗器械生产企业年度汇总报告后，于30个工作日内提出分析评价意见，报送国家药品不良反应监测中心；于每年2月底前进行汇总并提出分析评价意见，报省、自治区、直辖市食品药品监督管理部门。

第十八条　国家药品不良反应监测中心在收到省、自治区、直辖市医疗器械不良事件监测技术机构的报告后，应当对报告进一步分析、评价，必要时进行调查、核实，并按照以下规定报告：

（一）收到导致死亡事件的首次报告后，应当立即报告国家食品药品监督管理总局，并于5个工作日内提出初步分析意见，报国家食品药品监督管理总局，同时抄送卫计委；收到导致死亡事件补充报告和相应的其他信息后，于15个工作日内提出分析评价意见，报国家食品药品监督管理总局，同时抄送卫计委。

（二）对收到的导致或者可能导致严重伤害或死亡事件报告，应当进行汇总并提出分析评价意见，每季度报国家食品药品监督管理总局，并抄送卫计委。

（三）收到年度汇总报告后，于每年3月底前进行汇总并提出分析评价意见，报国家食品药品监督管理总局，并抄送卫计委。

第十九条　医疗器械不良事件监测技术机构在调查、核实、分析、评价不良事件报告时，需要组织专家论证或者委托医疗器械检测机构进行检测的，应当及时报告有关工作进展情况。

医疗器械不良事件监测技术机构应当提出关联性评价意见，分析事件发生的可能原因。

第二十条　医疗器械生产企业、经营企业和使用单位发现突发、群发的医疗器械不良事件，应当立即向所在地省、自治区、直辖市食品药品监督管理部门、卫生主管部门和医疗器械不良事件监测技术机构报告，并在24小时内填写并报送《可疑医疗器械不良事件报告表》。医疗器械生产企业、经营企业和使用单位认为必要时，可以越级报告，但是应当及时告知被越过的所在地省、自治区、直辖市食品药品监督管理部门、卫生主管部门和医疗器械不良事件监测技术机构。

第二十一条　省、自治区、直辖市食品药品监督管理部门获知发生突发、群发的医疗器械不良事件后，应当立即会同同级卫生主管部门组织调查、核实、处理，并向国家食品药品监督管理总局、卫计委和国家药品不良反应监测中心报告。

国家食品药品监督管理总局根据突发、群发事件的严重程度或者应急管理工作的有关规定，可以会同卫计委直接组织或者协调对突发、群发的医疗器械不良事件进行调查、核实、处理。

第二十二条 医疗器械不良事件监测技术机构应当对报告医疗器械不良事件的单位或者个人反馈相关信息。

第四章 再评价

第二十三条 医疗器械生产企业应当根据医疗器械产品的技术结构、质量体系等要求设定医疗器械再评价启动条件、评价程序和方法。

医疗器械生产企业应当及时分析其产品的不良事件情况,开展医疗器械再评价。

医疗器械生产企业通过产品设计回顾性研究、质量体系自查结果、产品阶段性风险分析和有关医疗器械安全风险研究文献等获悉其医疗器械存在安全隐患的,应当开展医疗器械再评价。

第二十四条 医疗器械生产企业在开展医疗器械再评价的过程中,应当根据产品上市后获知和掌握的产品安全有效信息和使用经验,对原医疗器械注册资料中的安全风险分析报告、产品技术报告、适用的产品标准及说明、临床试验报告、标签、说明书等技术数据和内容进行重新评价。

第二十五条 医疗器械生产企业应当制定再评价方案,并将再评价方案、实施进展情况和再评价结果按照以下规定报告:

(一)境内第三类医疗器械和境外医疗器械的生产企业,向国家食品药品监督管理总局报告;境内第一类和第二类医疗器械生产企业,向所在地省、自治区、直辖市食品药品监督管理部门报告;

(二)医疗器械生产企业应当在再评价方案开始实施前和结束后30个工作日内分别提交再评价方案和再评价结果报告;

(三)再评价方案实施期限超过1年的,医疗器械生产企业应当报告年度进展情况。

第二十六条 医疗器械生产企业根据开展再评价的结论,必要时应当依据医疗器械注册相关规定履行注册手续。

医疗器械生产企业根据再评价结论申请注销医疗器械注册证书的,原注册审批部门应当在办理完成后30个工作日内将情况逐级上报至国家食品药品监督管理总局。

第二十七条 国家食品药品监督管理总局和省、自治区、直辖市食品药品监督管理部门负责监督检查医疗器械生产企业的再评价工作,必要时组织开展医疗器械再评价。
国家食品药品监督管理总局可以对境内和境外医疗器械,省、自治区、直辖市食品药品监督管理部门可以对本行政区域内批准上市的第一类、第二类医疗器械组织开展再评价。

第二十八条 对已经发生严重伤害或死亡不良事件,且对公众安全和健康产生威胁的医疗器械,国家食品药品监督管理总局和省、自治区、直辖市食品药品监督管理部门应当会同同级卫生主管部门直接组织医疗器械不良事件监测技术机构、医疗器械生产企业、使用单位和相关技术机构、科研机构、有关专家开展再评价工作。

第二十九条 食品药品监督管理部门组织开展医疗器械再评价的,由同级医疗器械不良事件监测技术机构制定再评价方案,组织实施,并形成再评价报告。

根据再评价结论,原医疗器械注册审批部门可以责令生产企业修改医疗器械标签、说明书等事项;对不能保证安全有效的医疗器械,原注册审批部门可以做出撤销医疗器械注册证书的决定。

国家食品药品监督管理总局根据再评价结论，可以做出淘汰医疗器械的决定。

第三十条　国家食品药品监督管理总局和省、自治区、直辖市食品药品监督管理部门做出撤销医疗器械注册证书决定之前，应当告知医疗器械生产企业享有申请听证的权利。

国家食品药品监督管理总局做出淘汰医疗器械决定之前，应当向社会公告，按照国家食品药品监督管理总局听证规则举行听证。

第五章　控制

第三十一条　在按照本办法报告医疗器械不良事件后，医疗器械经营企业和使用单位应当配合医疗器械生产企业和主管部门对报告事件进行调查，提供相关资料并采取必要的控制措施。

第三十二条　根据医疗器械不良事件的危害程度，医疗器械生产企业必要时应当采取警示、检查、修理、重新标签、修改说明书、软件升级、替换、收回、销毁等控制措施。

第三十三条　针对所发生的医疗器械不良事件，生产企业采取的控制措施可能不足以有效防范有关医疗器械对公众安全和健康产生的威胁，国家食品药品监督管理总局可以对境内和境外医疗器械，省、自治区、直辖市食品药品监督管理部门可以对本行政区域内食品药品监督管理部门批准上市的境内第一类、第二类医疗器械，采取发出警示、公告、暂停销售、暂停使用、责令召回等措施。

出现突发、群发的医疗器械不良事件时，省级以上食品药品监督管理部门应当会同同级卫生主管部门和其他主管部门采取相应措施。

第三十四条　国家食品药品监督管理总局定期通报或专项通报医疗器械不良事件监测和再评价结果，公布对有关医疗器械采取的控制措施。

第六章　附则

第三十五条　本办法下列用语的含义是：

医疗器械不良事件，是指获准上市的质量合格的医疗器械在正常使用情况下发生的，导致或者可能导致人体伤害的各种有害事件。

医疗器械不良事件监测，是指对医疗器械不良事件的发现、报告、评价和控制的过程。医疗器械再评价，是指对获准上市的医疗器械的安全性、有效性进行重新评价，并实施相应措施的过程。

严重伤害，是指有下列情况之一者：

（一）危及生命；

（二）导致机体功能的永久性伤害或者机体结构的永久性损伤；

（三）必须采取医疗措施才能避免上述永久性伤害或者损伤。

医疗卫生机构，是指依照《医疗机构管理条例》的规定，取得《医疗机构执业许可证》的医疗机构和其他隶属于卫生主管部门的卫生机构。

第三十六条　产品既在中国境内上市销售也在境外上市销售的医疗器械生产企业，应当将其相关产品在境外发生的导致或者可能导致严重伤害或死亡的医疗器械不良事件以及采取的控制措施自发现之日起15日内向国家药品不良反应监测中心和国家食品药品监督管理总局报告。

第三十七条　进行临床试验的医疗器械发生的导致或者可能导致人体伤害的各种有害事

件，应当按照《医疗器械临床试验规定》和国家食品药品监督管理总局的相关要求报告。

第三十八条 本办法关于医疗器械生产企业的相应规定，适用于境外医疗器械生产企业在中国境内的代理人。包括境外医疗器械生产企业在中国境内的代表机构或在中国境内指定的企业法人单位。

台湾、香港、澳门地区医疗器械生产企业参照境外医疗器械生产企业执行。

第三十九条 医疗器械不良事件报告的内容和统计资料是加强医疗器械监督管理，指导开展医疗器械再评价工作的依据，不作为医疗纠纷、医疗诉讼和处理医疗器械质量事故的依据。

对属于医疗事故或者医疗器械质量问题的，应当按照相关法规的要求另行处理。

第四十条 食品药品监督管理部门及其有关工作人员在医疗器械不良事件监测管理工作中违反规定、延误不良事件报告、未采取有效措施控制严重医疗器械不良事件重复发生并造成严重后果的，依照有关规定给予行政处分。

第四十一条 医疗器械不良事件报告的相关表格和相应计算机软件由国家食品药品监督管理总局统一编制。

第四十二条 本办法由国家食品药品监督管理总局会同卫计委负责解释。

第四十三条 本办法自发布之日起施行。

图书在版编目（ＣＩＰ）数据

医院医疗器械规范化管理工作指南／陈宏文，成斌主编
. --长沙：中南大学出版社，2018.7
ISBN 978 - 7 - 5487 - 3324 - 9

Ⅰ.①医… Ⅱ.①陈… ②成… Ⅲ.①医疗器械－规范化－设
备管理－指南 Ⅳ.①R197.39 - 65

中国版本图书馆 CIP 数据核字(2018)第 172258 号

医院医疗器械规范化管理工作指南
YIYUAN YILIAO QIXIE GUIFANHUA GUANLI GONGZUO ZHINAN

主审　彭明辰
主编　陈宏文　成　斌

□责任编辑	刘　辉	
□责任印制	易红卫	
□出版发行	中南大学出版社	
	社址：长沙市麓山南路	邮编：410083
	发行科电话：0731 - 88876770	传真：0731 - 88710482
□印　　装	长沙雅鑫印务有限公司	

□开　　本	787 × 1092　1/16	□印张 21	□字数 533 千字
□版　　次	2018 年 7 月第 1 版	□2018 年 7 月第 1 次印刷	
□书　　号	ISBN 978 - 7 - 5487 - 3324 - 9		
□定　　价	60.00 元		

图书出现印装问题，请与经销商调换